职业院校电子电器应用与维修专业项目教程系列教材

新型洗衣机故障分析与维修项目教程

贺学金　孙立群　主　编

U0259358

电子工业出版社

Publishing House of Electronics Industry

北京·BEIJING

内 容 简 介

本书是中等职业学校电子电器应用与维修专业、电子技术应用专业教学用书，按照"模块教学、任务驱动"的形式，循序渐进、由浅入深地介绍了双桶洗衣机、波轮式全自动洗衣机、滚筒式全自动洗衣机的结构、工作原理、常见故障维修方法和维修技巧。

本书最大特点是：以"实物图+电路图+示意图"的方式进行图解，以图代文，紧扣要点，易读实用；在介绍洗衣机结构和电路时从整体和宏观的角度着眼，对重点机构、重点电路进行重点分析，使读者能够举一反三，快速掌握；在洗衣机故障维修方面则从细微和精确入手，使读者快速入门，掌握维修诀窍。

本书可作为中等职业学校电子电器应用与维修专业、电子技术应用专业及相关专业教材，也可作为岗位培训教材，还可作为广大电子技术爱好者的自学用书。

为方便教师教学，本书还配有电子教学参考资料包，详见前言。

图书在版编目（CIP）数据

新型洗衣机故障分析与维修项目教程/贺学金，孙立群主编. —北京：电子工业出版社，2014.10

职业院校电子电器应用与维修专业项目教程系列教材

ISBN 978-7-121-24430-8

Ⅰ．①新⋯　Ⅱ．①贺⋯　②孙⋯　Ⅲ．①洗衣机－维修－中等专业学校－教材　Ⅳ．①TM925.330.7

中国版本图书馆 CIP 数据核字（2014）第 225252 号

策划编辑：张　帆

责任编辑：张　帆　　文字编辑：王　纲

印　　刷：北京虎彩文化传播有限公司

装　　订：北京虎彩文化传播有限公司

出版发行：电子工业出版社

　　　　　北京市海淀区万寿路 173 信箱　邮编　100036

开　　本：787×1 092　1/16　印张：16.5　字数：422.4 千字

版　　次：2014 年 10 月第 1 版

印　　次：2024 年 1 月第 7 次印刷

定　　价：32.00 元

凡所购买电子工业出版社图书有缺损问题，请向购买书店调换。若书店售缺，请与本社发行部联系，联系及邮购电话：（010）88254888，88258888。

质量投诉请发邮件至 zlts@phei.com.cn，盗版侵权举报请发邮件至 dbqq@phei.com.cn。

本书咨询联系方式：（010）88254592，bain@phei.com.cn。

<<<<< PREFACE

本书是教育部面向 21 世纪中等职业教育规划教材。本书的编写以教育部颁布的中等职业学校电子电器应用与维修专业、电子技术应用专业教学指导方案为依据，同时参考了有关行业的职业技能规范及中级技术工人等级考核标准，突出以能力为本和学以致用的原则。

本书的主要特点是：

1. 易学实用

本书根据中等职业学校学生的文化水平、接受能力，淡化理论知识，以讲清洗衣机各机构和电路工作过程为原则，不过多强调深奥的工作原理，尽量做到深入浅出。另外，采用"图解"方式来介绍洗衣机的结构和故障维修方法，做到图文并茂。"图解"方式是将大量的实物相片、故障维修操作相片，并与示意图配合，相互补充，尽量以图代文，提高本书的可读性；突出了维修内容，增强本书的实用性。

2. 加强实践训练内容

为了使学生的理论学习与实践训练紧密联系，同时体现"培养技能，重在应用"的编写原则，书中安排了 6 个实训内容。教师可以根据实际情况进行选择，可以把实训部分内容和理论部分知识相互整合，进行"理实一体化"教学。

3. 内容新颖

本书不仅介绍了双桶洗衣机、波轮式全自动洗衣机的结构、工作原理、故障维修，还重点介绍了电脑控制式滚筒式全自动洗衣机的结构、工作原理、故障维修，突出了洗衣机中新知识、新技术的应用。

本书共分 14 个项目，项目 1 介绍了洗衣机种类和技术指标，项目 2 介绍了洗衣机维修的基本方法，项目 3 到项目 6 介绍了双桶洗衣机的结构、工作原理、拆装、调试以及常见故障维修方法，项目 7 到项目 10 介绍波轮式全自动洗衣机的结构、工作原理、拆装、调试以及常见故障维修方法，项目 11 到项目 14 介绍滚筒式全自动洗衣机的结构、工作原理、拆装、调试以及常见故障维修方法。

本书由贺学金、孙立群主编，参加编写的人员还有郑兴才、贺炜、章程、缪文君、罗敏、刘映辉、张文霞、林昌奎、周汝波、贺学杰、兰庆荣、李万金、黄丹凝、金一哲、张光木等。

由于编者水平有限，书中可能存在不足之处，敬请广大读者批评指正。

为方便教师教学，本书还配有电子教学参考资料包。请有此需要的读者登录华信教育资源网（www.hxedu.com.cn）免费注册后进行下载，有问题时请在网站留言或与电子工业出版社联系（E-mail：hxedu@phei.com.cn）。

编　者
2014 年 9 月

<<<<< CONTENTS

了解洗衣机种类、技术指标

【项目目标】
1．了解洗衣机的种类及其特点。
2．了解洗衣机的型号表示方法。
3．了解洗衣机的主要质量指标。

任务一 了解洗衣机的分类与特点

洗衣机的种类很多，从不同的角度出发，有不同的分类方法。

1．按结构形式分类

1）单桶洗衣机

单桶洗衣机只有一个盛水桶，只能洗涤，不能脱水。单桶脱水机只有一个脱水桶，只能脱水，不能洗涤。

2）双桶洗衣机

双桶洗衣机如图 1-1 所示，它由一个洗涤桶和一个脱水桶结合成一体，它的洗涤部分和脱水部分各有自己的定时器和电动机。洗涤和脱水可以同时进行，它们相互独立，互不干扰。

3）套桶洗衣机

套桶洗衣机又称套缸式洗衣机，它是相对于双桶并列式洗衣机而命名的。套桶洗衣机的桶体由同轴的内外两个桶组成。波轮式套桶洗衣机套桶的结构如图 1-2 所示，里面的桶叫内桶（也称洗涤脱水桶或离心桶），它的四周壁上有许多孔，下面是波轮，外面的桶叫外桶（盛水桶），用来盛放洗涤液，它是固定的。在洗涤时，波轮转动，而内桶是停止的；在脱水时，内桶和波轮以及桶内的衣物一起转动。滚筒式洗衣机也是套桶结构，只是它的轴是水平的。

2．按自动化程度分类

1）普通洗衣机

洗涤、漂洗、脱水各功能的操作均须用手动转换。它装有定时器，可根据衣物的脏污程度和织物种类选定操作时间。普通洗衣机用汉语拼音字母 P 表示。

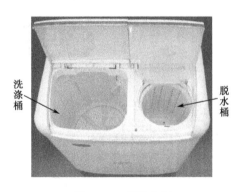

图 1-1　双桶洗衣机

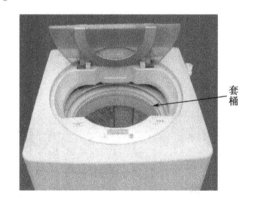

图 1-2　套桶洗衣机（局部）

2）半自动洗衣机

洗涤、漂洗、脱水各功能中任意两个功能的转换不用手动操作而能自动进行。它一般由洗衣和脱水两部分组成。在洗衣桶中可以定时完成洗涤和漂洗程序，但不能自动脱水，需要人工把衣物从洗涤桶中取出，放入离心脱水桶中进行脱水。有的可以在脱水桶内连续地完成漂洗和脱水程序。半自动洗衣机用汉语拼音字母 B 表示。

3）全自动洗衣机

洗涤、漂洗和脱水各功能的转换不用手动操作而能自动进行。衣物放入后能自动进行洗净、漂洗、脱水，全部程序自动完成。当衣物甩干后，蜂鸣器发出声响。有的还具有烘干功能。全自动洗衣机用汉语拼音字母 Q 表示。

3. 按洗涤方式分类

按照洗涤方式可将洗衣机分为波轮式、滚筒式、搅拌式三大类。

1）波轮式洗衣机

波轮式洗衣机是指被洗涤衣物浸没在洗涤液中，依靠波轮连续转动或定时正反向转动的方式进行洗涤的洗衣机。它由洗衣桶、波轮、传动机构及机箱等组成。有几条凸起筋的波轮装在洗衣桶内，并以每分钟数百转的速度转动，带动桶中的洗涤液及洗涤物做旋转运动，以完成洗涤过程。波轮式洗衣机现在已有单桶普通型、双桶普通型、双桶半自动型以及套桶全自动型等形式。波轮式洗衣机用汉语拼音字母 B 表示。

这类洗衣机的优点是洗净率高，洗涤时间短，结构简单，使用和维修较方便；缺点是用水量较大，洗衣量较小，缠绕率高，对衣物磨损较大。

2）滚筒式洗衣机

滚筒式洗衣机的结构特点是有一个盛水的圆柱形外筒，外筒中有一个可旋转的内筒，内筒壁上开了许多规则排列的小孔，并有几条突出的筋（称为内筒提升筋）。衣物放在内筒中，内筒有规律地做正反向旋转，提升筋将衣物带起到一定高度又将衣物抛落在洗涤液中，这样就在内筒中完成洗涤过程。滚筒式洗衣机用汉语拼音字母 G 表示。

滚筒式洗衣机按衣物投放方式的不同又可分为前装式（前开门式）和上装式（顶开门式）两种。前装式滚筒洗衣机的正面有一透明窗孔，衣物从该窗孔放入和取出，通过该窗孔还可观察到洗涤情况。上装式滚筒洗衣机在洗衣机的顶盖上面开门，衣物从顶盖上的门放入和取出，它较前装式滚筒洗衣机省去了透明窗孔及其一系列复杂的密封结构。

滚筒式洗衣机的优点是对衣物磨损小，特别适于洗涤毛料织物，用水量小，并且大多有热水装置，便于实现自动化；其缺点是洗涤时间长，在相同条件下与波轮式洗衣机相比洗净率较低，耗电量大，结构复杂，价格高。

3）搅拌式洗衣机

搅拌式洗衣机是指被洗衣物浸没于洗涤液中，依靠搅拌器往复运动的方式进行洗涤的洗衣机。其结构是在洗衣桶中央竖直安装着搅拌器。搅拌器绕轴心在一定角度范围内正反向摆动，搅动洗涤液和衣物，以达到洗净目的。搅拌式洗衣机用汉语拼音字母 J 表示。

这类洗衣机的优点是洗衣量大，功能比较齐全，水温和水位可以自动控制，并备有循环水泵；其缺点是耗电量大，噪声较大，洗涤时间长，结构比较复杂。搅拌式洗衣机在我国占有的份额很小。

我国洗衣机市场占有份额大的三类洗衣机如图 1-3 所示。

图 1-3　常见的三类洗衣机

4. 按电气控制方式分类

对于全自动洗衣机，按电气控制方式可分为机械控制式全自动洗衣机和电脑控制式全自动洗衣机。

1）机械控制式全自动洗衣机

机械控制式全自动洗衣机也称电动控制式全自动洗衣机。这类全自动洗衣机的控制器由一个微型电动机驱动几组凸轮系统，控制簧片触点的闭合与断开，自动完成洗涤、漂洗、脱水、排水全过程。其优点是运行可靠，结构较简单，易于维修；缺点是控制程序有限，且均为固定程序。

2）电脑控制式全自动洗衣机

这类全自动洗衣机采用电子元器件（如微处理器、晶闸管等）构成的电脑程序控制器来控制洗衣机的运转程序。使用时微处理器根据各个传感器送来的信息，通过分析和计算处理后，输出合适的程序自动完成洗涤、脱水和干燥的全过程。它具有功能齐全、无电火花、安全可靠、使用寿命长等特点。

电脑控制式全自动洗衣机又可分为普通型、模糊控制型。

（1）普通型电脑控制式全自动洗衣机

它采用通用或专用单片机（微处理器）作为电脑程控器的控制中心，其控制程序基本上是固定的，使用时须由人工操作来选择或组合程序，方能自动完成进水、洗涤、漂洗及脱水等洗衣全过程。

（2）模糊控制型电脑全自动洗衣机

模糊控制型洗衣机能模拟人的直觉，实现判断自动化，通过传感器检测衣物的重量和脏污程度，再自动设定水位、程序及运行时间，同时还可对运行状态实行全过程监控，从而实现洗衣全过程的自动化。

5. 按功能分类

全自动洗衣机按功能可分为普通型全自动洗衣机和洗衣干衣型全自动洗衣机。

1）普通型全自动洗衣机

普通型全自动洗衣机仅有洗涤和脱水等功能，而无衣物烘干功能。

2）洗衣干衣型全自动洗衣机

洗衣干衣型全自动洗衣机也称洗干一体型全自动洗衣机。它除具有衣物的洗涤等功能外，还具有烘干功能，能对洗后的衣物直接进行烘干，使用更方便。

任务二　了解洗衣机的型号及其含义

为简明地表示出洗衣机的类型与规格，我国国标规定统一用字母和数字来表示洗衣机的型号，如图1-4所示。

洗衣机的型号及含义如下。

1—洗衣机代号。用汉语拼音字母表示，洗衣机用X，脱水机用T。

2—自动化程序代号。用汉语拼音字母表示，普通型用P，半自动型用B，全自动型用Q。

3—洗涤方式代号。用汉语拼音字母表示，波轮式用B，滚筒式用G。

4—规格代号。用额定洗涤容量（kg）乘以10表示。

5—工厂设计序号。用阿拉伯数字或字母表示。

6—结构形式代号。双桶洗衣机用 S 表示，单桶和套桶不标注字母。

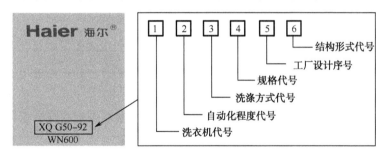

图 1-4　洗衣机的型号表示方法

例如 XPB60-6510S，"X"表示洗衣机，"P"表示普通型，"B"表示波轮式，"60"表示洗涤容量为 6kg，"6510"表示设计序号，"S"表示双桶洗衣机。再如 XQB55-5568A，"X"表示洗衣机，"Q"表示全自动，"B"表示波轮式，"55"表示洗涤容量为 5.5kg，"5568A"表示设计序号。XQG50-92，"X"表示洗衣机，"Q"表示全自动，"G"表示滚筒式，"50"表示洗涤容量为 5.0kg，"92"表示设计序号。

任务三　了解洗衣机的主要质量指标

洗衣机是一种带水操作的电气用具，其电气性能的良好与否，对用户的安全至关重要。如果电器本身质量欠佳或在维修工作中未能达到安全性能要求，往往会造成事故或危及生命安全。为了确保消费者的人身安全，洗衣机在出厂时已经经过严格的检验。维修人员在对洗衣机进行维修后，一定要注意确保洗衣机在使用中应是绝对安全的。

洗衣机设计、生产和出厂检验应符合有关标准。不同时期，标准的内容会有些差异。现阶段，我国生产的洗衣机，其技术性能应符合国家标准 GB/T 4288—2008《家用和类似用途电动洗衣机》的要求，安全性能应符合 GB 4706.1—2005《家用和类似用途电器的安全　第 1 部分：通用要求》、GB 4706.24—2008《家用和类似用途电路的安全 洗衣机的特殊要求》及 GB 4706.26—2008《家用和类似用途电路的安全 离心式洗衣机的特殊要求》的规定。

洗衣机的质量包括外观质量和内在质量两个方面。外观质量主要指洗衣机外露部分的表面质量，而内在质量包括洗衣机的技术性能和安全性能，其中安全性能尤为重要。

1. 主要技术性能指标

1）洗净率

洗净率是指在标准使用状态下，洗衣机对衣物的洗净能力，通常用洗净比来表示。即在标准使用状态下，被测洗衣机的洗净率与参比洗衣机洗净率的比值。按 GB/T 4288—2008 第 6.4 条规定的方法测试，各种洗衣机的洗净比应符合表 1-1 中的规定。

表1-1 洗衣机的洗净比要求

洗衣机类型	波轮式洗衣机		滚筒式洗衣机		搅拌式洗衣机
	涡卷式	新水流式	有加热装置	无加热装置	
洗净比	>0.8	>0.7	>0.7	>0.6	>0.75

2）漂洗性能

漂洗性能指洗衣机漂清衣物的能力。漂洗比通过漂洗前后测定的洗涤液及漂洗液的电导率来确定。国家标准规定，漂洗比应大于1。

3）脱水性能

脱水性能指脱水机或洗衣机的脱水装置对漂洗后衣物内水分甩干的能力。按GB/T 4288—2008第6.7条规定的方法测试，采用离心式脱水方式的洗衣机，脱水后含水率应符合表1-2中的规定。

表1-2 洗衣机脱水后的含水率标准

脱 水 方 式	含水率/%	脱 水 方 式	含水率/%
波轮式和搅拌式全自动洗衣机	<122	普通型和半自动型波轮洗衣机	<100
滚筒洗衣机	<122	脱水机及脱水装置	<100

4）磨损率

洗衣机在洗涤过程中对衣物总要造成不同程度的磨损，用磨损率来表示。磨损率的测定方法为：用标准试布在被测洗衣机中，在标准使用状态下进行洗涤，分别测量出试验布洗涤前的重量和洗涤结束后被磨损的重量（从洗涤液中捞出并过滤所得的织物绒毛渣），计算出磨损量与洗涤前重量的百分比。按GB/T 4288—2008第6.5条规定的方法测试，对织物的磨损率应符合表1-3中的规定。

表1-3 洗衣机的磨损率标准

洗衣机类型	波轮式洗衣机		滚筒式洗衣机	搅拌式洗衣机
	涡卷式	新水流式		
磨损率/%	≤0.18	≤0.15	≤0.10	≤0.15

5）噪声

洗衣机在标准使用状态下，洗涤、脱水时的声功率级噪声应不大于75dB。

6）消耗功率

在标准使用状态下，洗衣机的消耗功率应在额定输入功率的115％以内。

2. 主要安全性能指标

洗衣机的安全性能指标是为了保证洗衣机的正常运转及操作者的人身安全。国家标准中规定了下列主要安全性能指标。

1）温升

洗衣机在标准使用状态下，电动机绕组的温升不应大于75℃（E级绝缘），电磁阀和电磁铁线圈的温升不应大于80℃（E级绝缘）。

2）制动性能

在额定脱水状态下，当脱水桶转速达到稳定时，迅速打开脱水桶外盖，脱水桶应在10s之内完全停止转动。

3）泄漏电流

洗衣机在标准使用状态下，人体可能接触到的洗衣机外露非带电金属部分与电源线之间的泄漏电流应不大于0.5mA。

4）绝缘电阻

洗衣机的带电部分与外露非带电金属部分之间的绝缘电阻应大于2MΩ。

5）电气强度

电气强度是检验洗衣机承受高电压冲击的性能。洗衣机的带电部分与外露非带电金属部分之间，应能承受热态试验电压1500V，潮态试验电压1250V，历时1min的电气强度试验，而不发生闪络或击穿现象。

6）接地电阻

洗衣机的外露非带电金属部分与接地线之间的电阻不应大于0.1Ω，与接地线末端（或电源线插头的接地极）之间的电阻不应大于0.2Ω。接地线必须使用黄绿双色导线。

7）溢水绝缘性能

将洗衣机平稳放置好后，以20L每分钟的流量向洗衣桶内连续注水，使洗衣桶上口溢水5min。在溢水过程中用500V兆欧表连续监测带电部分与外露非带电金属部分之间的绝缘电阻值，应不小于2MΩ。

8）淋水绝缘性能

将洗衣机平稳放置，盖上上盖，从其上部中央距离洗衣机放置的地面2m高处的喷水装置内，以10L每分钟的流量向洗衣机上部均匀淋水5min，用500V兆欧表连续监测带电部分与外露非带电金属部分之间的绝缘电阻值，应不小于2MΩ。

9）启动特性

洗衣机在电源电压为额定值的85%时（即187V），电动机及相应电气部件应能正常启动运转。

10）电压波动特性

当电源电压在额定值上下波动10%（即电源电压为198～242V）时，洗衣机应能无故障运转。

思考练习1

1．填空题

（1）全自动洗衣机按电气控制方式可分为_____全自动洗衣机和_____全自动洗衣机。

（2）滚筒式全自动洗衣机按衣物投入方式可分为_____、_____两种类型。

2．选择题

（1）5kg波轮式普通型双桶洗衣机的型号是（　　　）。

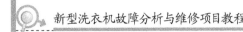
  A．XPB50-4S   B．XQG50-4   C．XQB50-4   D．XPB5-4

（2）5kg 全自动滚筒式洗衣机的型号是（   ）。

  A．XPG5-4   B．XQG50-4   C．XQB50-4   D．XPB50-4S

（3）3.5kg 全自动波轮式洗衣机的型号是（   ）。

  A．XPB50-4S   B．XQG50-4   C．XQB50-4   D．XPB5-4

3．简述普通双桶洗衣机、波轮式全自动洗衣机、滚筒洗衣机的特点。

4．洗衣机的主要质量指标有哪些？

掌握洗衣机维修的基本方法

【项目目标】

1. 熟悉洗衣机的维修工具。
2. 学会使用兆欧表测量洗衣机的绝缘电阻。
3. 掌握洗衣机维修的步骤和常用的检查方法。

任务一 熟悉洗衣机的维修工具及仪表

1. 维修工具

在洗衣机的检修过程中,常用的工具可分为通用型和专用型两种。

1)通用工具

洗衣机修理所需的通用工具见表2-1。在条件许可的情况下,可备一套组合工具,如图2-1所示。

表2-1　洗衣机修理所需的通用工具

工具名称和规格	数　量	工具名称和规格	数　量
电烙铁	1把	什锦锉	1把
活动扳手(10~30cm)	各1把	镊子	1把
套筒扳手	1套	针头	1只
组合螺丝刀	1套	木槌	1把
尖嘴钳	1把	毛刷	1把
扁嘴钳	1把	验电笔	1把

图2-1　组合工具

2)专用工具

洗衣机中有些螺钉、螺母因安装位置所限,普通工具不易接触到;有些紧固件形状特殊,普通工具用不上,因此修理时需要一些特殊的专用工具,见表2-2。

表 2-2　洗衣机修理所需的专用工具

工　具	一　般　用　途	洗衣机专用
长杆内六角套筒扳手	安装或卸下对边尺寸为 8～10mm 的螺栓、螺母	装卸双桶洗衣机脱水桶及刹车鼓,装卸波轮式全自动洗衣机、滚筒洗衣机也常常要用到
拉力器（顶拔器、轴承拉拔器、拔轮器、拉马）	卸皮带轮、卸轴承	拆卸电动机皮带轮、波轮皮带轮,拆卸电动机轴承
T 形专用套筒扳手、加长 T 形螺丝刀（可用筒螺丝刀）	拧法兰盘螺母、装卸螺钉	装卸波轮的紧固螺钉、洗衣机的脱水桶等
卡口钳（卡环钳、挡圈钳）	取、装轴的卡圈（分内卡、外卡两种）	拆装减速器、离合器波轮轴的卡圈
洗衣机离合器拆卸专用扳手	无	拆卸、安装洗衣机离合器大螺母、螺帽

在条件许可的情况下,最好做一个便携式组合工具箱,这样既可以防止平时工具的丢失,

又可避免外出修理时工具的遗忘。

2. 维修仪表

在洗衣机的检修过程中，常用的仪表除万用表外，还有兆欧表。

兆欧表是一种专门用来测量电气设备绝缘电阻的可携式仪表，又称绝缘摇表，如图 2-2 所示。万用表的欧姆挡测电阻，是在低电压条件下测量电阻值。如果用万用表来测量电气设备的绝缘电阻，其阻值可能是无穷大，而电气设备实际的工作条件是几百伏或几千伏，此时绝缘电阻不再是无穷大，可能会变得很小。因此测量电气设备的绝缘电阻要根据电气设备的额定电压等级来选择仪表，通常使用兆欧表来进行绝缘电阻的测量。在洗衣机维修中主要测量电动机绝缘性能，可选用 500V 兆欧表，如图 2-3 所示。

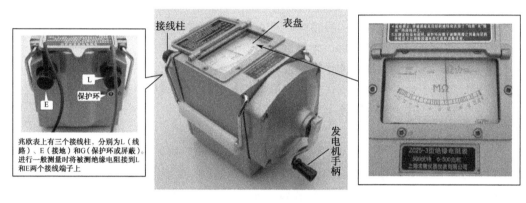

图 2-2　兆欧表

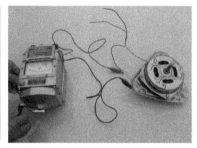
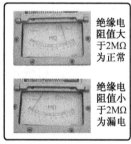

图 2-3　测量电动机绝缘电阻的方法

兆欧表的正确使用方法如下：

使用兆欧表时，测量前，应对兆欧表进行检查，先将 L 和 E 两个端子开路，摇动手柄，使发电机转速达到额定值，此时指针应在"∞"处；然后把 L 和 E 两个端子短接，缓慢摇动手柄，指针应指在"0"刻度处。若经上述检查，指针不能指"∞"或"0"刻度，则说明该表有故障，须进行检修后才能使用。

测量前必须对被测设备进行清洁处理，以防止灰尘、油腻等因素对测量结果的影响。测量前，应将兆欧表放置在平稳的且远离外磁场的地方，有水平调节的兆欧表应调整好表本身的水平位置，这样可以避免摇动发电机手柄时因表身摇动而影响读数。测量前要切断被测设备电源，并对被测设备接地短路放电，以排除断电后其电感及电容带电的可能性，兆欧表必须在被测电气设备不带电的情况下进行测量。

兆欧表的连接：兆欧表上有三个接线柱，分别为 L（线路）、E（接地）和 G（保护环或屏蔽）。进行一般测量时将被测绝缘电阻接到 L 和 E 两个接线端子上。在进行电缆芯线对缆壳的绝缘测定时，除将被测两端分别接于"线路"与"接地"两接线柱外，再将电缆芯之间的内层绝缘物接保护环（屏蔽）接线柱，以消除因表面漏电而引起的测量误差。接线柱与被测物之间的两根导线不能绞线，应分开单独连接，以防止绞线绝缘不良而影响读数。

测量绝缘电阻时，转动发电机的手柄应由慢渐快并保持 120r/min 转速，若发现指针指零，则说明被测电气设备有短路现象，应停止摇动手柄，以防线圈损坏；若指示正常，应使发电机转速稳定在规定的范围内（一般应使发电机转速达到 120±24r/min），切忌忽快忽慢而使指针摆动，加大误差。读数时，一般以 1min 以后的读数为准，若遇电容较大的被测物时，可等指针稳定不变时再读数。

有雷电和邻近有带高压导体的设备时，禁止使用仪表进行测量，只有在设备不带电，而又不可能受到其他感应电而带电时，才能进行测量。

测量完毕后，当兆欧表没有停止转动或被测物没有放电以前，不可用手去触及被测物测量部分和进行拆线工作。特别是测试完大电容电气设备时，必须先将被测物对地短路放电，再停止手柄的转动。这主要是防止电容器放电使兆欧表损坏。

3. 常用的备配件

维修前还要准备好维修时使用的材料和备用的零部件。维修用的材料有润滑剂（脂）、粘接剂、螺栓松动剂（又叫除锈灵）、绝缘胶带、导线、砂布、焊锡等，零部件有电源开关、皮带、电动机运行电容、定时器、熔断器、排水拉带、旋钮、进水电磁阀、排水电磁阀、水位开关、电动机、离合器、轴承等。

对不同型号的洗衣机以及不同系统和部位进行维修时，需要的仪表、工具、材料和零部件是不一样的。所以，维修前应根据故障现象，判断和检查故障的可能部位，准备好维修所需的各种仪表、工具、材料和零部件，有针对性地维修。

任务二 熟悉洗衣机的检修步骤与方法

洗衣机出现故障时，首先要对故障的性质、发生故障的部位有一个正确的判断，也就是说确定故障的根源所在，查清故障原因后，解决的方法也就很容易确定了。在进行洗衣机检修时，要掌握一定的检修步骤和检修方法，这样就可以花费较少的时间和精力，顺利排除故障。

1. 洗衣机的故障分类

1）使用不当造成的故障

这种"故障"也叫假故障，是由于用户对洗衣机的使用不了解而造成的，如新用户没有认真阅读使用说明书，不了解洗衣机的正确操作方法，似懂非懂地操作而造成的所谓"故障"。如滚筒洗衣机出现边进水边排水的"故障"，有可能是用户误将排水管置于 0.8m 高度以下引起的。又如滚筒洗衣机出现振动噪声大的"故障"，有可能是运输杆和运输固定板没有拆除引起的。

对于假故障，只要按正确方法操作洗衣机，洗衣机即可正常工作。

2）电气故障和机械故障

全自动洗衣机由机械系统和电气系统组成，其故障可分为机械故障和电气故障两大类。

（1）电气故障

电气故障可分为电源故障、电路接线故障、控制部件（如定时器、电动式程控器或电脑板等）故障和负载部件（如电动机、电磁进水阀、排水泵等）故障。

① 电源故障包括无电源电压、电源插座接触不良、欠电压、电压波动太大、熔断器熔断、电源开关不通、电源线断线及门开关损坏等。

提示与引导

在检修洗衣机无工作电压或运转无力故障时，应先检查电源电压是否正常、电源电路是否有故障。欠电压和电压波动通常是造成电脑全自动洗衣机不运转和程序运转不正常的原因。

② 电路及接线正常是负载部件正常工作的必要条件。当负载部件不工作，也无工作电压时，首先要检查该负载部件接线端的连接是否正常，线路导线接点是否松脱，若以上各部分均正常，则应再检查控制部件。

负载部件故障与控制部件故障均涉及机械和电气两个方面，不论哪个方面出现故障，均会造成洗衣机不能按程序正常运行。例如，电动机故障既有轴承、端盖、轴等机械方面的故障，又有定子绕组、接线、转子等电气方面的故障。电动式程控器既会出现触点烧损、簧片变形等电气故障，也会出现控制触点所在簧片动作失灵等机械故障。

提示与引导

对于电路故障，一般只需要用万用表即可查找出来，漏电问题要用兆欧表测试。

（2）机械故障

机械系统故障有传动皮带老化、松弛、脱落，零部件损坏、变形、装配错位，紧固件松动，运转部位缺油、卡阻及轴承磨损等，检修时应纠正不正常的装配状态，更换损坏的零部件。

提示与引导

检查机械故障，主要采用直观检查方法，通过观察、手摸、耳听即可发现故障部位。通常先进行静态（不通电状态）检查，再进行动态（通电运行状态）检查。

另外，还可按故障发生的部位进行分类，分为传动系统故障、控制系统故障、水路系统故障等。

2. 洗衣机的检修步骤

洗衣机有电路故障、机械故障，故障现象多种多样。当洗衣机有了故障，检修人员不应急于拆修，而应对洗衣机的工作情况、故障现象进行详细了解，然后根据洗衣机的工作原理对故障现象进行分析，并参考积累的经验和维修实例，推测出引起故障的可能原因和大致范围。这样做可以做到心中有数，然后再进一步查找，直到把故障找出来并加以排除。

1）询问用户——了解情况

在维修之前，应首先详细询问用户，在使用时出现何种状况。询问的内容一般包括：故障有何表现（如进水不止、洗衣单向转、排水超时、脱水时碰桶等），从何时开始，故障发生或发展的过程是怎样的，是否曾修理过等。用户提供的信息，将有助于维修人员对故障进行分析判断，有助于较快地找出故障之所在。除上述问题外，我们还应了解洗衣机的购买时间、使用时间的长短、放置使用的环境等情况，以利于对故障产生的原因有所了解。

2）观察、操作检查——确认症状

根据用户反映情况，通过眼看、耳听、手摸了解洗衣机故障的具体情况，必要时还需要实际操作洗衣机，进行观察分析，确认用户所说的症状是否真实存在。

3）确定故障发生部位及产生故障的原因

根据上述两方面了解到的各种表面现象，结合洗衣机的结构和工作原理，再结合以往的维修经验加以综合分析，推断造成故障的各种可能原因，按照故障发生的可能性大小排队。有维修经验的人员，一般能判断出故障所在部位。

4）确定修理方案

故障确定之后，根据故障产生原因及所在部位，确定修理方案、拆卸的部位、所需的工具、可能要修理或更换的零件等。

5）找出故障部件

通过以上几步检查以后，就可运用各种检查方法，应用仪器仪表进行数据测试，分析所得的数据，并与正常工作时的数据进行对比。经上述不断地测试，再不断地分析，最后找出故障部件。如果是电气部件可通过以下方法确认。

① 非带电确认：可通过万用表测量该部件的电阻是否正常，一般情况下，损坏部件的电阻都是无穷大（断路）或接近为零（短路）。

② 带电确认：可通过把该部件单独接到电源上，不通过定时器、程控器（包括电动式程控器和电脑板），看是否能工作，从而进行确定。

6）进行维修

进行维修通常有三种方式。

① 更换元器件，对于确认已经失效的电容器、机械零部件等通常是无法修复的，只能更换新的器件、零部件。

② 修复器件，对于有些部件，可能是由于缺少润滑脂，只要添加润滑脂或其他处理便可继续使用。电动机的有些故障也是可修复的，对于实在不能修复的才更换新电动机。

③ 重新调整，有些故障是由于某些零部件的位置、高度、长度等参数改变而引起的，只要通过适当调整就可排除故障。

点 拨

已经找到故障部件后，不要马上进行更换，要考虑由于此部件的损坏，是否会对其他的部件造成损坏，或者说是否是其他部件的损坏，造成了此部件的损坏。如双桶洗衣机的脱水电动机烧坏，一定要确定是否是皮碗损坏造成的；如进水阀损坏，是否也会造成电路板的损坏。

7）善后工作

维修完洗衣机后，一定要检查是否完全维修好，并得到用户的认可。

3. 洗衣机的检修方法

1）直观检查法

直观检查法就是通过眼看、耳听、鼻闻、手摸来对洗衣机进行的一种检查方法。利用直观检查法发现洗衣机故障或故障苗子，是洗衣机修理中最常见和应用最多的一种方法。但此方法对初学者来说，是有一定难度的。其熟练程度，与维修人员的经验及其掌握的机械、电气知识有密切关系。

（1）眼看

用眼看，可以检查零部件的完整性、相对位置的正确性和缺陷等。检查的内容有外观是否碰撞、划伤或弯曲变形，电源线有无损伤，走线夹有否夹住，内部接线是否脱焊、断掉，插接件是否脱落，电动机、电磁阀线圈有否烧焦、发黑，零部件是否损伤变形，零部件之间是否碰撞，零部件是否动作等。查看到某处不良或异常时，可进一步检查或修理。

（2）耳听

在洗衣机进行洗涤、排水和脱水过程中去听有无异声，是否存在碰撞声、摩擦声及其他异常的声音，脱水时是否振动太大，电动机轴是否松动，轴承是否磨损太大，电动机风叶是否松动或碰擦电动机外壳。此外，还可以听到紧固件松动时引起的响声等。

（3）鼻闻

用鼻闻可以闻出洗衣机有无油漆或橡胶烧焦的气味，以此来判断洗衣机的电动机、电磁铁线圈、进水电磁线圈及电容器是否被烧坏。

（4）手摸

此方法一般在怀疑某元件或零部件发生故障、需要进一步论证时采用。它是凭经验和触觉来诊断的。采用此方法可判断洗衣机振动的大小，电动机、电磁线圈等元件温升是否正常，紧固件的松紧、运动是否顺畅，袜子或小手巾等有否掉落在甩干桶外面而缠住了转轴等。但在通电检查、电动机运转时检查要注意安全，防止触电和伤到手。

2）仪器、仪表检查法

对洗衣机进行定量的检测时，需要多种仪器仪表，最常用的有万用表、兆欧表和测电笔。

所谓万用表检查法，就是使用万用表对洗表机中所怀疑的电气元件或电气连接点进行测量的一种检查方法。万用表检查法通常有4种：电压法、电阻法、电流法和短路电流比较法。经常采用的为前两种方法。

比如，当洗衣机插头插上插座后，启动电源开关，但洗衣机不能工作，此时电源指示灯也不亮。其故障原因很多，可能是插座电源没有接通，也可能是电源线断路或熔断器熔断。检查方法为：首先把万用表调到交流电压250V挡，测量检查电源插座。如果电源电压正常，再检查熔断器是否熔断，然后再用万用表欧姆挡测量电源线是否断路。如上述检查良好，再查定时器或程序控制器触点是否接通。这样，通过万用表一查便一清二楚。

又如，怀疑电动机有故障，也可用万用表欧姆挡进行测量。分别测量电动机主副两绕组。若测量某相绕组电阻是零或无穷大，则说明该相绕组短路或断路，该电动机需要维修。

兆欧表可以测量绝缘电阻。测电笔可检查有无电压和漏电现象。

万用表检查法、兆欧表检查法是一种比较科学的检测方法，测量判断准确、直观，是修理人员必须掌握的检修方法。

3）操作检查法

操作检查法，一般分为洗衣机工作前、后两方面。通电前的检查：检查旋钮和按钮的动作是否到位，其联动机构是否也工作，触点是否良好；发条或定时器旋转是否自如，上紧发条能否工作等。通电后的检查：观察洗衣机工作时的状态有何变化、异常，有必要时可以让某个部分或某个元件单独工作，缩小范围进一步查明故障原因。

4）替换检查法

替换检查法是用规格相同、性能良好的零部件、元器件代替某个被怀疑有问题的零部件、元器件，然后进行试验和观察。如果故障消失，原来的怀疑就得到了证实。如检修洗衣无力故障，如果怀疑电动机运行电容器容量减小，就可用一个相同容量的电容器来更换，看故障是否被排除。怀疑全自动洗衣机的电脑板有问题时，也可更换整个电路板来确认。

5）剩余检查法

这种检查法是先列出某个故障的全部可能原因，然后逐项进行检查，如果所查各项都不是故障的真正原因，那么，剩下的一项就是故障的真正原因了。只有在剩下的一项难以检查或者不能检查的情况下，才用这种方法进行判断。采用这一方法时，必须列出全部可能原因，否则会出现误判。例如，洗衣机在洗涤时波轮不转动，通电后，电动机和机械传动的各个环节都正常，只有离合器内的减速器没有检查（若将减速器拆开检查，不仅麻烦、费时，还可能将减速器损坏），在排除其他因素可能出现故障的情况下，就可以认定是减速器故障造成波轮不转。

6）故障代码检查法

目前许多电脑控制全自动洗衣机为了便于生产和故障维修，都具有故障自诊功能，出现故障后，微处理器电路的 CPU 检测后，通过指示灯或显示屏显示故障代码，提醒故障原因及故障发生部位。因此，维修此类洗衣机时，要注意观察洗衣机显示的故障代码，这样才可快速查找到故障部位。采用此方法时，要求维修人员应掌握所修洗衣机故障代码的含义。例如，海尔 XQG50-HDB1000 型滚筒洗衣机，显示故障代码 E 11，这种故障的原因是进水超时，故障范围应在进水系统，如图 2-4 所示。

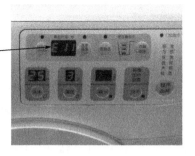

图 2-4　故障代码检查法

▶4. 检修中的注意事项

① 在检修过程中，要注意安全用电，尽可能避免带电操作。检查传动带松紧、电源线有

无破损时，要先切断电源。检查电动机机壳温度时，应先用验电笔碰触机壳，确认氖泡不亮后，再用手背触及机壳，试温度的高低。

② 洗衣机接在电源上时，很多线路上都带有市电，切勿手上有水操作。

③ 维修电路时，应先对电动机的运行电容器充分放电，避免触电和损坏测量仪表。

④ 检修时，一般应将洗衣机内的积水排尽。

⑤ 安装、拆卸时，应妥善保管好零部件，尤其是专用的小零件，以免丢失。

⑥ 洗衣机须倾倒时，应先在工作地面上垫一层软材料，以保护洗衣机外壳完好。

⑦ 维修后，应对各引线、电动机等恢复原来的防潮、防水措施，并用绝缘电阻表测量绝缘电阻。

思考练习 2

1．简述使用兆欧表测量电动机的绝缘电阻的方法。

2．简述洗衣机的维修步骤。

3．洗衣机维修的方法主要有哪些？

认识双桶洗衣机

【项目目标】
1. 了解双桶洗衣机的整机结构。
2. 理解双桶洗衣机的工作原理。

任务一 了解双桶洗衣机的整机结构

双桶洗衣机是波轮式双桶洗衣机的简称,其特点是:由一个洗涤桶和一个脱水桶结合成一体;它的洗涤部分和脱水部分各有自己的定时器和电动机;洗涤和脱水可以同时进行,相互独立,互不干扰。双桶洗衣机按漂洗方式可分为在洗涤桶内漂洗的普通双桶洗衣机和在脱水桶内进行漂洗的喷淋式双桶洗衣机两种类型。在双桶洗衣机中,普通双桶洗衣机有一定代表性。知道了普通双桶洗衣机的结构,对其他各种双桶洗衣机也就不难理解了。因此,这里以普通双桶洗衣机为例进行介绍。

普通双桶波轮式洗衣机(下文简称双桶洗衣机)主要由洗涤系统、脱水系统、进排水系统、动力及传动系统、控制系统、外箱及底座组成,如图 3-1 所示。

1. 洗涤系统

双桶洗衣机的洗涤系统主要由洗涤桶、波轮、波轮轴组件等组成,其作用是完成洗涤和漂洗。

2. 脱水系统

双桶洗衣机的脱水系统主要由脱水外桶、脱水内桶、脱水轴组件、刹车装置等组成。喷淋式双桶洗衣机的脱水系统还带有喷淋装置。

3. 进排水系统

普通双桶洗衣机的进水完全是由人工操作的,排水则通过排水开关、排水阀及排水管来实现。

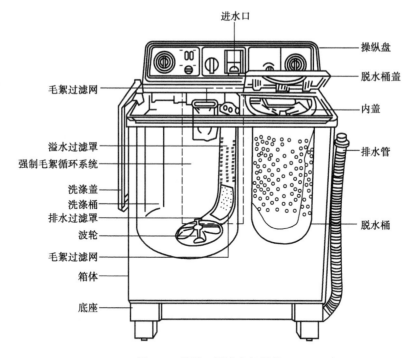

图 3-1　普通双桶洗衣机结构

4. 动力及传动系统

　　洗衣机机械力的动力源是电动机。双桶洗衣机有两个电动机：一个是洗涤电动机，另一个是脱水电动机。它们都采用单相交流电动机，洗涤电动机的输出功率较大，脱水电动机的输出功率较小，洗涤电动机个子比脱水电动机大一些，容易区分。

　　双桶洗衣机的传动系统包括洗涤传动部分和脱水传动部分。图 3-2 是动力及传动部分结构图。

　　洗涤传动部分主要包括洗涤电动机、皮带轮、皮带等部件。洗衣机工作时，接通电源，洗涤电动机启动，带动电机轴上的小皮带轮旋转，通过皮带传动，带动波轮轴下方的大皮带轮转动，从而使波轮转动。

　　脱水传动部分比较简单，脱水电动机安装在脱水桶的正下方，二者采用联轴器连接，由紧固螺钉和锁紧螺母把脱水桶转轴与脱水内桶固定在联轴器上。当电动机通电后高速运转

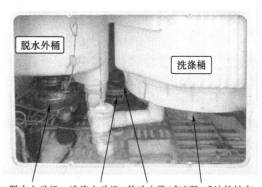

图 3-2　动力及传动部分结构图

时，通过联轴器使脱水内桶以同样的转速运转。这种驱动方式为直接驱动，电动机的旋转动力通过联轴器传递到脱水内桶。

5. 控制系统

双桶洗衣机的控制系统主要由洗涤定时器、水流转换开关、脱水定时器、脱水桶盖开关等组成。这些控制器件大部分安装在机体上部的控制盘（也叫控制台）上，如图 3-3 所示。普通双桶洗衣机控制电路由两部分组成：一部分是洗涤控制电路，另一部分是脱水控制电路。这两部分电路是相互独立的，可以独立操作。

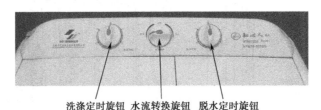

洗涤定时旋钮　水流转换旋钮　脱水定时旋钮

图 3-3　控制台结构图一

点　拨

有部分双桶洗衣机将排水开关和水流转换开关组合成一体，图 3-3 就是这种，其水流转换开关设了"标准"、"轻柔"、"排水"三挡。而有的则采用了专用的排水开关，因此控制台就多了一个排水选择旋钮，如图 3-4 所示。

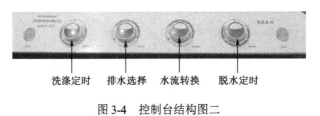

洗涤定时　　排水选择　　水流转换　　脱水定时

图 3-4　控制台结构图二

6. 外箱体及底座

外箱体是洗衣机的外壳，除对洗衣机起装饰作用外，还有两个作用：一是保护洗衣机内部零部件，二是起支撑和紧固零部件的作用。箱体通常采用钢板（或镀锌钢板）制成后，经喷塑或喷漆工艺而成。也有用塑料注塑成形的，由上、下两部分组成，最大的优点是不会生锈。

底座是用来安装洗涤电动机和脱水电动机，连接箱体和支撑整个洗衣机的。底座一般用聚丙烯工程塑料注塑成形，具有一定的强度和刚度。

任务二　了解普通双桶洗衣机的工作原理

双桶洗衣机的洗衣全过程分为三个步骤，即洗涤、漂洗和脱水。

1. 洗涤原理

洗涤机械力的动力源是洗涤电动机。电动机放置于洗涤桶下方，安装在塑料底座上。

双桶洗衣机接通电源，旋转洗涤定时器后，洗涤电动机启动作正、反向间歇转动，带动电动机轴上的小皮带轮旋转，通过皮带传动，带动波轮轴下方的大皮带轮转动，从而使波轮旋转，进而使洗涤桶内的洗涤液形成涡流，洗涤物通过波轮的搅拌、振动等物理作用，使附着其上的污垢分离。图 3-5 是洗衣机的机械力传递示意图。

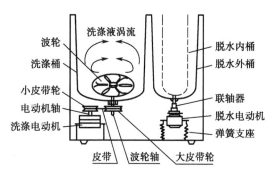

图 3-5　洗衣机的机械力传递原理示意图

2. 漂洗原理

双桶洗衣机采用的漂洗方式主要有蓄水漂洗、溢水漂洗和喷淋漂洗三种。蓄水漂洗、溢水漂洗都是在洗涤桶内进行的，而喷淋漂洗则是在脱水桶内进行的。普通双桶洗衣机一般采用蓄水漂洗或溢水漂洗。

1）蓄水漂洗

蓄水漂洗是将经过洗涤后的洗涤物放入注有清水的洗衣桶内，然后将洗涤定时器拧到所需漂洗时间的位置，由波轮转动进行漂洗。当第一次漂洗结束后，拧动排水旋钮，打开四通排水阀，排掉污水，再注入清水，重复漂洗 2～3 次，即可完成蓄水漂洗工作程序。

2）溢水漂洗

溢水漂洗是在洗衣桶内边放水边漂洗，即把洗衣桶内的水注到最高水位后，不再关闭自来水龙头，让水继续不断地流入洗涤桶内，边流边进行漂洗。从衣物上漂洗下来的泡沫和污水持续不断地从溢水管口排出洗衣桶，清水再不断地进入，从而达到漂洗的目的。

3）喷淋漂洗

喷淋漂洗是一种独特的漂洗方式。由于在脱水桶内安装喷淋管，漂洗可以从洗涤桶内移到脱水桶内进行。

进行喷淋漂洗前，须将洗涤好的洗涤物从洗涤桶内捞出后，均匀码放在脱水桶内喷淋管周围，工作时，自来水自动流入喷淋管内。喷淋管以 1400r/min 高速旋转，在其离心力作用下，沿喷淋管圆周各方向，水自上而下地从微孔中喷射出来，尤如大量的小喷水枪，喷射到喷淋管周围的洗涤物上，把洗涤物上残留的污垢、洗涤剂溶液等冲刷下来，并在离心力的作用下，随自来水一起从脱水内桶壁上的小孔中甩出，通过排水管排出机外。

另外，还有顶淋漂洗方式。顶淋漂洗也是在脱水桶内进行的一种漂洗方式。顶淋漂洗可以说也是一种喷淋漂洗方式，它与上面介绍的喷淋漂洗的不同之处就是将脱水桶中的喷淋管去掉，而换成位于脱水桶上方的淋水帽。

3. 脱水原理

将衣物放入脱水桶，盖好盖板（桶盖）使盖开关闭合，旋转脱水定时器，脱水电动机得到供电后，在运行电容的配合下运转，带动脱水内桶及其中的衣物高速旋转，利用高速转动产生的离心力，将衣物上的水从脱水内桶的小孔甩出，再利用排水管排出机外。到达脱水设定时间后，脱水定时器的触点断开，脱水电动机停转。

▶4. 控制系统原理

双桶洗衣机的控制系统由洗涤定时器、脱水定时器、水流选择开关（或称水流转换开关）、盖开关等组成，控制的对象是洗涤电动机和脱水电动机。

典型的双桶洗衣机电路如图3-6所示。从图中可以看出，它由洗涤控制电路和脱水控制电路两部分组成，这两部分电路是相互独立的，互不影响，可以独立操作，也可同时操作。

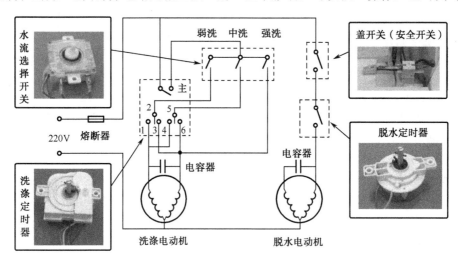

图3-6　典型的双桶洗衣机电路图

1）洗涤控制原理

洗涤电动机和电容器组成电容运转式单相电动机系统，在洗涤定时器的控制下进行运转。水流选择开关是用来选择洗涤方式的。洗涤方式有强洗、中洗、弱洗三种。

强洗也叫单向洗，指在一次洗涤过程中，波轮连续转动，不改变转动方向的洗涤方式。

中洗（标准洗），指在一次洗涤过程中，波轮做正、反向交替转动，且转动的时间比停止时间长的一种洗涤方式。

弱洗（轻柔洗），指在一次洗涤过程中，波轮做正、反向交替转动，且转动的时间比停止时间短的一种洗涤方式。

洗涤定时器有三组触点开关，第一组是主触点开关，用来控制洗涤的总时间，时间可在0～15min内人为选择；第二组、第三组是中洗（标准洗）和弱洗（轻柔洗）方式的触点开关，由定时器的两上凸轮分别控制，使洗涤电动机按照正转、停止和反转的规律工作。

双桶洗衣机采用的水流选择开关根据结构不同可分为两种：一种是琴键开关，通常有强洗键、中洗键和弱洗键三个按键；另一种是旋转式开关，通常设标准、轻柔两挡，对于将排水开关和水流选择开关组合在一起的，则有标准、轻柔、排水三挡。早期生产的双桶洗衣机一般采用前者，目前市场上的双桶洗衣机通常采用后者。

由于洗涤定时器的主触点开关和水流选择开关是串联在电路中的，所以，在使用中只需要顺时转动洗涤定时器旋钮，则主触点开关即可接通。但若不按下琴键开关的某一个按键（或旋钮式水流选择开关拧到排水挡位置），电路仍处于断路状态，洗涤电动机不能运转。

当按下强洗键时，电流通过洗涤定时器主触点开关和强洗琴键开关向洗涤电动机供电，这时，洗涤电动机只向一个方向旋转，进行单向洗涤。当洗涤结束时，控制定时器主触点开关的凸轮回转到起始位置，主触点开关断开，电路切断，电动机停止转动。

当按下中洗琴键（或将旋钮拧到"标准"挡位）时，电流通过定时器主触点开关和中洗琴键（或标准挡位），并通过定时器的标准洗触点，向洗涤电动机供电。标准洗的触点凸轮在弹簧力控制下不断旋转，如图3-6中簧片5不断变换位置与4、6接触，则电动机便会按设计好的程序，一会儿正转，一会儿停止，一会儿反转，从而实现标准洗涤控制，而转停时间的长短通过凸轮设计来实现。

当按下弱洗琴键（或将旋钮拧到"轻柔"挡位）时，与中洗类似。

2）脱水控制原理

脱水控制电路由脱水电动机、脱水定时器、脱水桶盖开关（即安全开关）等组成。脱水定时器比洗涤定时器简单，一般工作时间为5min，由于工作时脱水内桶只是单方向转动，所以脱水定时器只有一个触点开关。脱水桶盖开关与脱水定时器串联，只有将脱水桶盖开关完全合上，脱水桶盖开关才能接通。反之，只要将脱水桶盖打开，脱水桶盖开关的两个触点便会立即断开，脱水电路就断开，保证操作者的安全。

思考练习3

1．普通双桶波轮式洗衣机主要由哪些部分构成？

2．画出普通双桶波轮式洗衣机电路图。

項目 4

主要零部件的识别和故障检修

【项目目标】

1．了解主要零部件的作用、结构。
2．了解普通双桶洗衣机主要零部件的常见故障。
3．学会对双桶洗衣机主要零部件进行检测，判断其质量好坏。

任务一　洗涤系统零部件识别、故障检修

普通双桶洗衣机的洗涤系统包括洗涤桶、波轮、轴套（或减速器）和循环水系统等，这部分的功能主要是完成洗涤和漂洗（蓄水漂洗或溢水漂洗）任务。

1．洗涤桶

1）识别

洗涤桶是盛放衣物和洗涤液并实现洗涤任务的容器，它必须具有足够的强度和刚度，而且要求对酸、碱等化学物质有良好的抗腐蚀能力。洗涤桶的大小决定了洗衣机的洗涤容量。洗涤桶截面的几何形状直接影响衣物的洗净度和磨损率。洗涤桶截面的形状一般有圆形、方形、矩形多种，现在大多采用近似方形的洗涤桶。洗涤桶四周圆角的大小，对洗涤过程中产生涡流的位置、大小及衣物翻滚的幅度都有一定影响。一般方形桶的圆角设计成大圆角，其目的是在洗涤过程中多产生小湍流，以使衣物舒展伸长，提高洗涤的均匀性。有的洗衣机还在洗涤桶内壁上增加了凸筋，可以增加湍流数量，增强洗涤效果。洗涤桶的底部有平底和斜底两种。洗涤桶结构如图 4-1 所示。

现在，洗涤桶一般采用聚丙烯塑料。这类洗涤桶和脱水外桶一起整体注塑成形，这种桶也称双连桶。这样，不但节约了材料，而且整体性能好，提高了强度和抗冲击能力，降低了噪声，且制造成本低，便于大批量生产，正常使用寿命达 10 年以上。

在洗涤桶内还装有排水过滤罩和强制循环毛絮过滤系统，它们的外形如图 4-2（a）所示。

溢水过滤罩安装在桶壁上，上面有几排长形小孔。当洗衣桶的水位高出长形小孔的时候，水可通过这些小孔迅速从溢水管排走，以免水溢过桶面。另外，长形小孔还起着过滤作用，不让大于小孔的悬浮物进入溢水管。

24

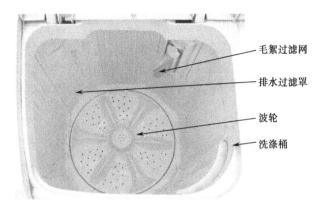

图 4-1 洗涤桶结构

强制循环毛絮过滤系统结构如图 4-2（b）所示。它由毛絮过滤网架、集水槽、循环水管、回水管、回水管挡圈、左右进水口、波轮叶片等组成。其中，挡圈与波轮叶片组成一个离心泵。洗涤时，电动机驱动波轮旋转，离心泵将回水管中的洗涤液泵入左、右进水口，经循环水管、集水槽后注入毛絮过滤网。过滤网收集了洗涤液中的毛絮、纤维等细小杂物后，洗涤液流回洗涤桶中。这样反复不断地收集洗涤液中的毛絮，从而提高衣物的洗净效果。

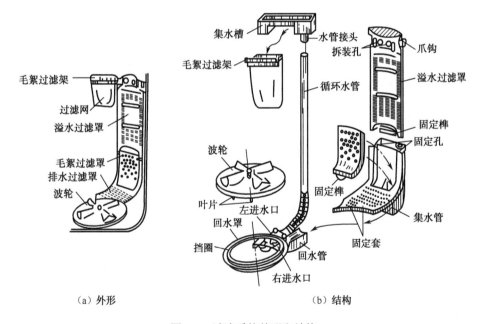

（a）外形   （b）结构

图 4-2 过滤系统外形和结构

2）故障及检修

直接观察洗涤桶是否有机械损伤，桶壁是否光洁平整，是否有开裂等异常现象。若开裂，则需要修补，不能修补的只有报废。

洗涤桶出现故障的可能性较小，但有时也会出现洗涤桶桶底破裂，从而引起洗涤桶漏水的故障。桶底破裂原因是，洗涤桶大多采用工程塑料一次性注塑而成，若注塑工艺出问题，或波轮轴磨损而引起波轮微微偏斜，都可能导致塑料桶底磨破，从而出现渗漏水的故障。对于这种情况，应及时用塑料焊枪或电烙铁予以修补、烫平。在修补中，材料最好采用环氧树酯修补法。用双管环氧树酯调拌均匀，补在裂口处，注意表面应平整，待干后即可使用。

洗衣机使用一段时间后，毛絮过滤网就需要进行清理，以确保过滤效果，同时避免留在过滤网中的污垢、线屑等再被水冲到桶内造成二次污染；若毛絮过滤网破损，更换即可。

2. 波轮

1）识别

波轮是波轮洗衣机实现洗涤的主要机械运动件，洗涤时洗衣机通过波轮的运转，带动水流转动，从而在衣物之间，衣物与水流之间，衣物与桶壁、波轮之间产生相对运动。波轮直径的大小，波轮上的凸筋的高度、形状，波轮转速的快慢，转停时间的长短以及安装位置等，对洗衣机的洗净度和磨损率都有很大影响。波轮结构如图 4-3 所示。

波轮一般采用 ABS 工程塑料或增强聚丙烯塑料注塑成形，为了提高波轮中心孔与波轮轴配合连接位置的强度，一般会在注塑时在波轮中心孔处预埋一个高强度塑料或金属的内衬。

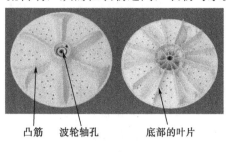

凸筋　　波轮轴孔　　底部的叶片

图 4-3　波轮结构

另外，在波轮的底部设计有叶片（称为强制水流循环叶片），与波轮连接成一个整体，叶片相当于一个离心水泵的叶轮。波轮旋转时，叶轮驱动波轮下方的洗涤液旋转，洗涤液及洗涤液中的毛絮、纤维等细小微杂物经循环水管被扬高到集水槽中，实现了洗涤液中毛絮的过滤收集。

2）故障及检修

波轮的常见故障有：波轮摆动大；波轮与桶相蹭；波轮下方有异物，产生异常噪声，甚至波轮不能正常旋转等。

① 波轮运转过程中与桶凹槽相蹭产生异常声响。当洗衣机出现此故障时间长了，会使波轮和洗涤桶磨损，甚至使洗涤桶破裂、漏水，应及时修理。造成此故障的原因可能是波轮四周有毛刺、波轮椭圆度较大、安装时未放平、紧固波轮的螺钉松动等。逐一检查，确认故障原因后进行相应处理。

② 波轮运转过程中夹扯衣物。产生这种现象的原因有：波轮与波轮槽之间的间隙过大、波轮安装时未放置到底，波轮高出桶底面大于正常值，波轮紧固螺钉松动，使波轮运转过程中摆动较大等，将衣物的边缘、衣领等绞到波轮缝隙中，咬伤衣物，严重时会将衣物卷到波轮轴上，使波轮难以转动发生堵转现象，甚至烧毁电动机和损坏波轮。

直观检查波轮是否有机械损伤，螺钉孔是否变形、变大（螺钉孔损坏易造成波轮打滑）。波轮螺钉孔磨损严重，螺纹脱扣或波轮破裂损坏，应更换新的波轮。波轮的紧固螺钉或垫圈，如果生锈和损坏，也应更换。

3. 轴套、减速器

轴套（或减速器）也称波轮轴组件或波轮轴总成，它的作用是支撑波轮、传递动力完成洗涤任务，保证波轮轴密封不漏水，正常工作。轴套（或减速器）安装在洗衣机洗涤桶的底部，通过顶部的密封圈与洗涤桶密封配合，轴套（或减速器）中的波轮轴顶端安装波轮，洗涤时，电动机运转，通过皮带、皮带轮将动力传递到波轮轴上，带动波轮转动，起到传递动力的作用。早期生产的双桶洗衣机大多采用轴套，现在生产的双桶洗衣机都采用减速器。

1）识别

（1）轴套

轴套（这里指轴套组件，有时也叫波轮轴与轴套）主要由波轮轴、轴套（外套）组成，如图 4-4 所示。波轮轴的顶端开有螺钉孔，用于波轮与波轮轴的连接安装。波轮轴的下方与大皮带轮相连接，轴上设计有紧固大皮带轮用的装置。轴套（即外套）内装有轴承、密封圈、含油轴承、含油棉、毛毡等零件。

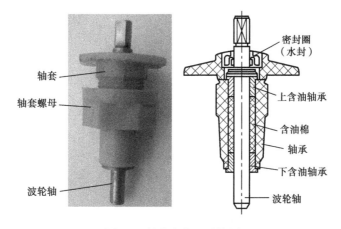

图 4-4   轴套实物和结构图

轴套与洗涤桶的密封是靠紧固螺母、橡胶垫圈来实现的。外套与波轮轴之间的密封是用耐油、耐磨的丁腈橡胶制造的密封圈（即水封）来完成的。波轮轴的密封圈处在碱性洗涤液浸泡之中，与波轮轴有高速的相对运动，容易磨损，属于易损件。

波轮轴的密封圈由弹簧圈、密封圈体组成，分单唇、双唇和单双唇三种。密封圈（单唇）实物图如图 4-5 所示，三种密封圈的结构如图 4-6 所示。弹簧圈是用一根一头尖的小弹簧对接起来的，它的弹力使密封圈唇紧贴在波轮轴的圆柱面上起密封作用。单唇密封圈，由于只有一唇起密封作用，因而保持润滑油的能力较差，使用不久润滑油便会很快耗尽。此时，密封圈与波轮轴干摩擦，容易导致密封圈过早损坏。双唇密封圈有两个唇起密封作用，两个唇之间及波轮轴

密封圈体   弹簧圈

图 4-5   密封圈（单唇）实物图

之间能够较好地保持润滑油，使轴与密封圈保持较好的润滑条件，是较适用的一种类型。单双唇密封圈结构复杂，有三个唇起密封防水的作用，密封效果最好，而且寿命最长。

（2）减速器

减速器也叫减速离合器，它与轴套不同的是，它可以降低电动机的转速和增加力矩，带动波轮工作。洗衣机采用的减速器有两种：一种是同心齿轮减速器（也叫行星齿轮箱），另一种是偏心齿轮减速器（也叫偏心齿轮箱）。由于偏心齿轮减速器稳定性差、噪声大、体积大且传动比小，所以已淘汰，而同心齿轮减速器体积小、稳定性高、噪声小等，所以目前波轮洗

衣机几乎都采用此类减速器。波轮普通洗衣机减速器实物图如图4-7所示。

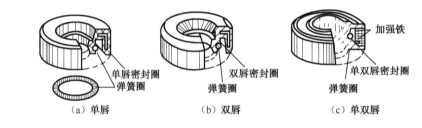

（a）单唇　　　　　　　（b）双唇　　　　　　　（c）单双唇

图4-6　三种密封圈的结构

（a）同心齿轮减速器　　　　　　　（b）偏心齿轮减速器

图4-7　波轮普通洗衣机减速器实物图

同心齿轮减速器由波轮轴、密封圈（油封）、轴承、齿轮、齿轮轴、外壳等构成，如图4-8所示。

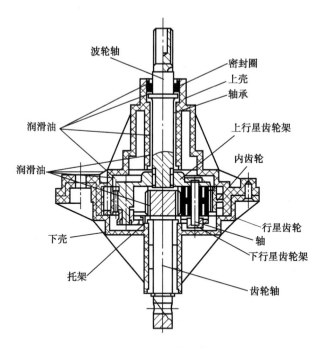

图4-8　同心齿轮减速器的结构

2）故障及检修

减速器、轴套常见故障主要有波轮轴磨损、锈蚀，密封圈损坏造成密封不良，含油轴承锈蚀或缺油而卡住波轮轴等，表现为漏水、噪声大、波轮不能正常旋转等。

检测方法：直观检查减速器（或轴套）处是否有漏水现象；用手正、反向转动皮带轮，波轮应能带动波轮正反转动，而且转动灵活。

密封圈损坏是引起漏水的主要原因之一，常见故障有两种：一是弹簧浸水后被锈蚀，逐渐失去弹力，于是密封圈不能紧贴波轮轴而引起漏水；二是橡胶密封圈老化变质，使得密封圈起不到密封的作用。对于第一种情况，可用更换新弹簧的方法解决。如果手头没有新的弹簧圈，可将旧的弹簧圈取出，把接口打开成一根弹簧，将非尖头的一端用钳子剪去 2～3mm，然后把两头接起来，重新装入密封圈中，并注入锂基润滑脂（或黄油）。为了防止弹簧继续浸在水中，可将密封圈反向装在波轮轴套中。

密封圈的更换方法如图 4-9 所示。首先将洗衣机平放或倒置，拆下皮带轮、三角带，然后用活动扳手旋出六角螺母。再旋出波轮轴上的紧固螺钉，卸下波轮。然后按箭头方向用手锤把波轮轴轻轻敲出。这样就可以从洗衣桶内取出密封圈。同时，可以借此机会查看波轮轴是否锈蚀，如锈蚀，应更换或修光。

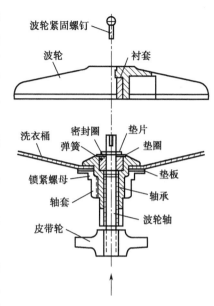

图 4-9　更换密封圈的方法

任务二　脱水系统的零部件识别、故障检修

脱水部分主要由脱水内桶、脱水外桶、脱水电动机、刹车机构、减振装置组成，如图 4-10 所示。

1. 脱水外桶

双桶洗衣机的脱水外桶一般与洗涤桶整体注塑成一体式结构，也称双连桶的脱水侧。脱水外桶的作用主要有两个：一是安放脱水内桶和安装水封橡胶囊；二是盛接脱水过程中从脱水内桶的衣物中甩出的水，并通过外桶的排水口将水排出机外。

2. 脱水内桶

脱水内桶安放在脱水外桶内，它通过脱水轴（又称脱水桶轴）、联轴器与脱水电动机轴相连接，如图 4-11 所示。脱水电动机是直接驱动脱水内桶的。

脱水内桶根据材料不同分为两种：一种是塑料桶，另一种是搪瓷桶。它们都是长形圆筒，壁上布满了均匀分布的排水孔。桶底通过螺钉与脱水轴上的法兰盘紧固，或采用法兰盘预埋在脱水桶底内的方式紧固。脱水轴穿过密封圈橡胶囊插入联轴器中，然后由联轴器与脱水电动机轴相连接。在脱水电动机的带动下，脱水内桶以约 1400r/min 的高速度运转，衣物内的水在离心力的作用下，从桶壁的小孔中甩出，达到脱水的目的。

搪瓷脱水内桶是采用低碳钢外涂搪瓷材料烧结而成的。因此，它刚度好、强度高。塑料脱水内桶大多采用 ABS 工程塑料或聚丙烯注塑成形，一般用于普通双桶洗衣机。塑料脱水桶与脱水轴的连接通常采用将法兰盘预埋在脱水桶底内这一方式，其目的是增加连接强度。考虑到机械强度，塑料脱水内桶直径比搪瓷脱水桶小，桶壁排水孔数也少。有的塑料脱水内桶为了减少启动时的摆动，在脱水内桶的上沿增设一个注有盐水的平衡圈。

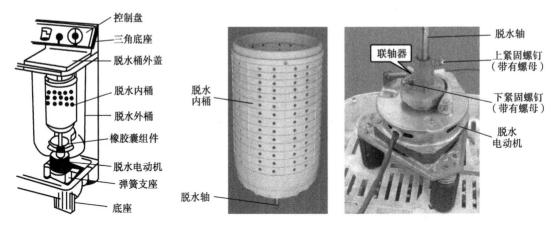

图 4-10　脱水系统结构图　　　　图 4-11　脱水内桶及其与脱水电动机的连接关系

3. 水封橡胶囊

1）识别

脱水轴通过水封橡胶囊与脱水外桶组成一个密封结构，如图 4-12 所示。其目的是防止脱水工作时，脱水外桶内的水通过脱水轴表面渗漏到机箱内，导致脱水电动机受潮生锈或电动机电绝缘受破坏而损坏。因此，水封橡胶囊漏水是双桶洗衣机的恶性故障，发现漏水应及时处理。

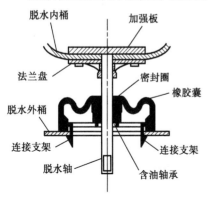

图 4-12　脱水轴组件结构图

水封橡胶囊（橡胶囊组件）俗称脱水橡胶皮碗，它安装在脱水外桶的底部。其作用主要有两个：一是防止脱水外桶的水通过脱水轴表面渗漏到底部的脱水电动机上（这样将导致电动机受潮生锈或电动机电绝缘受破坏而损坏）；二是减振，即能使脱水外桶和脱水内桶形成有机的弹性连接，减小脱水内桶高速运转时产生的振动，因此它又称橡胶囊减振机构。

常见的水封橡胶囊实物图如图 4-13 所示。它由固定架、橡胶囊、弹簧、含油轴承（或铜套）、内外环构成，如图 4-14 所示。

橡胶囊是采用耐油性能良好的氯丁橡胶制造的，不仅弹性好，而且耐老化。橡胶囊的形状设计成波纹形状，增强了橡胶囊的弹性，更好地起到缓冲、减振作用。橡胶囊与脱水外桶连接时，应在橡胶囊外圆处涂以粘接剂，并且塑料卡圈压在脱水外桶的内孔上，确保密封可靠不会漏水。

2）故障及检修

橡胶囊组件损坏（橡胶部分破裂、弹簧损坏、轴套处生锈等）后会产生脱水桶漏水、转动异常、噪声大等故障。

图 4-13　常见的水封橡胶囊实物图

图 4-14　水封橡胶囊结构

检测：

① 直接观察脱水外桶底部有无漏水现象。

② 检查橡胶部分是否老化破裂，轴套处是否生锈，水封的弹簧是否损坏，橡胶囊组件与脱水外桶之间密封胶是否失效、脱落。

4. 刹车机构

双桶洗衣机的脱水部分必须设置刹车机构，其目的是：当用户打开脱水外盖时，强行制动高速旋转的脱水内桶，防止误伤用户。当脱水内桶稳定运转时，制动时间不得超过 10s。

1）结构

完整的刹车机构应包括刹车挂挡块（在脱水桶盖板上）、刹车拉带、刹车挂钩、刹车挂板、刹车压板、钢丝套和纲丝、刹车鼓、刹车块、刹车盘等。

图 4-15 是刹车系统整体图，图 4-16 是安装在脱水电动机上的部分刹车机构。刹车挂钩的上端通过刹车拉带套在脱水桶盖板上的刹车挂挡块上，刹车挂钩的下端则挂到刹车挂板的小圆孔内，刹车挂板的另一端通过钢绳与刹车盘上的刹车动臂相连接。刹车动臂一端通过销轴固定在刹车盘上，另一端用拉簧拉挂在刹车盘上，同时还用纲丝（外有钢丝套）拉挂到刹车挂板上。刹车鼓与联轴器一体，紧固在脱水电动机轴上。

2）工作原理

在洗衣机正常脱水时，刹车机构的状态如图 4-16（a）所示。这时若打开脱水桶外盖，在盖开关的作用下，脱水电动机断电，脱水内桶失去驱动力，作惯性运转。当脱水外盖完全掀开时，脱水桶外盖上的刹车挂挡块下移一个距离，刹车挂板对刹车弹簧的拉力解除。在刹车弹簧收缩力作用下，刹车动臂上的刹车块向中心移动，并紧紧地压在刹车鼓的外圆柱面上，如图 4-16（b）所示。这样，刹车块与刹车鼓之间产生很大的摩擦力，迫使脱水内桶停止转动。

3）故障及检修

刹车机构各部分零部件的好坏，影响着刹车操作是否灵活、制动时间是否符合标准、刹车时噪声是否小等。

① 刹车拉杆未套在脱水外盖的挡块上，会使刹车控制系统失灵。使刹车块与刹车鼓处于"抱闸"状态，电动机不能运转，即使能勉强运转，也会产生较大的噪声。

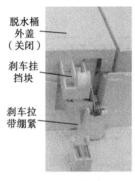

脱水桶
外盖
（关闭）

刹车挂
挡块

刹车拉
带绷紧

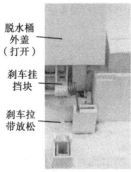

脱水桶
外盖
（打开）

刹车挂
挡块

刹车拉
带放松

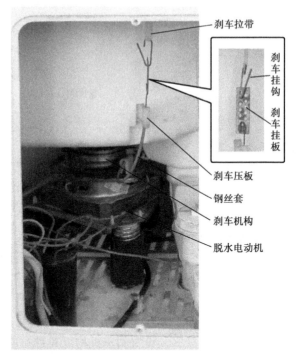

刹车拉带

刹车挂钩

刹车挂板

刹车压板

钢丝套

刹车机构

脱水电动机

图 4-15　刹车系统整体图

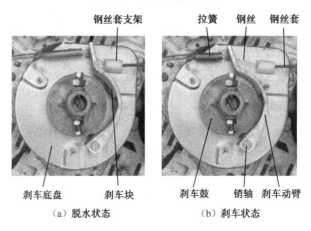

钢丝套支架

拉簧　钢丝　钢丝套

刹车底盘　　刹车块

刹车鼓　销轴　刹车动臂

（a）脱水状态　　　　　　（b）刹车状态

图 4-16　刹车机构

② 刹车块与刹车鼓相对位置调整不适当，造成抱闸或刹不住车的现象。刹车拉杆与刹车挂板的连接是靠刹车挂板的孔眼位置来决定的，它控制了刹车块与刹车鼓的距离远近。孔眼位置选择过高，会使刹车鼓与刹车块的距离过近，或使刹车块倾斜，当刹车块与刹车盘部分接触时，运转过程中会产生尖叫声；当全部接触时就产生抱闸，使电动机有"嗡嗡"声，但脱水桶不能运转，即电动机处于堵转状态，时间长了，会烧坏电动机。若选择的孔限位置过低，使刹车块与刹车鼓的距离过大，在正常运转过程中，掀开脱水桶外盖时，由于刹车块与刹车鼓的距离大于杠杆的下移距离，刹车块不能和刹车鼓接触，而刹不住车，电动机仍继续惯性运转。

如果刹车块的位置安装不当，刹车块的内圆弧面与刹车鼓的外圆弧面倾斜过大，刹车时不形成面接触，而形成点或线接触，不但会使刹车的时间延长，而且会产生刺耳的尖叫声，同时加速了刹车块的磨损，缩短了刹车块的使用寿命。

③ 刹车块因长时间使用，磨损大，导致制动时间过长。

④ 刹车鼓的内、外圆不同心度较大，或安装时，刹车鼓、联轴器、电动机轴的中心不在同一条直线上，均会造成脱水内桶的偏斜，启动时发生脱水内桶与脱水外桶相碰撞的现象，甚至于不能启动。

⑤ 刹车鼓与脱水电动机轴连接的紧固螺钉松脱，则在运转过程中会发生周期性的声响。如果紧固螺钉断裂，则电动机的转矩不能传递到脱水内桶。

⑥ 刹车鼓内孔中的绝缘套损坏、破裂，使脱水电动机的外壳带电（或感应电电压较高时），电流能通过刹车鼓、联轴器传递到脱水内桶，使操作者触摸脱水内桶时，有触电感觉。

▶5. 减振装置

脱水部分的旋转动力通过脱水电动机传递到刹车鼓、联轴器，最后传递到脱水内桶，使之随电动机进行高速旋转。由于脱水电动机以 1400r/min 的高速旋转，加之脱水内桶的衣物旋转不可能绝对均匀，因此运转时产生的振动、偏摆比较大。为了减少脱水部分的振动和偏摆，在脱水部分设置了两套减振装置：一套是减振弹簧支座，另一套是橡胶囊减振装置。橡胶囊减振装置前面已介绍过，下面介绍减振弹簧支座。

1）减振弹簧支座的结构

减振弹簧支座安装在脱水电动机的底部与洗衣机的塑料底座之间，共有三个，三个的高度一样、弹性和刚度一致。它由上、下支脚，弹簧，橡胶套组成，如图4-17所示。

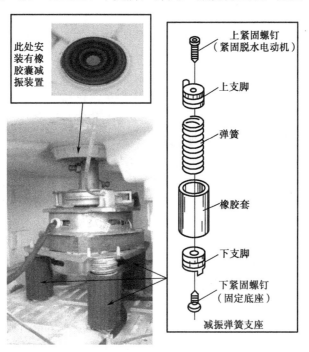

图 4-17　减振装置

2）减振弹簧支座主要故障

三个减振弹簧支座组件高度、弹性不一样，脱水电动机静止时就处在不水平的状态，使与之相连的脱水内桶倾斜更加严重。运转时，脱水内桶与外桶会产生碰撞，发出异常声响。

当减振弹簧支座的上、下支脚损坏时，或安装不当，卡爪未完全进入卡槽内，使电动机三个支脚中有一个悬空或支持不稳，脱水运转时也会产生噪声和较大的振动。

任务三　进、排水系统的零部件识别、故障检修

1. 进水系统

1）进水系统的结构

双桶洗衣机的进水系统结构随双桶洗衣机的功能不同而不同，可分为两种：一种是漂洗只能在洗涤桶内进行的洗衣机，只为洗涤桶注水，因此，其进水系统结构比较简单，用一根进水管直接接到洗衣机的进水口上，再经内进水软管连接到洗涤桶，如图 4-18 所示；另一种是具有喷淋漂洗和顶漂洗的双桶洗衣机，此类洗衣机不仅要为洗涤桶注水，同时也要为脱水桶注水，其进水系统结构要复杂一些，需要在洗衣机内设置分流机构（也叫进水转换装置），能控制自来水进入洗衣机进水口的流向。当需要向洗涤桶内注水时，应控制自来水只能进入洗涤桶内；当需要向脱水桶内注水时，自来水只能进入脱水桶内。

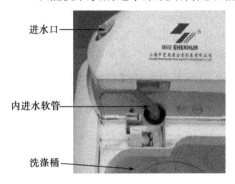

图 4-18　只为洗涤桶注水的
进水系统结构图

（左侧标注：进水口、内进水软管、洗涤桶）

分流机构如图 4-19 所示，主要由进水软管插接口、进水转换拨杆孔、进水盖、进水转换拨杆、防溅毛毡、洗涤进水口、脱水进水道、脱水桶进水道和三角形支架等组成。其中，进水转换拨杆孔、进水盖、进水转换拨杆等组成进水转换装置。进水盖、洗涤进水口、脱水进水道等组成进水盒，它安装在底座的安装孔内。打开自来水龙头，自来水通过进水软管插接口、进水转换装置流入进水盒，如果在进水转换装置中，进水拨杆拨到左边洗涤桶一侧，则自来水便注入进水盒，经洗涤防溅毛毡缓冲后，由洗涤进水口呈瀑布状流入洗涤桶内。如果脱水桶需要进水时，只要将进水转拨杆拨到右边脱水桶一侧，自来水便通过进水转换装置注入进水盒右侧的脱水防溅毛毡上，经脱水桶进水道，流入脱水内桶内。

2）进水系统的故障及检修

进水系统产生的故障主要有以下几种。

① 在使用过程中，由于经常将进水软管反复弯曲，容易导致进水软管在弯曲处产生裂纹，而导致漏水。应更换进水软管。

② 流水盒毛刺大，安装时未放入润滑油等，使用时，注水转换拨杆转动不灵活，拨动困难或拨不动。应在流水盒手柄上与控制盘的转换拨杆导槽内涂上适量的润滑油，以减小滑动过程中的摩擦，保证进水转换拨杆移动方便、灵活。

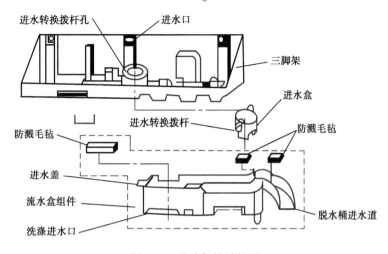

图 4-19　分流机构结构图

③ 流水盒也可能会破损，则流入流水盒的水会漏出，溅到控制盘内的电气元件上，容易造成电气元件短路。可取出流水盒进行检查。如果流水盒破损，应更换流水盒。

④ 流水盒安装不到位，产生变形等会造成脱水桶外盖控制盘安装不稳、翘曲，使脱水盖开关的接触不好，从而影响脱水桶的制动性能。

⑤ 流水盒内的防溅毛毡破损或位置不对，则流进流水盒内的自来水会因丧失防溅毛毡的缓冲作用，直接流到塑料表面而溅起，失去注水盒的分流作用，造成洗涤桶和脱水桶同时进水，从而影响脱水。如果流水盒内的三块防溅毛毡损坏，应更换。如果防溅毛毡安装不到位，或使用过程中位置错动，应将防溅毛毡向下压紧固定在定位插头上，防止左右移动。

2. 排水系统

1）排水系统结构

双桶洗衣机的排水系统根据它的安装位置，可分为洗涤桶外排水和洗涤桶内排水两种结构。大多数的双桶洗衣机采用的是洗涤桶外排水结构，因此，这里只介绍这种排水系统。

洗涤桶外排水系统主要由一个四通阀（也称排水阀）和橡胶阀塞组成。四通阀实物与安装位置如图 4-20 所示。四通阀的四个管口分别与洗涤桶、洗涤桶溢水管、脱水桶、排水管（即总排水管）相连。在四通阀上设有排水阀门，通过杠杆机构来控制洗涤桶内水的排放。而溢水排水及脱水排水是不受此阀门控制的，它可以经常不断地从洗衣机排水总管中排出。值得一提的是，有部分机型无洗涤溢水管，四通阀的溢水管口采用塑料盖封住。

当拧动操作面板排水旋钮，使它置于不排水位置时，排水拉带松驰，橡胶阀塞依靠其内部的弹簧弹力作用，将排水阀口紧紧堵住，如图 4-21（a）所示。这时洗涤桶排水管内的水被橡胶阀塞封住，不会流下。

当需要排水时，排水旋钮拧到"排水位置"，通过杠杆作用排水拉带绷紧并往上提，将橡胶阀塞提起，如图 4-21（b）所示。这时洗涤桶排水管内的水迅速流入排水管，排出机外。

2）故障与检修

四通阀异常后，不仅会产生不能排水、排水慢的故障，还会产生洗涤桶漏水的故障。

不能排水时，主要检查旋钮和拉带是否断裂或松脱，而漏水故障多是排水四通阀内的橡胶阀塞或压缩弹簧异常所致。常见的橡胶阀塞如图4-22所示。

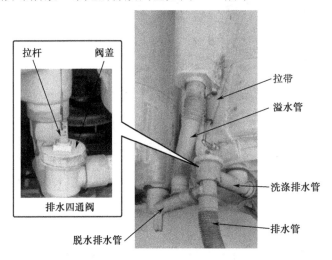

图4-20　排水四通阀实物与安装位置图

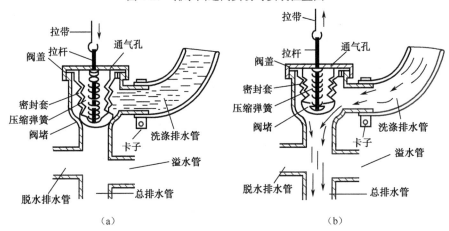

（a）　　　　　　　　　　　　　　　　　（b）

图4-21　洗涤桶外排水系统结构示意图

图4-22　橡胶阀塞实物

▷任务四 电动机及传动系统的零部件识别、故障检修

▷1. 电动机

电动机是将电能转换为机械能的装置，在洗衣机中作为洗涤、脱水的动力。双桶洗衣机

采用两个电动机，一个是洗涤电动机，另一个是脱水电动机。这两个电动机均为单相电容运转式电动机，它们的结构及原理相同，不同之处是：洗涤电动机功率较大（通常有90W、120W、180W与280W四种功率规格），能够正反向交替运转，所以洗涤电动机主、副绕组的参数（线径和匝数）完全相同；脱水电动机功率较小（通常为75～140W），旋转方向都是逆时针方向，其定子绕组有主、副之分，主绕组线径较粗，电阻较小，副绕组线径较细，电阻较大。

1）电动机的结构

洗衣机电动机因工作条件比较恶劣，为了便于散热和排出水汽，通常设计成开启式结构，它主要由定子、转子、端盖、轴承等零件组成。洗涤电动机结构如图4-23所示。脱水电动机不安装皮带轮和风扇。

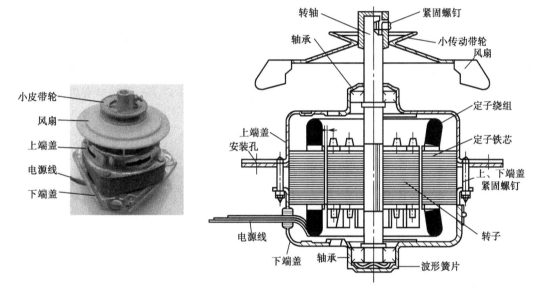

图4-23   洗涤电动机外形和结构

（1）定子

定子由定子铁芯和定子绕组组成，如图4-24（a）所示。定子铁芯由0.5mm厚的硅钢片冲制再叠压而成，定子铁芯的内圆上开有24个均匀的槽，用于嵌放主绕组和副绕组。

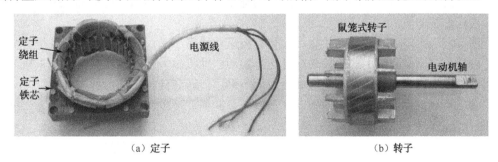

（a）定子　　　　　　　　　　　（b）转子

图4-24   定子和转子

（2）转子

转子由转子铁芯、鼠笼组成，如图4-24（b）所示。转子和电动机轴连成一整体。转子铁芯也由硅钢片冲制成铁芯片，外圆开有口槽，叠压后，靠成形夹具将转子槽扭斜一个角度（一个定子槽距），以消除高次谐波。斜槽内浇铸铝合金（或纯铝），铸成铝条，与两端短路环形成一个鼠笼。

（3）端盖

端盖分上端盖和下端盖两部分，中间用螺栓连接。上下端盖内有轴承室，用以安装轴承，端盖上部开有出气孔，以利于电动机绕组的通风散热。端盖侧面有 4 个装套止口，在装配中作为工艺定位用。

洗涤电动机为使电动机散热良好，还在电动机上方安装了与皮带轮一体的风扇。

2）洗涤电动机的正反向运转原理

由于洗涤衣物时，需要洗涤电动机带动波轮正向、反向交替运转，正反向运转时要求工作状态完全相同。为满足这一要求，通常把洗涤电动机的主、副绕组的线圈匝数、线径设计得完全一样。

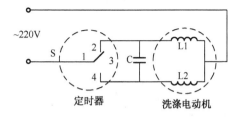

图 4-25　洗涤电动机正反向运转原理

图 4-25 是洗涤电动机电路的工作原理图。为了实现电动机运转方向的控制，洗涤电动机的供电需要通过定时器提供。当定时器 S 内的触点 1、2 接通后，绕组 L2 与运行电容 C 串联作为副绕组，绕组 L1 作为主绕组。由于电容 C 的作用，使流过 L2 的电流超前 L1 的相位 90°，形成两相旋转磁场，电动机启动运行，假设为正转。当触点 1、3 接通后，绕组因没有供电不能产生磁场，电动机停转；S 内的触点 1、4 接通后，L1 与 C 串联作为副绕组，L2作为主绕组，由于电容 C 的作用，使流过 L1 的电流超前 L2 的相位 90°，旋转磁场反向，电动机反向运转。这样，通过定时器的控制，电动机按正转、停止、反转的周期运转，带动波轮完成衣物的洗涤。

3）故障与检修

洗衣机电动机常见故障为电动机绕组故障和绝缘故障，机械故障有电动机定子与转子相擦、轴承损坏等。

（1）接通电源后，电动机不转

该故障的原因通常是电动机绕组烧毁或局部短路、断路，轴承与电动机轴抱死，转子不良等，检修方法如下。

直观鉴别法。用手转动电动机轴，如果有沉重感或转不动，要拆开检查轴承是否损坏，转轴是否弯曲，装配时可用橡皮锤轻敲外壳再转动电动机轴，反复多次直到转动正常。电动机未通电时用手转动正常，但接通电源后反而不转了，遇到此种情况可拆开电动机，一手握着转子轴，另一只手握着轴承来回扳动，如有明显的松动现象，说明是因轴承磨损，出现了"定子吸住转子"的现象，应更换轴承。

用万用表测量绕组的电阻，检查绕组是否断路、短路。一般根据洗衣机的电路图上标注的线色可分辨出 3 根引出线和绕组，如果无接线图，经测定也可确定。如图 4-26 所示的洗涤电动机，红线和蓝线间电阻为 33Ω，黄线和蓝线间电阻为 33Ω，红黄线间（两绕组总电阻）为 65.5Ω，这样很快就能确定出绕组种类和中线，蓝线为中线，红线和蓝线间为主（或副）绕组，黄线和蓝线间为副（或主）绕组。

洗涤电动机的两绕组，其直流电阻应相等，一般在二十几欧到几十欧（一般电动机功率越大，阻值越小）。脱水电动机，副绕组的电阻比主绕组的大。若阻值为无穷大，说明绕组已开路；若阻值过小，说明绕组短路

主绕组（红线-蓝线间）为33Ω

副绕组（黄线-蓝线间）为33Ω

两绕组（红线-黄线间）总阻值65.5Ω

图4-26　用万用表测量电动机绕组的电阻判断绕组是否损坏

为了查出断路点，须拆开电动机，解开定子上绕组引出线的扎线，查看引出线是否被拉断，接头部位是否脱焊、虚焊。如有上述故障，将断路接好（须焊接）并做好绝缘处理即可。如果引出线正常，断路点就在绕组内部了。为了修理绕组内部断路的电动机，将万用表的一只表笔接断路绕组的一根引线，另一表笔接上插针，先将该线圈粗略分成几部分，然后对线圈的每一部分用插针逐个测量。当测到某一部分发现线圈不通时，则断路点就在这一部分线圈内。然后再对这部分线圈逐段仔细检查，缩小检查范围。如果断路部位在端点，可将绕组加热到70～80℃，半小时后线圈软化，把线匝分开，将断路部位焊好并做好绝缘处理。如果断路点在内部，一般就要重新绕制，更换有断路故障的那组线圈。如果发现某部分线圈发黑，漆皮脱落，则表示这部分线圈已烧毁，须更换。

（2）电动机启动困难，启动后转速变慢

这种故障常表现为洗衣机工作无力，转速下降或空转时看起来正常，加载后转速明显下降，甚至不能转动。产生这种现象的原因可能有：电源电压过低，电容器容量不足，主、副绕组接错，机械故障，绕组匝间短路，转子断条等。如排除电源电压过低和电容器容量不足的情况，说明为电动机本身的故障。可按下列步骤和方法进行检修。

首先用直观检查法检查。拆开电动机，观察定子绕组的颜色是否正常。如果绕组端部有黑点，则为受潮后短路处；如果绕组绝缘变焦发脆，甚至碳化碎裂，则说明绕组严重短路。

再采用电阻测试法检查。用万用表的电阻挡依次测量电动机主、副绕组的直流电阻值，如果绕组的阻值偏小，则说明该绕组发生局部短路。

转子鼠笼条或端环断裂的检修方法：转子鼠笼条或端环断裂处通常因过热而呈现浅蓝色，因此只要仔细观察转子各部位，即可发现断裂处。端环断裂可用气焊修补后打磨。鼠笼条断裂后，最好更换转子，因为业余条件下修理比较麻烦。

（3）电动机出现不正常响声

该故障的原因有三种：一是电动机轴承受腐蚀损坏，致使电动机运转时产生强烈振动，发出明显的噪声，须更换电动机；二是电动机转子轴弯曲，使得整个转子发生偏心，电动机不仅噪声大，而且启动困难，须校正转子轴；三是电动机在运转时发出"嚓嚓"的声音，往往是由于转子与定子之间发生了相对偏斜，在运行时相对摩擦而产生的，即所谓"扫膛"。电动机的上下端盖是由四根螺钉固定的，当紧固螺钉松动时，上下端受到碰撞，位置就会变化，上下轴承孔偏离中心位置，导致转子偏斜，与定子发生摩擦，形成扫膛现象。

电动机出现扫膛后，可用木锤轻轻地敲击端盖进行调整。在敲击的时候要边敲边转动电

动机的转子，并注意"嚓嚓"声是否减小，如果声音增大，应更换敲击位置。也可以仔细观察转子在定子中的偏斜方向，然后再敲击端盖，直到听不到扫膛的声音为止。扫膛的电动机调整好以后，要把螺钉紧固好，防止再次发生扫膛现象。

（4）运转中发出焦煳味、冒烟，电动机温升过高

洗衣机电动机为E级绝缘，允许最高温升是75℃，正常运转10min，温升一般为40～60℃，很少超过60℃。如果通电运转仅几分钟就出现焦糊味，就说明电动机温升过高（常称过热），严重时会导致电动机烧毁。

电动机温升过高有四种情况：一是启动后快速发热；二是电动机运行中过热；三是电动机运行中冒烟，发出焦糊味；四是发热集中在轴承端盖部位。由于故障现象、部位的不同，引起故障的原因也就不一样。其中，线圈短路是引起过热的常见的、主要的原因，它又分为匝间短路和两绕组间短路两种情况；

检查线圈短路故障时，通常分两步进行：第一步是不解体检查，寻找短路故障发生在哪个绕组内。第二步是解体检查，进一步寻找短路绕组的故障点。可按下列方法进行检修。

① 感官检查法。短路故障如果发生在绕组端部，通过感官检查法就可以识别出来。让电动机空载运行约10min（若电动机发出焦味或冒烟，应立即断电），然后断电，迅速拆开电动机，取出转子，用手摸绕组端部。如果有一个或一组线圈比其他的热，即表示这部分线圈有匝间短路故障存在。

② 电阻测量法。分别测量两个绕组的电阻值，与已知的正常电阻值进行比较，电阻低的绕组有短路故障，这种方法适用于短路匝数多的情况。也可分别测量两个绕组的电阻值，设两电阻值为R1和R2，再测量电动机两个绕组引入线间的电阻值，设为R3，正常时R3=R1+R2。若测量结果是R3<R1+R2，则可判断为两绕组间短路。

③ 电流检查法。当某绕组发生匝间断路时，实测电流将要超过正常值，因此可以通电后分别检查两绕组的电流值，电流值大的绕组有短路故障。

④ 降压检查法。用小刀把有短路故障的那一绕组各线圈间的连线接线头的绝缘漆刮去，裸露出铜线，从引出线接入一个低压交流电源或直流电源（12～36V），用万用表或电压表测量每个线圈两端电压，读数小的那个线圈有短路现象存在。为了进一步找出短路点发生在哪个线匝上，可把低压电源改接到短路线圈的两端，在万用表的两表笔上连接两根插针，插针刺入每个线匝的两端（注意插针的绝缘），其中测得电压最低的线匝，就是有短路故障的线匝。

绕组线圈短路故障的修理有如下方法。

① 绕组间短路故障的修理。绕组间短路故障易发生于引出线部分，可拆开电动机，拆开引出线的绑线，检查引出线相互间和引出线与线圈之间有无焦黑、漆皮脱落之处，引出线与线圈导线的焊接点是否在黄蜡管内，焊点是否与线圈接触。如果有这些现象，就采用加强绝缘的方法，如换黄蜡管、加垫绝缘纸等进行处理。

如果引出线间正常，无明显故障点，则应更换绕组。

② 匝间短路故障的修理。短路点易发生于线圈的端面、相邻线圈、定子槽外的线圈部分。如短路点在线圈的表层，可将该部分线圈加热使之软化，拨开短路线圈，垫上绝缘纸，再涂以绝缘漆；如导线的一段绝缘已烧坏，可挑出损坏的导线，从端部抽出并在坏处剪断，换一根导线（尽量与原绕组相同）穿进槽内，两端与原线头焊接，穿管或涂漆后测量线圈阻值，合格后即可；如短路点在槽内，或者绕组已严重烧坏，应更换绕组。

（5）电动机外壳带电

当发现洗衣机箱体带电时，应检查电动机绝缘电阻。若阻值很低（小于 0.5MΩ），则是电动机漏电。产生电动机漏电的原因有几种，其中对人体有威胁的是短路性漏电，即电源经过绕组或引出线与电动机端盖相通，称为绕组接地故障。

绕组接地的常用检查方法如下。

一是用兆欧表检查。用 500V 级的兆欧表，把"火线"一端接在电动机绕组的引出线端（可以分别测两个绕组或将两个绕组并在一起测），"地线"一端接在电动机端盖（去掉油漆和油污），以 120r/min 的速度转动兆欧表的手柄，表针即指出绝缘电阻值（图 2-3）。正常情况下阻值应在 2MΩ以上。如果在 0.5MΩ以上，就说明绝缘尚好，可继续使用；如果在 0.5MΩ以下，但是不接近于零，就说明绕组受潮或绝缘很差；若阻值接近于零，则表明绕组接地。无兆欧表，也可用万用表的高阻挡测量，正常时，表针应指向无穷大，如图 4-27 所示。

将数字万用表置于20MΩ电阻挡，一支表笔接电动机的绕组引出线，另一支表笔接在电动机的外壳上，正常时阻值应为无穷大（显示屏显示的数字为1），否则说明它已漏电。采用指针万用表测量，应将它置于R×10k挡

图 4-27　用万用表测量电动机绝缘电阻

二是用检验灯检查。用一节电池和一个小电珠串联起来，一端接在主绕组或副绕组引出线上，一端接在电动机端盖上，若小电珠亮了，则说明绕组已接地；若灯泡微微发亮，则可能是绕组受潮、绝缘差。

有接地故障时，可用上述方法确定出是哪个绕组接地。先在绕组外表面寻找接地点，然后，在接地的绕组与端盖之间接入 40～220V 交流电或直流电源，并串入 40～100W 的灯泡，通电后灯泡会亮，将硬木垫在定子铁芯口边缘上，用锤子敲击绕组线包，当敲到某一处发现灯光一灭一亮时，说明电路中的电流时通时断，该处就是接地点。

绕组接地故障的修理方法如下。

拆开电动机，观察绕组端部有无与端盖接触，引出线焊接处有无焊锡的尖刺与端盖接触，如果有明显的漏电痕迹及焦黑点，此处即为接地点。在接地点垫上绝缘纸，绑好即可。如果接地点在槽内，线圈与铁芯相通，一般要更换线圈；如果接地点在铁芯边缘上，可以将线圈软化后，将烧坏的绝缘纸拆除，再垫入新的绝缘纸，包扎好后再进行浸漆绝缘处理，最后用兆欧表检查绝缘电阻，应不小于 2MΩ。

如果绕组受潮，可用烘干办法干燥，也可以对两绕组通以 100V 左右的电压半小时，进行电热烘干。当电动机内由于灰尘等异物侵入造成绝缘电阻下降、散热不好时，应拆开电动机清除异物。

📖 **方法与技巧**

对于电动机的故障，若是简单故障，如线圈端部、表面断一两根线，轴承损坏，扫膛等故障，可进行修复处理，而对于线圈严重烧毁，必须拆除绕组重新嵌线修复的，由于重新嵌线费时费力，相当麻烦，往往采用换新电动机的办法解决。

▶▶2. 电容器

1）洗衣机电容器的基本知识

电容运转式电动机正常启动工作，必须配用合适的电容器。洗衣机电动机的副绕组回路中串联一个电容器，利用电容器对交流电流的移相作用，使流过副绕组的电流超前主绕组90°，电动机内形成旋转磁场，电动机方可启动运转。

洗衣机电动机的运行电容采用的是交流电容，且为电解电容，如图4-28所示。洗涤电动机配用的电容，容量一般为 8μF、10μF、12μF，耐压为 450V。脱水电动机配用的电容，容量一般为 4μF、5μF、6μF，耐压为 450V。目前，部分双桶洗衣机采用了双电容（也叫二合一电容），即将两个电容装在一个外壳内，一个用于洗涤电动机，另一个用于脱水电动机。

图 4-28　洗衣机的电容器

2）电容器的故障与检测

（1）电容器的故障类型

由于洗衣机长期工作在潮湿环境中，因电容器质量问题引起的电气系统故障时有发生，会出现开路、短路、电容量降低以及引出端接触不良等现象。

① 电容器击穿。

使用的电源电压过高，电容器的绝缘介质被击穿而发生短路。短路后的电容器接在电动机的副绕组上，不仅电动机不能启动，而且会使副绕组承受的电流过大，从而造成绕组过热甚至烧毁。

② 电容器开路。

电容器长期处在潮湿的环境里，会腐蚀生锈，从而造成引出线霉烂而接触不良，甚至断路。开路之后的电容器使电动机副绕组电路不通，电动机则无法启动运转。

③ 电容器容量下降。

随着洗衣机使用时间的延长，加之长期处在不良的工作环境中，电容器的绝缘性能会下降，使得电容器实际容量减小。当电容容量下降以后，电动机主副绕组之间不能形成较好的圆形旋转磁场，电动机的启动及运行特性都受到影响。这将造成洗衣机洗涤效果明显减弱，甚至使电动机不能启动，特别是当负载较大时。

（2）电容器的检测方法

① 外观检查法。

观察电容器的外观情况，外壳膨胀变形、外壳破裂或漏液现象都说明电容器损坏，应及时更换。

② 万用表检查法。

在测量电容器之前，先将电容器内存储的电荷释放掉，以免损坏万用表。然后用万用表 R×10k 挡检测，当万用表连接电容器两端（手不可接触两个接线头），指针如果摆动幅度较大，然后慢慢回到几百 kΩ 到几 MΩ（接近"∞"位置），说明电容器完好。如果指针不摆动或摆动很小说明电容器内部断路或容量减小。如果指针回摆后不停留在"∞"位置的附近，说明电容器漏电。

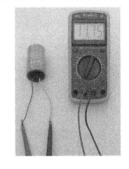

图 4-29 用万用表测电容器的电容量

另外，还可用万用表的电容挡检测电容器的电容量，如图 4-29 所示。当然，也可用电容表测电容器的电容量。如果测量值等于外壳上标称电容值，电容器正常；实测电容量小于额定值的 60% 时，可以认为电容器已失效。

③ 替换检查法。

用一个容量、耐压相同的好电容去替换洗衣机中原运行电容器，如果替换后电动机能正常工作，就说明原电容器已损坏或性能不良。

> **方法与技巧**
>
> 更换电容器时不仅要注意容量相同，而且耐压必须大于 400V。容量偏差过大不仅会产生启动困难的故障，而且可能会影响电动机的转速。

④ 用交流电充电检查法。

这种方法是将电容器接在交流 220V 电源上 1～2s，使电容器充电，然后用螺丝刀将电容器两接线端子短路。若在螺丝刀短路的接线端处有强烈的放电火花，并发出清脆强烈的"啪"声，表明电容量充足；若火花很小，而且"啪"声很小，则表明电容量已减少；若根本没有"啪"声，则表明电容器内部断路。

（a）　　　　　（b）

图 4-30 电容器放电的方法

（3）电容器放电的方法

若被测电容存储有电荷，不仅容易损坏万用表、电容表等测量仪器，而且容易电击伤人。所以，检修洗衣机的电路故障时，测量前应先将电容器存储的电荷释放掉。方法是：切断电源后，用万用表的表笔或螺丝刀的金属部位短接电容的两个引脚，将存储的电荷直接泄放掉，如图 4-30（a）所示。这种方法虽放电速度快，但也有一定的隐患，所以也可以用电烙铁的插头对接电容的引脚，利用电烙铁或白炽灯的电阻进行限流，这样更安全，如图 4-30（b）所示。

3. 皮带轮和皮带

1）结构特点

洗涤系统采用了皮带传递动力。在洗涤电动机的轴上安装了一个小皮带轮，在波轮轴套（或减速器）的轴上安装了一个大皮带轮，皮带则套在两皮带轮上，如图 4-31 所示。这样，电动机产生的动力就可传递到减速器。

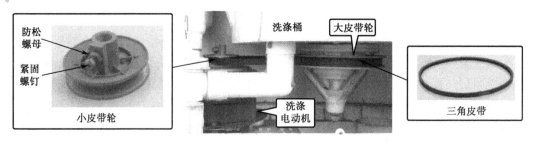

图 4-31　皮带轮和皮带

2）故障与检修

（1）皮带轮的故障与检修

① 波轮轴与大皮带轮、电动机轴与小皮带轮连接的紧固螺钉松脱，会出现洗涤电动机转动，但波轮不转的故障。处理办法是：拧紧紧固螺钉和防松螺母。

② 大皮带轮与小皮带轮不在同一平面内，运转过程中，皮带摆动大，摩擦大而发热，会出现波轮转动有异常声响，以及洗衣机工作中有异味故障现象。处理办法是：松开皮带轮的紧固螺钉，调整两皮带轮的位置，使其在同一平面内。

③ 皮带轮的不圆度太大，或皮带轮损坏会出现波轮转动有异常声响的故障现象。处理办法是：更换皮带轮。

（2）皮带的故障与检修

皮带是易损件，在洗衣机使用一段时间后，常有磨损严重或断裂现象。这样就会严重地影响传动性能，出现打滑或带不动的现象，表现为洗涤无力或波轮不转而电动机转动正常。

皮带脱落或断裂，电动机转动但波轮不转，处理办法是将皮带重新安装或更换新的皮带。

皮带过长会出现波轮转动时有异常声响，处理方法是更换皮带，或松开洗涤电动机紧固镙钉，拉开两皮带轮的距离。

皮带过紧，运转过程中摩擦大，皮带过热，会出现洗衣机工作中有异味故障现象。更换皮带，或松开洗涤电动机紧固螺钉，将洗涤电动机向内（即向大皮带轮方向）移动，使两皮带轮的距离缩小。

任务五　控制系统元器件识别、故障检修

双桶洗衣机的操作控制是通过一系列电气元件进行的。主要的控制器件有洗涤定时器、水流转换开关、脱水定时器、脱水桶盖开关等。这些电气元件和导线组成了双桶洗衣机的控制电路。

1. 定时器

1）识别

双桶洗衣机的定时器有洗涤定时器和脱水定时器两种。洗涤定时器的走时全过程一般为15min，脱水定时器一般为 5min。普通洗衣机一般采用发条定时器，它具有成本低、工艺简单、操作手感好、维修方便的优点。

发条定时器以发条为动力，驱动凸轮转动，实现洗涤电动机正、反向运转的停转时间控制。对脱水定时器来说，只控制脱水电动机的运转总时间。

发条定时器的结构如图 4-32 所示，它由发条（动力源）、齿轮传动机构及凸轮时间控制机构三部分组成。

（a）洗涤定时器外形　　（b）洗涤定时器内部结构　　（c）脱水定时器外形　　（d）脱水定时器内部结构

图 4-32　定时器的外形和内部结构

2）故障与检修

（1）常见故障

定时器异常会产生的故障现象：一是电动机不转，二是电动机始终运转，三是电动机运转时间异常，四是电动机有时运转有时不能运转。

发条式定时器的故障大多数是发条断裂、盖碗与轴传动部分存在杂物而引起堵转以及零部件脱落和损坏。检修时，在转动轴与盖碗之间进行清洗和加油。如发现发条断裂，应调换新发条。在零件损坏，已无法修理的场合，只好更换整只定时器。

（2）定时器的检测

洗涤定时器的检查方法：一般用万用表电阻挡进行检测，把洗涤定时器旋钮旋转到某一时间，用万用表测量主触点的两根引出线之间的阻值应为零，定时结束后，其阻值应为无穷大，如图 4-33（a）所示。

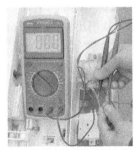

（a）洗涤定时器的检测方法　　（b）脱水定时器的检测方法

图 4-33　定时器的检测方法

脱水定时器的检查方法：一般用万用表电阻挡进行检测，旋转脱水定时器旋钮，用万用表测量定时器两根引出线之间的阻值应为零，定时结束后，其阻值应为无穷大，如图 4-33（b）所示。

2. 洗涤选择开关

1）识别

洗涤选择开关实际上是选择洗涤方式的开关，所以又叫洗涤切换开关或水流转换开关。洗涤选择开关有琴键式开关和旋转式开关两种。早期生产的双桶洗衣机一般采用琴键式开关，现在生产的双桶洗衣机几乎都采用旋转式开关。有部分机型，把旋转式水流选择开关和排水开关两者组合于一体，这种洗涤选择开关也可叫洗排开关，如图4-34所示。

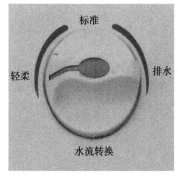
（a）洗涤选择旋钮

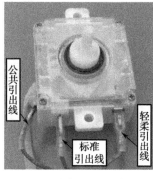
（b）洗涤选择开关外形

（c）洗涤选择开关内部结构

图4-34　洗涤选择旋钮和洗涤选择开关（旋转式）

2）故障与检修

水流洗涤选择开关接触不良或损坏，会导致洗涤部分断路，不能洗涤。

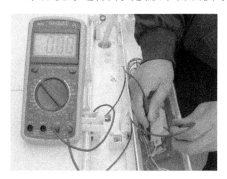

图4-35　洗涤选择开关的检测

检测方法：用万用表欧姆挡检查选择开关，如图4-35所示。一根表笔碰触选择开关的公共线，分别转换到轻柔、标准挡，另一根表笔依次碰触轻柔、标准引出线，正常情况均应分别导通。如果有一根引出线不导通，可能是那个触点接触不良，也可能是那根引出线脱焊或折断。如果两根线都不导通，可能是公共引出线脱焊或折断。转换到排水位置应均不导通。零件损坏、脱落、接触不良，可以通过配制、修正、修光等办法给予修复。在没有特殊损坏的情况下，一般不必更换整个开关。

3. 盖开关

1）识别

脱水桶在工作过程中高速旋转，即使在断电后，惯性运转的速度也是很大的。为了保证使用者的安全，在脱水电动机的电路上串联了一个盖开关，安装在脱水桶外盖的转轴处，如图4-36所示。

盖开关也叫安全开关，它主要由上、下两片金属弹簧片（弹簧片上触头）组成。当脱水桶外盖合上时，盖开关接通（盖开关弹簧片上的两个触头接触），电动机正常旋转。当脱水桶的外盖掀开一定距离时，盖开关的上、下簧片的触头断开，从而切断脱水电动机电路，脱水电动机处于惯性运转，刹车机构使脱水电动机及脱水桶迅速停止转动。

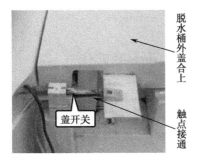
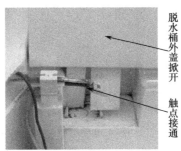

图 4-36　盖开关实物及安装位置

2）故障与检修

盖开关异常的故障现象有：一是盖好脱水桶的桶盖后，脱水桶电动机不能旋转；二是打开桶盖后，脱水电动机不能及时停转；三是脱水期间，电动机时转时停。

确认盖开关是否正常的方法比较简单，采用直观检查法和阻值测量法即可做出判断。首先应观察脱水桶外盖合上和掀开时，盖开关弹簧片上的两个触头是否接通、断开。盖开关弹簧片上的两个触头能接触，还应用阻值测量法判断接触是否良好，如图 4-37 所示。首先将数字万用表置于二极管挡，在桶盖盖严时，测开关两个引脚间的阻值，显示屏显示的数值应为 0，并且万用表的蜂鸣器鸣叫；打开桶盖后显示屏显示的数值为 1，说明阻值变为无穷大，否则说明开关损坏。

（a）闭合脱水桶外盖时测量　　（b）打开脱水桶外盖时测量

图 4-37　盖开关的检测

微动开关不导通，通常由下面原因引起。

① 导电铜片的弹力明显不足，使用不久便弯曲变形，使动、静触点不能很好地接触。检修时，可用尖嘴钳将弯曲变形的导电铜片重新校直，使之接触良好。

② 盖开关紧固螺钉松动或位移，使连杆顶不到滑块，电路无法接通。检修时，应在动开关的固定螺钉上加弹簧垫圈，并在锁紧时对准方位。

③ 开关的触点被烧蚀氧化，表面接触电阻增大，使其不能导通。检修时，用什锦锉或细砂纸修磨被烧蚀的氧化触点，使其接触面尽可能平整、圆滑。

④ 联动机构塑料件强度不够而断裂。更换破损的联动杠杆即可。

思考练习 4

1．判断题

（1）普通双桶洗衣机的洗涤电动机和脱水电动机可以互换使用。 （ ）

（2）普通双桶洗衣机的洗涤电动机两个绕组的匝数、线径等完全一样。 （ ）

（3）普通双桶洗衣机的洗涤电动机有 4 种功率规格：90W、120W、180W 和 280W。 （ ）

（4）普通双桶洗衣机的脱水电动机的功率通常为 75～140W，脱水电动机仅作单向旋转，主、副绕组采用不同的线径和匝数绕制。 （ ）

（5）普通双桶洗衣机的脱水桶盖打开时，脱水电动机也会转动。 （ ）

2．波轮式双桶洗衣机的洗涤系统由哪些部件组成？

3．简述波轮轴组件的结构和作用。

4．洗涤电动机有何特点？

5．波轮式双桶洗衣机的脱水系统由哪些部件组成？

6．分析波轮式双桶洗衣机制动机构的工作原理。

双桶洗衣机拆装、调试和检测

【项目目标】

1. 熟悉双桶洗衣机的结构，理解主要部件的作用及工作原理。
2. 熟悉双桶洗衣机的电路。
3. 掌握洗衣机各部分的拆装方法，为维修洗衣机打下基础。
4. 掌握洗涤定时器、脱水定时器、盖开关、电动机等的检测方法。
5. 掌握皮带张力、刹车机构的调整方法。

任务一 双桶洗衣机拆装、调试和检测

洗衣机在维修过程中，经常要遇到拆卸零部件检查故障原因，更换损坏的零部件及重新安装调试的情况。

1. 拆卸、装配的注意事项

1）拆卸的注意事项

① 故障发生在哪个部位就拆下哪个部位进行修理。当故障发生的部位与其他连接部位无关时，或整机的其他部位不妨碍故障的排除和修理工作时，尽量不对整机或其他无关部位进行拆卸。

普通双桶洗衣机可以分为几个独立部分进行拆卸，如洗涤桶部分、洗涤传动部分、脱水桶部分、脱水传动部分（包括刹车系统部分）、进水部分、排水部分、控制部分等。每个部分既是独立的，又是互相联系的，拆卸各个部位时，一般需要先拆卸后盖板、流水盒、控制盘等。

② 在拆卸零部件时应注意观察，弄清楚需要拆卸的零部件有哪些紧固件，如何紧固，而不应盲目拆卸。

③ 拆卸过程中，拆卸下来的零部件最好按顺序进行放置，便于安装时使用，同时也可以避免零部件的丢失。

④ 拆卸下的零件应擦洗干净。对于一些连接部位，由于生锈不易拆卸的应先使用润滑油，不能强制用力，否则易损坏零部件。对已生锈的零部件，可用砂纸打磨或用汽油、柴油浸泡。

⑤ 拆下有故障的零部件后，应进行详细认真的质量检查，分析能否修复后重新使用，若能修复和使用，应尽力修复。对修复后，使用寿命短或达不到功能要求的，应更换新的零部件。

⑥ 对于常见的洗涤波轮轴和脱水桶转轴漏水的修理，拆下波轮轴或联轴器后，要查明漏水的原因，若含油轴承运转良好，仅是水封的密封圈内的弹簧圈松脱，此种情况无须更换整个波轮轴套（或减速器）、橡胶囊组件，只要将水封的弹簧圈重新勾好或更换弹簧圈即可。但同时应给含油轴添加 20#机油，在更换好的弹簧圈上涂上钙基润滑脂。

⑦ 若电动机烧毁，需要更换电动机时应同时查出电动机烧毁的原因，若因漏水使电动机绕组进水而烧毁绕组时，应同时排除漏水故障。保证新电动机的使用寿命和不使故障现象重复出现。

⑧ 拆开洗衣机的连接导线时，应注意哪些导线是连在一起的，做好标记，以免安装时接错。

2）装配的注意事项

装配工艺质量的好坏，直接影响洗衣机的使用性能和使用寿命。一般来说，洗衣机的组装难于洗衣机的拆卸。维修后的洗衣机装配时，一定要严格认真，注意拆卸时各个部件、零件间的关系、位置，装配时就不难了。

洗衣机各零部件的连接，一般是通过螺钉螺母完成的，而连接零件又大多是塑料件，也有塑料件与金属，金属与金属连接的，对不同的连接材料，螺钉的拧紧程度是不一样的。修理时，一般维修人员没有扭矩扳手，所以通常是螺钉或螺母拧到头、拧不动为止，但此时不可再用力拧，否则将损坏连接件。

装配后，对有相对运动的部位，应涂上润滑油脂，以改变摩擦状态，减小摩擦，延长使用寿命。

装配完后，应接通电源，进行空载运转试验，观察运转状态是否正常，所维修部位故障是否已经排除。确认无误后，方能使用。

2. 双桶洗衣机的拆卸、装配的方法与技巧

1）操作控制盘的拆卸

首先将操作控制盘的固定螺钉取下，再向前掰开一道缝隙，通过缝隙观察哪些部位有固定卡扣，使用一字螺丝刀将卡扣撬开就可以拆下控制盘了，如图 5-1 所示。

（a）取固定螺钉　　　　　　（b）控制盘内部结构

图 5-1　双桶洗衣机操作控制盘的拆卸方法

2）洗涤定时器、脱水定时器、洗涤选择开关的拆卸

这里以拆卸洗涤定时器为例，脱水定时器、洗涤选择开关的拆卸方法类似。洗涤定时器的拆卸步骤是：

① 取下洗涤定时器的旋钮；

② 将操作控制盘拆下；

③ 取下定时器固定螺钉；

④ 将定时器取下来，如图 5-2 所示。

（a）取旋钮

（b）拆下操作控制盘

（c）取下固定螺钉

（d）取出洗涤定时器

图 5-2　洗涤定时器的拆卸方法

3）排水拉带的拆装

排水拉带断裂，就需要更换。先拆开操作控制盘，再从排水阀杆上端的阀架挂钩处摘下断裂的排水拉带，将新拉带一端安装在挂钩处，另一端安装在排水四通阀上即可（图 5-3）。

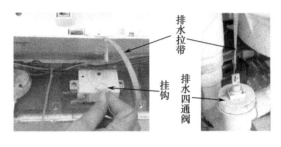

图 5-3　排水拉带的拆装方法

4）波轮的拆装

波轮的拆卸步骤是：

① 用小一字螺丝刀将波轮顶部的塑料帽撬开；

② 再一手按住波轮，另一手使用合适的螺丝刀将固定波轮的紧固螺钉卸下；

③ 将波轮取出来（图 5-4）。

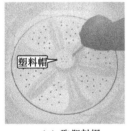

（a）取塑料帽

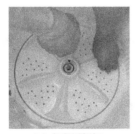

（b）卸紧固螺钉

（c）取出波轮

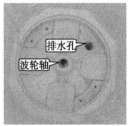

（d）洗涤桶的底部

图 5-4　波轮的拆卸方法

方法与技巧

　　如果用手不能将波轮提起来，可用扁口螺丝刀从波轮边缘几个位置处轻轻撬动，然后再提。如果仍提不起波轮，可用两个金属钩钩住波轮的边缘后往上提，就可将波轮提出来。也可用塑料打包带从波轮和桶的缝隙中穿进去（最好用两根，从两边穿进），套住波轮往上提，将波轮提上来。

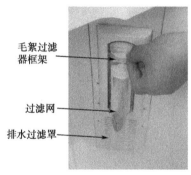

毛絮过滤器框架

过滤网

排水过滤罩

图 5-5　毛絮过滤器的拆卸方法

5）毛絮过滤器的拆卸和安装

毛絮过滤器被线屑、绒毛堵塞或损坏，应拆下进行洗涤和修理。用手拿住毛絮过滤器框架，向下按压一定距离后斜着往上提，就可取下（图 5-5）。

安装时，先将毛絮过滤器的框架下部插入排水过滤罩的卡槽中，再用手将框架上部向里压，然后向上提一点，即可安装好。

6）脱水内桶的拆卸

① 拆卸脱水桶压盖。拆下控制盘部件后，用一字螺丝刀下压脱水桶压盖的卡扣，就可以卸下脱水桶压盖。部分洗衣机的脱水桶压盖是用螺钉固定的，对此，松开螺钉，就可以卸下脱水桶压盖。

② 从后盖板的敞口处，用合适的套筒扳手将联轴器的紧固螺钉（紧固脱水桶轴的那颗螺钉）松脱。

③ 握住脱水内桶向上提，就可以将它取出来了。脱水内桶拆卸的过程如图 5-6 所示

（a）卸脱水桶压盖

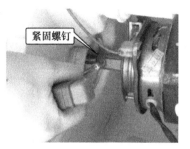
（b）松脱紧固螺钉

（c）取脱水内桶

图 5-6　脱水内桶的拆卸方法

7）水封橡胶囊组件的拆装

拆卸水封橡胶囊组件应在拆下脱水内桶的基础上进行。

如图 5-7 所示，首先旋下紧固外圈，再从脱水外桶底部取出橡胶囊组件，分离橡胶囊（皮碗）与卡圈。

（a）拆卸前

（b）取下外圈

（c）取下外圈后

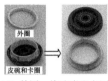
（d）外圈、橡胶囊和卡圈

图 5-7　水封橡胶囊组件的拆卸方法

如果外圈、卡圈损坏、变形，应更换新件。如果橡胶囊内的水封损坏，造成漏水，应更换水封或更换整个橡胶囊。

按拆卸时的反顺序进行安装。安装橡胶囊组件时，粘接剂应均匀地涂在橡胶囊及脱水外桶安装台的结合面上，安装好后，要来回旋转几次，使粘接剂涂抹均匀，防止漏涂、脱胶等现象，以保证不漏水。

8）传动带的张力调整

先拧松固定洗涤电动机的三颗紧固螺钉，对于皮带过紧，将洗涤电动机向内侧（即向靠近大皮带轮的方向）移动，以减小小皮带轮与大皮带轮间的距离，从而保证皮带具有适当的张紧度；对于皮带过松，将洗涤电动机向外侧（即向远离大皮带轮的方向）移动，使两皮带轮的距离增大。调整完毕，再拧紧螺母即可，如图5-8所示。

（a）拧松洗涤电动机的紧固螺钉　　　　（b）调整洗涤电动机的位置

图5-8　双桶洗衣机传动带的张力调整方法

📖 **方法与技巧**

三角皮带不要张得过紧，否则将损耗不必要的功率和增加洗涤噪声。张紧度以不打滑为原则。检查皮带松紧可用以下方法：一个手指压皮带一边的中间，皮带则向另一边靠拢，若皮带能向里移动10mm左右，则可以认为松紧适当，如图5-9所示。若三角皮带磨损严重或电动机已移位到死点还是发现太松，刚应更换同型号三角皮带。

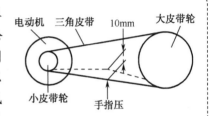

图5-9　检查皮带松紧的方法

9）刹车装置的调整

掀开脱水桶外盖至最高点，使刹车机构处于完全自由放松状态。

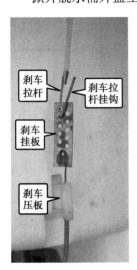

图5-10　刹车装置的调整

·方法与技巧

检查刹车拉杆，刹车挂板有无损坏，若有损坏应予更换。如果运转中，刹车块与刹车鼓之间的距离过近，甚至已经接触，形成抱闸现象时，应将刹车拉杆挂勾移动到上面一个（或两个）孔眼，使其增大距离。如果运转过程中强行制动时间过长或不能制动，是刹车块与刹车鼓间的距离过大，刹车时接触不好所致。应将刹车拉杆挂勾移动到刹车挂板的下一个（或两个）孔眼内，使距离缩小，实现正常制动

从后盖板敞口处，将刹车压板从连体桶的卡槽中间向下压出，使刹车压板与连体桶脱开。一只手拉住刹车拉杆，另一只手拿住刹车挂板，两手向内轻轻用力拉，使刹车拉杆挂钩从刹车挂板的孔眼中脱出，如图5-10所示。

10）底座部分的拆装

底座部分的拆卸步骤如下：

① 取下后盖板，用套筒扳手旋下脱水桶轴与脱水电动机上联轴器之间的螺钉，然后将脱水桶轴从联轴器中退出来，如图5-11（a）所示。

② 分离刹车拉杆与刹车挂板，如图5-11（b）所示。

③ 将排水拉带的挂钩从排水阀拉杆上取下，如图 5-11（c）所示。

④ 用一字螺丝刀撬出大皮带轮上的一点三角皮带，逆时针旋转大皮带轮，卸下三角皮带，如图 5-11（d）所示。

⑤ 解开连接导线的捆扎线，使导线处于自由松弛状态。用电烙铁（或万用表表笔）给洗涤电动机电容和脱水电动机电容放电，如图 5-11（e）所示。

⑥ 拆下底座部分与操作面板部分的电源连接线，如图 5-11（f）所示。注意做好标记，以免安装时接错。

⑦ 拆下底座下面的紧固螺钉，如图 5-11（g）所示。

（a）松脱联轴器的螺钉　　（b）取下刹车挂钩　　（c）取下排水拉带的挂钩　　（d）取下三角皮带

（e）用电烙铁给电容放电　（f）拆底座与面板连接线　　（g）取下底座下面的紧固螺钉

图 5-11　底座部分的拆装

⑧ 取下底座，观察底座部分部件的结构，如图 5-12 所示。

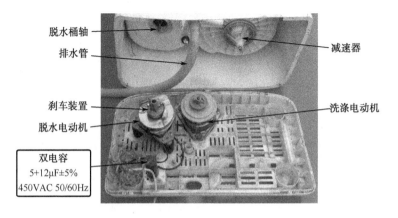

图 5-12　双桶洗涤机底部各部件

11）波轮轴组件的拆装

拆波轮轴组件（轴套或减速器）应在拆下波轮和洗衣机底座的基础上进行。拆卸减速器的方法如下。

① 取下固定在洗涤桶上面的减速器的 4 个固定螺钉。

② 从洗涤桶底部取出减速器。

③ 初步检查减速器，如图 5-13 所示。

直观检查波轮轴应该转动灵活，水封不漏水，紧固螺纹不紊乱。波轮轴如果转动不灵活，或轴向径向间隙过大，以及螺纹损坏，均表示波轮轴已损坏。

波轮轴如果转动不灵活，会出现波轮旋转无力，噪声过大等故障。轴向径向间隙过大，则会出现漏水现象

图 5-13 减速器的拆卸和初步检查

有时需要减速器，对其内部进行检修、修理。拆开拆解减速器的方法如下。

① 取下减速器的 4 个固定螺钉，拆开减速器。

② 观察其内部结构，如图 5-14 所示。

 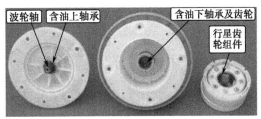

（a）拆开减速器　　　　　　　　　（b）减速器内部结构

图 5-14 拆开减速器观察内部结构

▷任务二 双桶洗衣机拆装、调试和检测实训

▶ 1. 实训目的

① 熟悉双桶洗衣机的结构，理解主要部件的作用和工作原理。

② 能正确拆卸和安装双桶洗衣机。

③ 能对双桶洗衣机主要部件进行检测，并判断其质量的好坏。

▶ 2. 主要器材

全班视人数分为若干组。每个组的器材：普通双桶洗衣机一台，万用表一只，兆欧表一

只，螺丝刀、尖嘴钳、活动扳手等电工工具一套。

3. 实训内容和步骤

1）双桶洗衣机的拆装、调试

① 操作面板的拆装。

② 波轮和波轮轴总成的拆装。

③ 脱水内桶和水封橡胶囊组件（脱水橡胶皮碗）的拆装。

④ 底座部分的拆装。

⑤ 调整皮带的张力大小。

2）双桶洗衣机的检测

① 在洗衣机后面板上找到铭牌，记下洗衣机的型号，查看主要性能指标。铭牌上有电气原理图的，画出电气原理图，分析电路的工作过程。

② 波轮式双桶洗衣机的检测（只做断电检测）。

a．用螺钉旋具旋下后盖板螺钉，取下后盖板，翻开前面板。

b．把洗涤定时器打在某一定时时间，用万用表 R×1Ω挡测量主触点的两根引出线之间的阻值（为了便于测量，可沿着洗涤定时器两根引线找到两个接线端子的地方进行测量），定时状态、定时结束时两种状态分别测量，记录在表 5-2 中。

c．旋转脱水定时器旋钮，用万用表 R×1Ω挡测量脱水定时器两根引出线之间的阻值。定时状态、定时结束时两种状态分别测量，记录在表 5-2 中。

d．用万用表 R×1Ω挡测量盖开关的两根引出线之间的电阻值。脱水桶外盖合上时、打开脱水桶外盖时两种状态分别测量，记录在表 5-2 中。

e．用万用表分别测量洗涤电动机、脱水电动机的各个绕组的电阻值（根据电路原理图上的导线颜色，判别测量绕组情况），并将测量结果记录在表 5-3 中。

f．用兆欧表分别测量洗涤电动机、脱水电动机的绕组引出线对外壳的绝缘电阻，将测量结果记录在表 5-3 中。

g．用万用表检测洗涤电动机的电容器充放电能力和电容量，并根据测量结果判断电容器是否正常。将测量结果和判断结果记录在表 5-4 中。

4. 实训报告

1）洗衣机电气原理图记录（表 5-1）

表 5-1　电气原理图

机　型	
电气原理图	

2）测量数据记录

测量数据记录表格见表 5-2、表 5-3、表 5-4。

表5-2　洗涤电动机的电容器检测记录

洗涤定时器主触点间的电阻	定时状态时的阻值/Ω		定时结束时的阻值/Ω	
脱水定时器两引出线间的电阻	定时状态时的阻值/Ω		定时结束时的阻值/Ω	
盖开关两引出线间的电阻	脱水桶外盖合上时的阻值/Ω		打开脱水桶外盖时的阻值/Ω	

表5-3　电动机检测记录

洗涤电动机	型　号	功　率	绕组1电阻/Ω	绕组2电阻/Ω	绝缘电阻/MΩ
脱水电动机	型　号	功　率	主绕组电阻/Ω	副绕组电阻/Ω	绝缘电阻/MΩ

表5-4　洗涤电动机的电容器检测记录

标　称　值	容量/μF		耐压/V	
充放电能力检测	检测时所用挡位	开始时指针位置		结束时指针位置
	R×＿＿＿挡			
实测电容量/μF		根据测量结果判断电容器是否正常		

3）实训中的问题、收获

将实训过程中遇到的问题、实训中的体会与心得，形成文字材料，填入表5-5。

表5-5　实训中的问题、收获

实训人		班级及学号		日期	
实训中遇到的问题					
解决办法					
体会、收获					
实训指导教师评语 及成绩评定					

思考练习5

1．拆装洗衣机应注意哪些问题？

2．简述洗衣机传动带张力的调整方法。

3．简述拆波轮轴组件（轴套或减速器）的主要步骤及方法。

4．简述洗衣机传动带张力的调整方法。

5．简述双桶洗衣机刹车装置的调整方法。

双桶洗衣机常见故障的分析与检修

【项目目标】
1. 学会分析双桶洗衣机常见故障产生的原因。
2. 掌握普通双桶洗衣机的综合性故障检修方法，提高维修技能。

任务一 双桶洗衣机常见故障的分析与检修

双桶洗衣机的故障形式是多种多样的，准确地找出故障的原因是维修的关键。一般是分析出可能引起故障的各种原因，然后对可能的各种原因逐一检查。下面对双桶洗衣机的常见故障进行分析，并介绍故障排除方法及维修技巧。

1. 洗衣机不工作

洗衣机接上电源后不工作，是最常见的故障。产生这种故障的原因很多，覆盖面很广。由于双桶洗衣机洗涤和脱水系统是相互独立的，因此可以分三种情况进行分析：洗涤、脱水系统均不工作，仅洗涤系统不工作，仅脱水系统不工作。

1）洗涤、脱水系统均不工作

若两个部分均不工作，说明电源有故障，或机内的电源供电线路有故障。这时可检查下面几点。

① 用万用表测量电源插座是否有 220V 交流电压，电压是否正常。我国家用洗衣机标准规定，洗衣机启动电压为 187V。洗衣机在低于 187V 电压情况下不能启动工作属于正常，不是故障。此种情况大多数发生在农村或离变电所远的地区。在电压波动严重的地区使用洗衣机，应尽量避让高峰用电时间。有条件的话，可配上一个稳压电源。

② 检查共同线路。电源插座有 220V 交流电压，就要拆开洗衣机后盖板，解开接线防水塑料袋，查看洗衣机的熔断器（保险管）是否已烧断，如图 6-1 所示。熔断器一般设置在电源进线的后部分，主要目的是为了在非正常情况下断开电源。熔断器视机型不同而异。

2）仅洗涤系统不工作

如果脱水正常，而无法洗涤（波轮不转），说明电源和熔断器均无问题，故障主要出在洗涤系统，有机械方面的故障，也有电路方面的故障，要检查洗涤定时器、水流选择开关、波轮传动系统和电动机。图 6-2 为该故障的检修流程。

·方法与技巧

　　如熔断器烧断，不要换上新的熔断器后就试机，而要查明熔断器烧断的原因，有时候，会遇到屡烧熔断器的现象，这种故障的原因及处理办法如下。

①熔断器规格选择不当。处理办法是：选择适当的熔断器。

②导线、插头等短路。处理办法是：检查并排除短路故障。

③超负载洗涤或脱水。处理办法是：减轻负载。

④电容器短路。更换电容器。

⑤电动机绕组故障。重绕电动机线圈或更换新电动机。

⑥操作板内进水或脱水桶皮碗漏水。烘干操作板，更换皮碗。

图 6-1　检查熔断器（保险管）

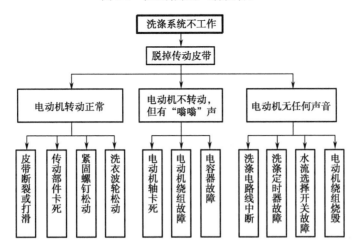

图 6-2　洗涤系统不工作故障检修程序

　　① 旋动洗涤定时器旋钮，预置一定的时间，然后将水流转换开关置于标准或轻柔，监听洗涤电动机是否发出"嗡嗡"的声音。如果有"嗡嗡"声响，说明洗涤定时器的运行及水流转换开关是好的，控制电路没问题。这时应进一步检查洗涤电动机、电容器及传动系统。如果电动机没发出任何声响，而定时器有正常的齿轮运转声，可打开后盖板，拆开接线包，用万用表交流挡测量电动机的中线与另两引线间的电压，有电压说明电动机或电容器有故障；没电压，说明控制线路有问题，可检查洗涤定时器和水流转换开关。

　　② 洗涤定时器和水流转换开关正常，电动机有"嗡嗡"声，说明波轮及传动系统有故障。可能的原因有：波轮与洗涤桶间掉入坚硬异物，如硬币、钥匙等，使波轮被卡住；因洗衣机漏水，波轮轴锈蚀卡死；皮带和皮带轮有问题；电动机或电容器故障等。

　　检测时，先接通电源，用手拨动波轮，观察波轮转动是否灵活，且按拨动的方向旋转。这时会出现下面几种情况：一是波轮不能转动，说明波轮轴或电动机被卡死，波轮卡死时，可以拆下波轮清除异物或更换减速器（或轴套组件）；二是电动机卡死，首先检查轴承是否过紧，定子、转于间隙是否均匀，如果发现装配不当，定转子相吸或某部位受潮生锈粘在一起，用砂纸打磨定、转子间的锈迹，然后重新装配、校正。

　　修理时，先打开后盖板，如果是三角皮带脱落，大、小皮带轮脱落或者固定螺钉松动，只要重新安装，拧紧螺钉即可。如果是三角皮带断裂、皮带轮碎裂，则须更换零件。

3）仅脱水系统不工作

脱水系统的控制电路中包含脱水电动机、电容器、脱水定时器和盖开关等，为保证人身安全，脱水系统还设计了安全制动机构。上述零部件中只要有一个部件或一个环节出现故障，脱水系统便不能正常运转。为此，就要对各零部件逐个进行检查，图 6-3 为该故障的检修流程。

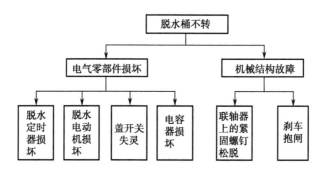

图 6-3 脱水系统不工作故障检修流程

当遇到脱水桶不能启动时，先接上电源插头旋动脱水定时器旋钮，预置一定的时间，细听有无脱水电动机堵转而发出的"嗡嗡"声。这时有两种情况：

① 无任何声音。主要原因有脱水定时器的触点接触不良；脱水桶盖关闭后，安全开关未接通；电动机断路；外部引线脱落。

修理时，第一步，打开后盖板，在脱水工作状态下测量电动机主线与公共线之间的电压。电压正常，说明电动机有断路故障。如无电压则说明脱水控制电路有故障。第二步，打开操作控制盘底座，检查安全开关触点、脱水定时器触点是否断开、错位，引线是否脱落。确定后要调整或更换开关，焊接好引线。

② 有电动机"嗡嗡"声。这说明电动机绕组通电。首先拔下电源插头，检查是否有小织物如袜子等掉入脱水桶底，缠在脱水内桶的转轴上，增大了脱水桶的旋转阻力，致使脱水桶旋转无力甚至不能旋转。只要拿出缠绕物就能排除故障。如果无异物掉入脱水桶底，打开洗衣机机箱后盖板，用手轻轻拨动脱水电动机上面的联轴器，看其旋转是否轻松自如（此时脱水外盖应合上），联轴器上的紧固螺钉是否松脱。

如果其紧固螺钉松脱，重新拧紧螺钉即可。但要注意联轴器有上下两个紧固螺钉，在紧固螺钉上还配有锁紧螺母。上紧固螺钉主要锁紧脱水内桶的转轴，下紧固螺钉应对准轴体的凹槽内。否则，紧固螺钉不能将轴体顶紧，从而产生打滑现象。在上、下两个紧固螺钉中，任何一个没有对准轴体凹槽出现打滑，均不能带动脱水桶进行正常工作。

如果联轴器旋转受阻，则主要原因有制动钢丝松弛、断裂，使刹车块始终抱住刹车鼓，电动机无法启动。这种故障几分钟后就会有焦味出来，所以在发现脱水桶不转时，应立即切断电源。检查制动钢丝，如发现制动钢丝松弛，就应调整刹车拉杆挂钩在刹车挂板的位置。

如果联轴器旋转正常，则可能是电容器击穿或断路，也可能是电动机损坏。用万用表欧姆挡检查电容器是否击穿、断路，电动机主、副绕组是否断路、短路等。

2. 洗涤系统故障

1）洗衣无力（波轮转速慢）

洗衣无力主要是指波轮转速明显变慢，洗涤衣物时水流翻滚不明显。其主要故障原因有以下几个方面。

① 电源电压过低。电源电压过低，波轮能转动，但转动力矩不是很大，一旦加上负荷，就造成波轮转速慢，甚至不能转动。此时，可用万用表测量电源电压是否为198～242V。

② 洗涤衣物过量，电动机超载。洗衣量超过额定容量，或洗衣桶内衣服多、水量少，衣服压在波轮上不能翻滚，都会造成电动机超负载、洗衣无力。故在使用洗衣机前，先要阅读说明书，洗涤容量决不能超过洗衣机的额定容量，最好在洗衣机额定容量的80%以内洗涤。并且适当控制水位与洗涤衣物的比例，这样既能有效地洗涤衣物，又能保护洗衣机，延长其使用寿命。

③ 波轮被杂物卡住。此症状是由于小的洗涤物，如手帕、袜子或硬币之类的东西，卡入波轮和洗衣桶之间，使波轮转动受阻。波轮会时转、时不转，严重时会损坏波轮内表面或卡住波轮使其无法工作。检修时只要松开波轮紧固螺钉，拿出被卡住的杂物，然后重新装上即可。

④ 传动皮带过松或打滑。三角传动带磨损、老化，会使皮带直径增大，出现在运转时打滑的现象。当洗涤衣服量少时，波轮会出现转速减慢现象。随着洗涤衣物增多，波轮出现时转、时不转，甚至完全不能转动的现象。检修时可拧松电动机安装紧固螺拴，将电动机稍向外侧移动，增大电动机与传动皮带轮中心之间的距离，使得三角皮带张紧。

> **方法与技巧**
>
> 三角皮带也不要张得过紧，否则将损耗不必要的功率和增加洗涤噪声。张紧度以不打滑为原则。这种故障的判断与洗涤系统不工作故障有所区别，无电动机堵转的"嗡嗡"声，而是有电动机的旋转声和三角皮带与传动皮带的摩擦声。

⑤ 电容器容量减小或变质。电容器长期处在潮湿的不良环境中工作，随着时间的延长，绝缘性能也会下降，使得电容器实际容量碱小，造成电动机转速慢而无力，影响洗涤效果。当负载较大时，有时电动机无法启动。用万用表检查电容器的容量，必要时进行替换检查。

⑥ 洗涤电动机定子绕组局部短路。洗涤电动机定子绕组局部短路以后，会使电动机启动转矩小、转速下降，噪声增大，伴随有严重发热，甚至冒烟等现象。用万用表检查电动机绕组直接电阻，必要时进行替换检查。

2）波轮单向转或旋转不停

如果洗衣机具有强洗、标准洗涤、轻柔三种功能，若是水流选择开关打到强洗位置，波轮连续单向运转，这是一种正常功能。但选择开关打到标准或轻柔位置后波轮只会单向运转，这属于故障。故障产生原因如下。

① 电路接线错误。可按洗衣机说明书中的接线原理图查对，若发现接线错误，只要改正后就可排除故障。

② 洗涤定时器损坏。洗涤定时器的故障通常有三种情况：一是主开关弹簧铜片触点粘连，导致定时器工作完毕时不能断电，洗衣机工作就不会停止。这是常见的故障之一。粘连

的原因有两个：第一是触头打火烧焦，使两个触点粘在一起不能脱开。这时可用细砂纸打磨触头进行修整。触头烧损严重的应更换定时器。第二个原因是弹簧铜片变形，使定时器工作完毕时两个触头不能断开，这时只要用尖嘴钳子修整弹簧铜片距离，就可修复。二是定时器发条被卡导致洗衣机单向旋转不停。三是定时器内的触点只有一组触点闭合，另一组触点接触不良或烧损。触点簧片变形或触点烧损的排除方法：用小镊子或其他工具调整簧片距离，保持正常工作时接触或断开。烧损的触点可用四氯化碳和细砂纸进行清洗和修复。

3. 脱水系统故障

1）脱水无力，衣物甩不干

脱水效果取决于脱水桶转速，如因某种原因造成洗衣机脱水无力，衣物甩不干，应及时修理，不要凑合使用。

首先，应排除供电电压低，脱水衣物过多这些非故障性原因，然后再对脱水侧传动系统进行检查。检查内容主要有以下几个方面。

① 查脱水电动机、电容器、脱水定时器、盖开关等部件有否接触不良或接线虚焊，以致脱水电动机运转不正常，脱水效果不好。此类故障修理起来十分方便，但查找却十分麻烦，因为虚焊一般是看不出来的，须用万用表仔细测量。

② 用万用表测量脱水电动机绕组的直流电阻，以判断电动机绕组是否存在局部短路故障。如有短路，应修理电动机或予以更换。

③ 检查脱水电动机的电容器的容量是否减小，如有减小，应更换电容器。

④ 检查联轴器上的固定螺钉有否松动。对松动之处应重新拧紧，以保证电动机力矩的传递。

⑤ 脱水时，刹车片没有完全离开联轴器，会阻碍脱水桶的旋转。因此，如有发现刹车拉带拉长了，使得脱水桶盖合上时，刹车块仍无法离开刹车鼓，应调整刹车机构。

另外，脱水系统排水不畅，也会引起衣物甩不干。其原因为排水通道受阻，可设法疏通排水管通道，使之畅通。发现管内有异物，应用细铁丝或其他工具将其排除。

2）脱水桶的制动性能不好，在规定时间内刹不住车

这种故障的可能原因和解决办法如下：

① 刹车拉杆与刹车挂板的连接太紧，造成制动时刹车块与刹车鼓的接触面小，产生的摩擦力小，使刹车的时间延长。调整刹车拉杆与刹车挂板的孔眼位置，使其刹车块与刹车鼓的距离适中。

② 刹车弹簧太软，或长期使用后弹性下降。更换刹车弹簧。

③ 刹车块的材质不好，磨损严重。更换刹车块。

④ 盖开关触头在打开脱水盖时不能断开。调整盖开关。

3）脱水桶抖动严重

洗衣机的脱水电动机固定在3个减振弹簧支座之上。而电动机带动脱水桶作高速离心脱水动作，所以必然有一些轻微抖动或振动，这属于正常现象。这里所指的振动厉害是指脱水时脱水桶剧烈振动，甚至引起敲打箱体，不断发出"啪啪"的异常响声。

此故障的可能原因和处理办法是：

① 洗衣机未放置平稳，或放置偏斜。调整洗衣机支脚或在支脚下垫平整的硬物，使洗

衣机放置平稳。

② 衣物放置不均匀，单方向偏置。当发现脱水桶剧烈振动时，应及时打开脱水桶外盖，重新把衣物往下面压实，上面放平、放均匀。

③ 联轴器上的紧固螺钉松动。拧紧紧固螺钉和锁紧螺母。

④ 脱水电动机下面的 3 根弹簧不等高，或者弹力不一致，会使脱水电动机安装后不水平，产生倾斜，造成脱水时因重心偏移而剧烈振动，甚至产生碰击脱水外桶现象。检修时，可加垫片调整减振弹簧的高度，或剪断一小节弹簧来达到 3 个弹簧等高，若是 3 根弹簧弹力不均，则应全部更换新弹簧。

⑤ 脱水桶本身圆度太差，或脱水桶底部搪瓷脱落、腐蚀生锈，并且烂穿铁皮层，都可能引起剧烈振动。这时，应更换脱水桶。

▶ 4. 漏水故障

1）洗衣桶漏水

洗涤侧漏水的主要原因有波轮轴锈蚀，波轮轴上的密封圈损坏；洗涤桶底下排水接头安装不严、破裂或排水管破裂；洗涤桶出现破裂。

修理时，应先检查漏水的部位。水管是否老化开裂较容易观察到，也比较容易处理，而波轮轴是否锈蚀、密封圈有无损坏，则须拆开相应零部件检查。

（1）排水管或排水弯头破裂

这是由于长期使用后，排水管材料老化、经常弯曲或有时受压而引起的破裂。破裂处小时可采用环氧树酯修补，破裂大的，则应予以更换。

（2）洗衣桶桶底破裂

洗衣桶大多是采用工程塑料一次性注塑而成的。注塑工艺出问题，或波轮轴磨损而致使波轮微微偏斜，都可能导致塑料缸底磨透。对桶底破裂而造成的渗漏水，应及时用塑料焊枪或电烙铁予以修补、烫平。在修补中，材料最好用与本洗衣桶相同的塑料，以使融合起来较为牢固。也可采用环氧树酯修补法，用双管环氧树酯调拌均匀，补在裂口处，注意表面应平整，待干后即可使用。

（3）波轮轴锈蚀，波轮轴上的密封圈损坏

首先卸下波轮，然后将洗衣机平放或倒置，拆下皮带，取出减速器。再拆开减速器，然后用手锤把波轮轴轻轻敲出。这样就可以取出密封圈。同时，可以借此机会查看波轮轴是否锈蚀，如锈蚀，应更换或修光。检查波轮轴和密封圈的操作方法如图 6-4 所示。在实际维修中，对于波轮轴锈蚀和波轮轴上的密封圈损坏故障，往往采用整体更换减速的方法进行修理。

  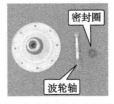 

（a）轻轻敲出波轮轴　　（b）退出的密封圈　　（c）检查波轮轴和密封圈　　（d）安装密封圈

图 6-4　检查波轮轴和密封圈的操作方法

2）脱水桶漏水

脱水电动机安装在脱水桶的正下方。当脱水桶漏水时，水直接流到脱水电动机上会导致脱水电动机受潮而绝缘下降，电动机绕组短路，甚至烧毁整个电动机。所以，当发现脱水桶漏水时，应立即停止使用及时维修，以避免电动机的损坏。

（1）橡胶囊组件损坏

橡胶囊组件中，密封圈内含油轴承磨损严重、密封圈唇口破损或唇内弹簧生锈腐蚀使弹簧失效，这都可导致脱水桶内的水沿脱水内桶轴的中部往下流，引起脱水电动机的损坏。橡胶囊总是处于激烈的振动之中，时间长久之后会产生疲劳或老化，容易破裂。解决的办法为更换橡胶囊组件。

（2）脱水密封圈安装不妥

脱水密封圈安装不严密，或脱水密封圈的卡扣安装不到位，将产生不密封的现象，水直接从密封圈边上往下漏。洗衣机安装脱水密封圈时涂上胶粘剂，以防漏水，而胶粘剂粘固不严及脱胶也将导致脱水桶漏水。

（3）脱水外桶破裂

由脱水内桶出来的水，是经脱水外桶的流水口出水的。若脱水外桶破裂（大多数的裂处都在安装脱水密封圈的边缘），水便直接流到电动机上。本故障的排除方法，一是更换脱水外桶（双连桶则整体更换）；二是用塑料焊枪或电烙铁修补。

3）排水系统漏水

排水系统漏水是指关闭排水阀的旋钮后，在排水阀里仍不断地有水流出。排水系统漏水故障的可能原因及排除措施如下：

① 排水阀控制拉带拉得太紧，使排水阀中的阀堵封闭不严。调整排水拉带。

② 排水阀体内有杂物、绒屑、布毛块等异物，使排水阀卡夹，关闭不紧。

③ 由于洗衣机使用时间长久，排水阀中的阀堵（橡胶制品）在洗涤液的长期浸泡下变形翻翘，进而关闭不紧。

④ 排水阀中的橡胶套破裂损坏，起不到封闭作用。

⑤ 由于频繁使用，排水阀内的弹簧弹力不足或损坏，使得阀堵封闭不严。

对于后 4 点来说，应旋开排水阀的阀盖，拿出拉杆、压缩弹簧、橡胶密封套、阀堵等组件，分别检查，同时检查阀内部是否有碎屑、纤维物等，如图 6-5 所示。若有有碎屑、纤维物应清除。若压缩弹簧、橡胶密封套、阀堵等有问题，应更换。

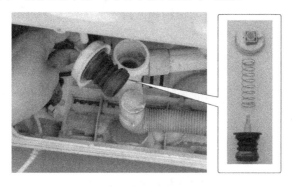

图 6-5　检查排水阀内部情况

5. 其他故障

1）排水不畅或不排水

造成排水不畅或不排水的原因和排除方法如下。

① 排水阀的弹簧力过大，或排水阀的拉带过长，致使排水不畅。应更换弹簧，或调节拉带（拉杆）长度。

② 洗衣桶底部的排水过滤网被碎屑、纤维物等堵塞。

③ 排水管中有杂物，或管道被扭曲，致使排水不畅。

④ 排水阀失灵或堵塞。

对于后3点来说，应清理排水系统，使排水管自然弯曲。

2）洗衣机漏电

洗衣机是在潮湿环境下工作的，属于带水操作的家用电器，一旦发生漏电，将直接对人身安全构成威胁。因此，对于漏电故障必须给予足够的重视。

洗衣机漏电故障的原因和相应的排除方法如下。

① 接地线安装不良。为保证人身安全，安装时应使用三芯电源插头、插座，其地线端子应接上地线。有的洗衣机采用两芯电源插头，但在后面板的下部底座上有一根黄绿色导线引出，是用来连接地线的。若地线松脱或断线，应接好。

② 电气连接点绝缘不良，或导线接头脱落后与壳体接触。加强绝缘，可用绝缘胶片包扎，接好脱头的导线或更换已磨损、老化的导线。

③ 电动机因受潮使绕组绝缘破坏或下降，应用500V兆欧表检查其绝缘电阻。若发现漏电，应拆下电动机进行修理或进行烘干处理。

④ 电容器受潮后漏电或击穿。将电容器用低温烘干后再接上。若电容器外壳漏电，拆下后用黄蜡绸或绝缘胶带裹好后再装上。

⑤ 其他器件如定时器、选择开关等因受潮或进水，使绝缘不良。检查是否带电，并将漏电器件拆下，用布擦干或烘干后再装上。

3）噪声大

噪声指洗衣机运转时发出的非正常响声。洗衣机产生噪声大的因素主要有以下几个方面。

① 洗衣机未放平稳。检查洗衣机工作地方是否倾斜或凹凸不平，然后设法把洗衣机放置平稳即可解决。

② 紧固螺钉松动，引起共振。只要重新紧固紧固件就能得到解决。

③ 由于波轮不圆、变形或波轮边缘带有毛刺引起噪声。维修时，可一只手按住波轮，使其正、反方向转动，另一只手持比较锋利的小刀，将波轮修整圆滑或割掉毛刺。如果波轮变形严重，只能更换新的波轮了。

④ 波轮轴与轴承（含油轴承）严重磨损，间隙增大。排除方法是调换波轮轴与含油轴承。

⑤ 三角胶带与皮带轮相摩擦。目前，大多数皮带轮由塑料制成，一小部分采用铝制品。皮带与皮带轮之间的高速摩擦，会引起皮带轮温度逐渐升高，摩擦阻力增大并且发涩，因而产生"吱吱"的尖叫声，遇此情况，只要取下三角胶带，在皮带轮槽的两个侧面涂上石蜡，

"吱吱"叫声即可消除。

⑥ 波轮轴与密封圈之间缺少润滑剂。密封圈紧套在波轮轴上，目的是防止洗绦水沿着波轮轴渗入轴承内。装配时，在密封圈的内唇口上涂上一层不溶解于洗涤水和耐高温的润滑剂，有利于密封和减少密封圈与波轮轴之间的摩擦。若装配时润滑剂加得太少或长时期运转使得润滑剂损耗，在密封圈与波轮轴间将产生干摩擦而发生令人厌烦的"吱吱"叫声，甚至会出现难闻的橡胶糊焦味道，加快密封圈的磨损，影响其密封性能。遇此故障，应取出波轮轴与密封圈，在密封圈内唇口上涂上难溶解于水和耐高温的润滑剂，对于磨损严重的密封圈要更换。

⑦ 大小皮带轮不在同一平面上。指两个皮带轮轮槽不在同一条直线上。这是由于装配时的误差、皮带轮的变形或因长久使用紧固螺钉松动而引起的。它在发出烦人噪声的同时，也增大了损耗功率。检修时，通常是旋松小皮带轮的紧固螺钉，调整其上下位置，保证两皮轮在同一平面上，再旋紧紧固螺钉即可。如果小皮带轮受到某种限制不能再继续调整，可通过调整电动机下面绝缘垫块的厚薄来解决。

⑧ 洗衣机箱体与活动后挡板之间振动。排除此共振声的方法很多，常用的有：在箱体与后挡板之间垫一层 2~3mm 的海绵条；增加紧固螺钉数，缩小紧固螺钉的间距等。

⑨ 洗衣机箱体与内桶系统发生共振。检修时，可在箱体四周与桶壁之间塞上泡沫塑料垫块。

⑩ 小皮带轮风扇叶片与洗涤电动机外壳摩擦。这种情况一般是小皮带轮上的拧紧螺钉松动而引起的。此时，风扇叶片下滑，碰到电动机外壳，发生金属碰擦声。检修时，只要调小皮带轮轴向位置，使其与大皮带轮在同一平面上，然后拧紧螺钉即可。

⑪ 电动机噪声。电动机发生噪声的故障原因有：电动机轴承点蚀破坏，润滑剂添加量不当，电动机轴承过紧或过松等。噪声是否来自电动机只要脱掉三角胶带即可很快判别。

任务二　双桶洗衣机的故障检修实训

1. 实训目的

① 熟悉双桶洗衣机的结构，理解主要部件的作用和工作原理。
② 能正确拆卸和安装双桶洗衣机。
③ 能对双桶洗衣机主要部件进行检测，并判断其质量的好坏。

2. 主要器材

每组的器材：普通双桶洗衣机一台，常用修理配件若干，万用表一只，兆欧表一只，电工工具一套。

全班所用的多台双桶洗衣机中，可能故障：
① 洗涤电动机不转，洗涤定时器损坏；
② 波轮转速慢，洗涤电动机的电容器容量减小；
③ 脱水电动机不转，盖开关损坏；
④ 排水不畅或不排水，排水阀失灵或堵塞。
一个组检修完一台洗衣机故障后，与其他组交换故障洗衣机进行维修。

3. 实训内容和步骤

① 通过观察、操作检查等方法，确定实验用洗衣机的故障。
② 根据故障现象，讨论造成故障的各种可能原因。
③ 根据故障产生原因及所在部位，确定修理方案。
④ 检修并更换损坏的器件。
⑤ 修理完毕后进行试用，检测自己的维修结果。
⑥ 完成任务后恢复故障。
⑦ 与其他组交换故障洗衣机再次进行维修。

4. 实训报告

根据实训操作过程，填写实训报告表 6-1。

表 6-1 双桶洗衣机故障检修实训报告表

实训人		班级及学号		日期	
机型和故障现象		故障分析		维修过程（检测方法、故障器件、部位、处理方法等）	
实训指导教师评语及成绩评定					

思考练习 6

1. 波轮式双桶洗衣机洗涤部分不工作，应如何检修？
2. 波轮式双桶洗衣机脱水桶不转，应如何检修？
3. 波轮式双桶洗衣机洗涤桶漏水的故障原因主要有哪些？
4. 波轮式双桶洗衣机脱水外桶漏水的故障原因主要有哪些？
5. 波轮式双桶洗衣机脱水桶抖动严重，应如何检修？

认识波轮式全自动洗衣机

【项目目标】

1．了解波轮式全自动洗衣机的整机结构。

2．了解波轮式全自动洗衣机五大系统的结构特点和主要组成器件。

3．了解进水电磁阀、水位传感器、排水电磁阀、电动机、离合器等器件的结构，理解这些器件的工作原理，掌握检测方法。

4．理解波轮式全自动洗衣机的传动原理。

5．了解进水电磁阀。

任务一 认识波轮式全自动洗衣机的整机结构

1．波轮式全自动洗衣机的特点

波轮式全自动洗衣机的特点是：采用离心桶（内桶）和盛水桶（外桶）的同轴桶式结构；可以完成洗涤、漂洗及脱水过程的自动转换，各过程之间的转换不需要人工参与；采用 250～360mm 的大波轮，减少了对衣物的磨损。

波轮式全自动洗衣机与双桶洗衣机比较起来，在结构和控制上有很大的不同，由于双桶合一，它的机械结构更加紧凑，制造和装配要求更加严格。

按所用程序控制器的不同，波轮式全自动洗衣机可分为机械控制型（也称电动控制型）和微电脑程控器控制型（简称微电脑型或电子式）。前者采用机械式程控器（也称电动程控器）控制，这种程序控制器由一台同步电动机为动力，通过减速机构减速后，驱动各凸轮组作慢速转动，凸轮在旋转过程中控制触点的开关来完成洗涤、漂洗和脱水全过程；后者由微电脑式程控器（或称电子式程控器）输出控制信号，来实现对洗涤、漂洗和脱水全过程的自动控制。机械式和微电脑式全自动波轮洗衣机的主要区别在于电气控制部分，其总体结构基本相同。由于微电脑型波轮式全自动洗衣机早已取代电动程控型波轮式全自动洗衣机，因此，本书只介绍微电脑型波轮式全自动洗衣机。

2．波轮式全自动洗衣机的结构

波轮式全自动洗衣机的机型较多，但就其结构而言，主要由以下几部分组成：外箱体、面框、盛水桶（又称外桶）、离心桶（又称内桶、洗涤脱水桶）、吊杆、电动机、离合器、波轮、电气控制部件、进水排水机构。波轮式全自动洗衣机的这些零部件可分为五大系统，即机械支撑系统、洗涤脱水系统、传动系统、进水排水系统、电气控制系统。图 7-1 和图 7-2 是波轮式全自动洗衣机外部结构图，图 7-3 是其结构示意图。

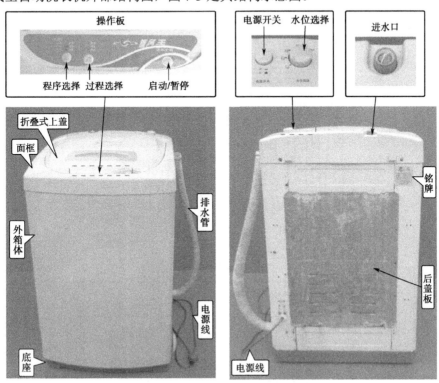

图 7-1　波轮式全自动洗衣机外部结构一

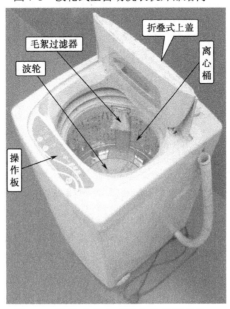

图 7-2　波轮式全自动洗衣机外部结构二

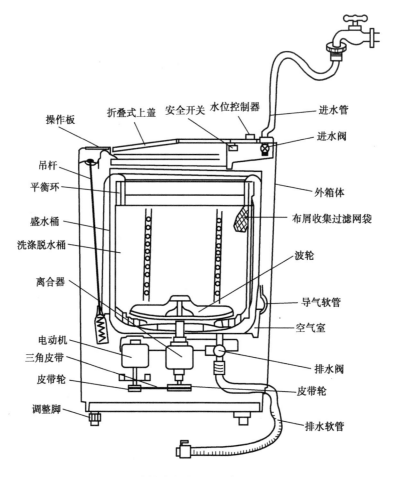

图 7-3　波轮式全自动洗衣机结构示意图

任务二　认识机械支撑系统

机械支撑系统包括外箱体、吊杆、面框等部分。

1. 外箱体

外箱体是洗衣机的外壳，除对洗衣机起装饰作用外，还具有保护洗衣机内部零部件和支撑、紧固零部件的作用。箱体采用的材料有两种：一种为钢板，厚度为 0.5～0.8mm，表面经过涂层处理；另一种为塑料，通过注塑成形，塑料箱体不仅装饰性好，而且简化了生产工艺，降低了成本，并提高了抗腐蚀能力。箱体左右两侧设有抬机用的把手，以利于搬动。箱体正前方右下角装有调整脚，以便于用户自行调节，保证整台洗衣机安放平稳。箱体内壁上贴有泡沫塑料衬垫，用于保护箱体，减少洗衣机运转时的振动以及外箱体的碰撞。箱体上部的四个箱角处装有上角扳，用于安装吊杆。电容器通过固定夹用自攻螺钉固定在箱体后侧的内壁上。电源线、排水口盖、后盖板等也固定在箱体上。排水管通过箱体伸出来。

2. 吊杆

1）吊杆的结构

波轮式全自动洗衣机的盛水桶（又称外桶）与洗涤脱水桶（又称内桶、离心桶）是套装在一起的，故也称套桶式洗衣机。盛水桶底部装有中心基座和排水阀，中心基座上安装有电动机、离合器。这一整套部件都依靠吊杆悬挂在外箱体四个箱角的上角板上。

吊杆除了起悬吊作用外，还起着减振的作用（图7-4）。在箱体上部，四角焊有四只带内凹球面的箱角，四根减振吊杆用挂头固定吊在上铰的槽内。吊杆上设有一整套减振件。吊杆及减振弹簧等部件能吸收内桶在脱水时引起的振动，加之平衡圈的平衡作用，保证脱水时平稳工作。

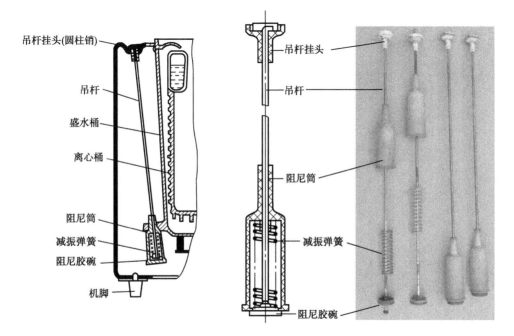

图7-4 吊杆的外形和结构

> **提示与引导**
>
> 采用吊杆支承方式的洗衣机在运输过程中，对桶体须采用固定和防碰撞的措施，通常是用泡沫塑料将离合器下面的运输支架垫起，运输到后再取下。吊杆一共有4根，长度一样，但是吊杆中的减振弹簧却不尽相同，靠箱体正面的两根稍长，后面的两根稍短。生产厂家常在空气阻尼筒的外表面涂上不同颜色或将减振弹簧镀不同颜色的锌加以区别。维修时如果颜色标记不明显，则可以用数弹簧圈数的方法来区分。

2）吊杆装置的故障检修

（1）故障现象

吊杆发生故障会出现洗衣机脱水时的振动和噪声较大的现象。

（2）检查方法

吊杆装置正常时，桶体部分应与洗衣机机体垂直。若桶体总偏向一侧，且在顺时针方向转动内桶时，偏心位置不变，则可判定是吊杆装置异常，需要拆开洗衣机箱体，维修或者调换吊杆装置。

（3）故障原因及排除

① 吊杆挂头为塑料件，容易断裂损坏，这样就使吊杆直接挂在箱体的内凹球面座上，导致这根吊杆的有效长度增大，应更换吊杆挂头或整根吊杆。

② 波轮式全自动洗衣机使用时间久了，其减振弹簧将发生塑性变形或阻尼筒内润滑脂干枯及四个阻尼筒松紧不一致，减振和吸振性能将降低，这样洗衣机工作时的振动及噪声明显比新机器大，甚至经常发生盛水桶碰撞外箱体的现象，从而导致安全开关动作，最后即使自动修正程序也不能使洗衣机恢复正常工作。此时，洗衣机的吊杆需要维修或者调换。

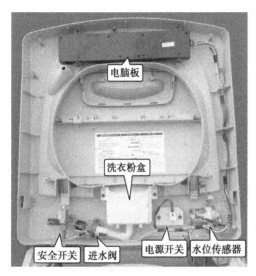

图 7-5　面框内部结构

3. 面框

面框位于洗衣机的上部，主要用于安装和固定电气部件和操作部件，大多数用工程塑料注塑成形，具有良好的绝缘性能和安全性能，还具有装饰功能。

面框内安装有控制器（微电脑式洗衣机采用电脑板）、进水阀、水位传感器、安全开关、电源开关等部件，如图 7-5 所示。波轮式全自动洗衣机的上盖为折叠式上盖，这样可以降低开盖高度。上盖通过铰链销和箱盖弹簧安装在面框上。连接电气部件的导线通过面框后部进入外箱体后侧内部，与外箱体内的电气部件相连接。

面框上还有漂白剂注入口。因漂白剂不可直接倒到洗涤物上，否则会造成洗涤物褪色等损伤，所以在面框上开有漂白剂注入口。

任务三　认识洗涤脱水系统

洗涤、脱水系统主要包括盛水桶、洗涤脱水桶、波轮等部件。

1. 盛水桶

盛水桶又称外桶，它的作用是盛放洗涤液或漂洗水。盛水桶结构如图 7-6 所示。盛水桶的上口部装有密封盖板（也叫盛水桶上环），其作用是防止水滴或洗涤液溅出，并可增强桶口的刚度。盛水桶底部正中开有圆孔，与离合器上的大水封配合，防止漏水。桶体底部还有排水口，与排水阀相连接，由排水阀控制排放污水。盛水桶上部离桶口一定距离的桶壁上，开有溢水口，使洗涤过程中多余的水和泡沫从此口排出，防止洗衣机工作时出现溢水。溢水口通过溢水管与排水阀相连，但不受排水电磁阀的控制。盛水桶下部侧壁上有一空气室（即气室），空气室开有导气软管接嘴口，导气软管与水位传感器（水位开关）相连接，用来控制盛水桶内水位的高度。

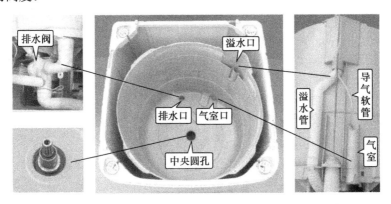

图 7-6　盛水桶的结构

提示与引导

　　盛水桶底部安装有中心基座和排水阀，中心基座上安装有离合器、电动机。盛水桶用四根吊杆悬挂在箱体上。

　　盛水桶、中心基座、离合器的装配要相互同心，否则洗涤脱水桶在脱水时将产生更大的偏心，旋转将很不平稳，会产生振动、噪声和撞击。

　　盛水桶有裂痕会产生漏水故障，通过直观检查就可以确认。

2. 洗涤脱水桶

　　洗涤脱水桶也称内桶或离心桶，它兼有洗涤和脱水的双重功能。所以该桶既要满足洗涤要求，又要满足脱水要求。洗涤脱水桶的结构如图 7-7 所示。

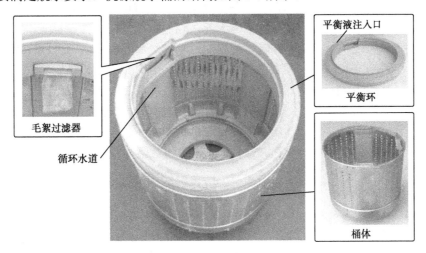

图 7-7　洗涤脱水桶的结构

为了满足洗涤效果，洗涤脱水桶的内壁上有许多条凸筋，犹如将一块洗衣搓板卷曲成筒形。洗涤时，波轮运动产生水流，带动洗涤物翻滚，洗涤物与桶壁接触时，桶壁就产生像搓板那样的洗涤作用。凸筋的另一个作用是增强洗涤液的涡旋作用，从而提高洗净效果。

为了满足脱水效果，洗涤脱水桶的内壁上还设有许多凹槽。凹槽内开有许多小孔，脱水时，水从小孔中甩出，进入盛水桶内而排出。

洗涤脱水桶的内壁上还嵌有循环水道（也称回水管）。循环水道的底部与波轮相配合，洗涤时，随着波轮的旋转，洗涤液被波轮泵出，沿着循环水道上升，从循环水道上部的出口处吐出，重新回到桶内，这样周而复始，不断循环。循环水道上部的出口处装有线屑过滤器，洗涤液在反复循环的过程中，线屑、绒毛等杂质经过线屑过滤器被收集起来，使线屑、绒毛不沾到衣物的表面，保证排水管的畅通。

洗涤脱水桶的底部装有法兰盘，其作用是加强洗涤脱水桶的强度和刚度。通过法兰盘将洗涤脱水桶固定在离合器的脱水轴上，脱水时洗涤脱水桶随脱水轴一起高速旋转，达到脱水的目的。

洗涤脱水桶的上部装有液体平衡环（也叫平衡圈），其作用是减少脱水时由于衣物不均衡而产生的振动。

洗涤脱水桶可用塑料注塑成形，也可用厚度为 0.5mm 左右不锈钢材料加工成形。不锈钢材料具有强度高和刚度高的特点，使用寿命长，且不易附着污垢而滋生细菌，外型美观。

▶3. 毛絮过滤装置

波轮式全自动洗衣机的毛絮过滤装置有两种类型：一种是循环水道式毛絮过滤装置；另一种是在搅拌棒内设置的毛絮收集网袋，它安装在洗涤脱水桶中心位置波轮的上端。前者是大多数波轮式全自动洗衣机所采用的，而后者只被搅拌棒式波轮的全自动洗衣机所采用，新型的波轮式全自动洗衣机已很少采用此种方式。因此，这里只对循环水道式毛絮过滤装置进行介绍。

循环水道式毛絮过滤装置，它在洗涤脱水桶侧壁上嵌有扁形回水管，回水管下端置于洗涤脱水桶底部，为进水口，在上部设有一口槽，用于安装线屑过滤器，上端由平衡环将回水口挡住，使循环水流能注入过滤网袋内，其结构如图 7-8 所示。洗涤时，随着波轮的高速旋转，洗涤液从波轮底部泵出，沿着循环水道上升，经过上部线屑过滤器的过滤网袋再转流回至盛水桶内。在洗涤液周而复始的循环过程中，绒毛、布屑等杂物便随着上升的水流被收集在网袋中。

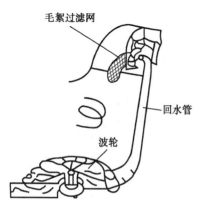

图 7-8　毛絮过滤装置结构示意图

▶4. 液体平衡环

1）液体平衡环的结构

洗衣机在脱水过程中，由于洗涤脱水桶存在着制造和装配上的误差，以及衣物投入时不规则造成的放置不均匀，往往会使洗涤脱水桶的重心与旋转中心不重合。当洗涤脱水桶高速旋转进行脱水时，如果没有良好的动态平衡，势必导致洗衣机产生振动和噪声。因此洗涤脱水桶的上端设置了平衡装置，使洗衣机在高速脱水时取得新的动态平衡，抑制脱水时产生的振动。洗衣机中的平衡装置是液体平衡环，其结构如图 7-9 所示。

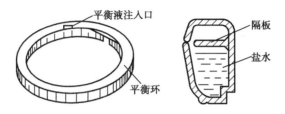

图 7-9　液体平衡环的结构

洗衣机中的液体平衡装置是由上下两部分环状结构的塑料件加热焊接而成的，呈空心圆环，环中密封着约 1kg 浓度为 20%的食盐水作为平衡液（其目的是保证在高寒冷地区不结冰，且增加液体密度），环内侧设有一定数量的隔板，用以控制平衡液的流动。

当高速脱水产生不平衡时，液体平衡环利用陀螺仪的原理来调整不平衡，其平衡原理如图 7-10 所示。

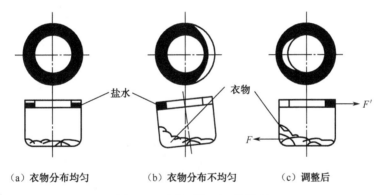

（a）衣物分布均匀　　　（b）衣物分布不均匀　　　（c）调整后

图 7-10　液体平衡环工作原理

当洗涤脱水桶处于静止无负载的平衡状态时，液体平衡环中的平衡液呈均匀分布的状态，如图 7-10（a）所示。当洗涤脱水桶中放入洗涤物而又分布不均匀时，洗涤脱水桶倾斜，平衡液向偏置一侧流动集中，使洗涤脱水桶更加倾斜，如图 7-10（b）所示。进行脱水时，平衡环和洗涤脱水桶一起旋转，受离心力的作用，平衡液向洗涤物偏置的反方向集中，如图 7-10（c）所示，使洗涤物不平衡所产生的离心力 F 与平衡液偏移所产生的离心力 F' 方向相反，相互逐渐抵消，达到平衡，消除振动和噪声。

当然，平衡环的平衡作用是有一定的限度的。当洗涤脱水桶内的洗涤物严重分布不均，偏置超出设定值，平衡环不能完全抑制系统的振动时，洗涤脱水桶将继续剧烈振动，甚至发生与外箱体撞击的现象。一旦出现这种异常现象，安全开关就将自动检测并做出反应。如果是机械程控全自动洗衣机，它将自动切断电源，终止脱水操作，进入停机状态；如果是微电脑控制全自动洗衣机，由于其内部设置了脱水不平衡自动修正程序，微电脑将检测安全开关传送过来的信号，自动调用不平衡修正程序来处理脱水不平衡故障。

2）液体平衡环的故障检修

（1）故障现象

液体平衡环异常会出现洗衣机工作时（尤其是脱水时）振动强烈、噪声较大的现象。

（2）检查方法和故障排除方法

主要是检查液体平衡环内的平衡液是否泄漏，通过直观检查就可以确认。检查时可用手晃动液体平衡环，若感觉很轻，听不到液体的晃动声，则说明平衡液已漏完，应检查平衡液注入口及其上下两半圈粘接处是否有泄漏、液体平衡环本身是否有裂纹。如观察到有白色盐渍，则说明有泄漏处。通常采用直接更换液体平衡环的办法解决。

5. 波轮

波轮式全自动洗衣机实现洗涤功能的主要机械运动部件就是波轮。

波轮式全自动洗衣机的波轮比普通双桶洗衣机的波轮大一些，有利于提高洗净度并减少缠绕。波轮的形状可分为产生涡卷水流的小波轮和产生新水流的大波轮两大类。几种常见的波轮形状如图7-11所示。由于大波轮新水流方式较好地解决了磨损率与洗净比这对矛盾，因而现在的全自动洗衣机均采用大波轮新水流方式。这种形状的波轮，与洗涤液和洗涤物接触的表面积大，洗涤过程中波轮旋转方向变化快，具有洗净性能好、磨损率低、洗涤均匀等特点。同时，有的洗衣机的波轮附设有防缠绕辅助装置，如日立全自动洗衣机的"巧流棒"，它产生垂直向上的水流，以减少洗涤物的磨损和缠绕。

图7-11　全自动洗衣机的波轮

波轮一般采用ABS工程塑料或增强聚丙烯塑料注塑成形。轴芯采用尼龙或聚甲醛材料作为嵌件，以此提高强度。为了防止因高速旋转造成的传动轴与轴孔之间的磨损，波轮轴孔中通常预埋一金属件。

波轮底部设有强制水流循环的叶片，与波轮连接成一体。叶片相当于一个叶轮，波轮如同一个离心泵。当波轮高速旋转时，叶片驱动波轮下方的洗涤液旋转，使洗涤液及线屑等杂物被泵出，沿着循环水道上升，通过线屑收集器中的网袋过滤出线屑，洗涤液则回流至盛水桶内。

由于波轮的形状不同，它们的转速也是不一样的，一般为150～300r/min。波轮都直接安装在离合器的波轮轴上。波轮与波轮轴的装配很简单，只用一个螺钉拧紧就行了。有些波轮的中央是一个方孔，而有些波轮的中央是一个带齿的圆孔，波轮轴的轴头部位也做成方形或带齿的圆形，波轮轴的轴头穿入波轮的孔内，再用螺钉紧固。

任务四 认识进水、排水系统

波轮式全自动洗衣机的进水系统由固定接头、进水管、进水阀、水位传感器等构成，主要作用是自动进水并控制水量的多少。

洗衣机开始工作前，打开水龙头，进水系统按程序控制器发出的指令打开或关闭进水阀，水位传感器则对水位进行控制，从而保证洗衣机工作时的用水量。

排水系统由排水阀、排水管组成，其作用是排放污水。当洗涤或漂洗结束后，程序控制器发出指令，使排水阀打开，水位传感器对水位进行检测。当水位在规定时间内减少到一定值时，水位传感器输出排水完毕信号至程序控制器，通知程序控制器可以进行下一步动作。如果由于某些原因使得在规定时间内水位未下降到一定值，程序控制器则发出报警信号。

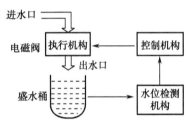

图 7-12　洗衣机自动进水、关闭水源控制过程

1. 进水电磁阀

进水电磁阀简称进水阀或注水阀，它的作用主要是控制自来水进水，为洗衣机提供适量的洗涤、漂洗用水。洗涤桶的水位由水位压力开关检测。洗衣机的控制器根据这一信息控制进水电磁阀的进水和关闭，完成洗衣机自动进水和自动关闭水源。这一控制过程可用图7-12来表示。

1）进水电磁阀的结构

图 7-13 是进水电磁阀外形及其内部结构实物图，图 7-14 是它的结构和工作原理示意图。进水电磁阀整个结构可分为电磁铁和进水阀两部分。

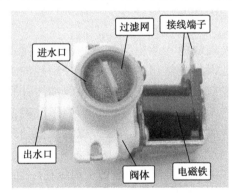
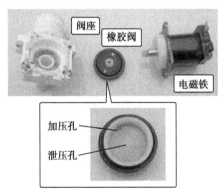

图 7-13　进水电磁阀外形及其内部结构实物图

电磁铁由线圈、导磁铁架、铁芯、小弹簧等组成。铁芯装在隔水套内，可以上、下移动，它的下端有一个小橡胶塞。

进水阀主要由阀座、橡胶阀组成。在橡胶阀上装有一个塑料圆盘，上面分别有两个小针孔，一个孔在中间位置，称为泄压孔；另一个孔在旁边位置，称为加压孔。泄压孔大于加压孔。当电磁铁通电时，在磁力的作用下，铁芯将向上运动，泄压孔被打开，如图 7-14（b）

所示；反之，电磁铁断电时，泄压孔被封闭，如图7-14（a）所示。

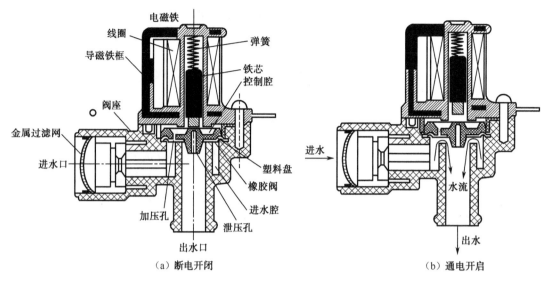

图7-14　进水电磁阀的结构及工作原理示意图

橡胶阀与阀座中间的水管口紧密接触时将阀座内腔分割为两个空间，一个与进水口相通，称为进水腔，另一个与出水口相通，称为出水腔。当橡胶阀向上拱起时，进水口与出水口相通；反之，进水口与出水口关断。当进水阀关闭时，加压针孔是唯一连通进水腔和控制腔的通道。

2）进水电磁阀的工作原理

当进水电磁阀的线圈不通电时，不能产生磁场，在弹簧的弹力作用下，铁芯下端的小橡胶塞堵住塑料盘中间的泄压孔，此时，水在水压的作用下经加压孔向控制腔注水，控制腔的水无法流出，腔内水压上升到进水的水压时，加压孔停止注水，这时两腔水压相等。

当进水电磁阀的线圈通电时，铁芯将被吸入线圈骨架中间孔内，橡胶塞随之上移，泄压孔被打开，此时，控制腔内的水迅速通过泄压孔从出水口流出，控制腔的水压急骤减小。由于控制腔水压减小，进水腔与控制腔就形成一个压力差，导致加压针孔向控制腔进水。但由于泄压孔设计得足够大，使此时从加压针孔所进的水不会形成类似上述的两腔水压相等的状态，而是产生进水腔的水压大于控制腔的水压，橡胶阀被顶开，电磁阀开始大量进水。

当进水电磁阀再断电时，铁芯在小弹簧的作用下重新弹出，封闭了泄压孔，控制腔里的水不能溢出。随着进水腔的水不断通过增压孔进入控制腔，控制腔的水压迅速上升，直至与进水腔水压相等为止。在这个静压力的作用下，橡胶阀将重新关闭。

💡 **提示与引导**

这种电磁阀在水压越高的条件下，它的关闭工作的可靠性就越大；相反，在水压低的情况下，电磁阀的关闭工作可靠性将要减小，甚至会产生泄压孔漏水。这就是目前全自动洗衣机对自来水水压有要求的原因，通常规定其水压不能低于$3×10^4$Pa。

3）进水电磁阀的故障检修

（1）进水电磁阀不能进水

由于进水电磁阀进水的前提条件是泄压孔打开，因此检修该类故障应以泄压孔为突破口，查找泄压孔没打开的原因。通常引起泄压孔不能打开的原因有下列 3 种。

① 电磁阀没有通电。这种故障可用万用表电压挡测量电磁阀的接线端子电压来判断。若两端没电压，在确认电源引线没有脱落和断路的前提下，故障为控制系统不良。

② 电磁阀不工作。电磁阀不工作有两种情况：一种是电磁阀线圈开路或短路，这时可以用万用表欧姆挡测量引线端子的电阻值来判断，如图 7-15 所示。正常阻值为 4.7kΩ 左右。若阻值小于 300Ω 则为层间绕组短路；若阻值大于 10kΩ，一般为线圈烧断了。对于这种情况，要更换线圈或整个电磁阀。另一种为机械故障，电磁阀通电，但铁芯卡死，不能吸入线圈骨架的中间孔内。对于这种故障，须拆卸电磁阀进行检修。铁芯表面处理不好，长期接触水而生锈，或者线圈工作时发热造成塑料骨架变形，使孔壁向内突出，都会卡死铁芯。对于前者可以用细砂纸除锈或者更换铁芯来解决，对于后者则须更换新的电磁阀。

③ 泄压孔堵死。折卸电磁阀上 3 个紧固螺钉，分离电磁铁和阀座，即可观察到泄压孔是否堵死。若泄压孔堵死，用细铁丝捅通泄压孔，如图 7-16 所示，重新装好电磁阀即可。

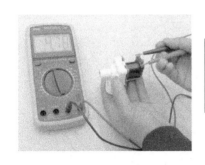

不同型号的进水电磁阀，电磁线圈阻值会有所不同，但阻值多为3.5~5kΩ

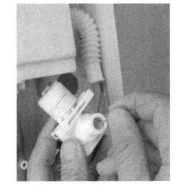

图 7-15　测量电磁阀线圈的电阻值　　　　图 7-16　用细铁丝捅通泄压孔

（2）进水电磁阀长时间流水

在确认发生故障时电磁阀没有供电这一前提下，首先要检查加压孔是否堵塞，泄压孔是否封闭。若加压孔堵塞，在阀关闭的时候，控制腔内不能产生高的静压力而造成橡胶阀不能关闭。检修时取一个大头针小心捅通加压针孔即可排除故障。若泄压孔没有封闭，则在控制腔也不能建立一个静压力，致使阀门失效。引起泄压孔不能封闭的原因是铁芯生锈、线圈骨架受热变形或小弹簧锈断。此时，断电后的电磁阀铁芯不能有效封住泄压孔。若是小弹簧锈断、铁芯生锈、线圈骨架变形、橡胶阀损坏致使阀门不密闭所致，应更换进水电磁阀。

（3）进水电磁阀进水过慢

在自来水压正常的前提下，故障原因可能是过滤网的网眼部分被堵死，或者因生锈或线圈骨架发热变形造成铁芯动作受限制，使水流减慢。对于前者只要用毛刷清洁滤网即可，对于后者，处理方法见前述。

▶ 2. 水位传感器（水位开关）

水位传感器也叫水位压力开关、压力开关、水位开关、水位控制器，它用于检测盛水桶内的水位，并对水位的高度进行控制。全自动洗衣机采用的水位传感器分为机械式水位传感器和电子式水位传感器两种。

1）机械式水位传感器

（1）机械式水位传感器的结构和工作原理

图 7-17 是机械式水位传感器的实物图，图 7-18 是机械式水位传感器的结构及与相关器件的装配关系图。

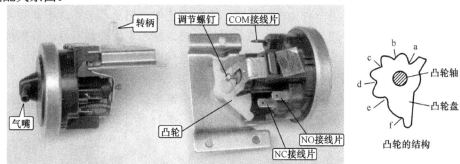

图 7-17　机械式水位传感器实物图和凸轮的结构

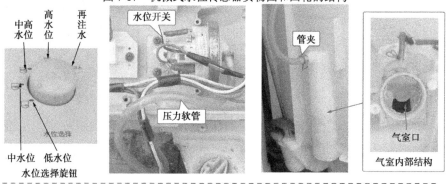

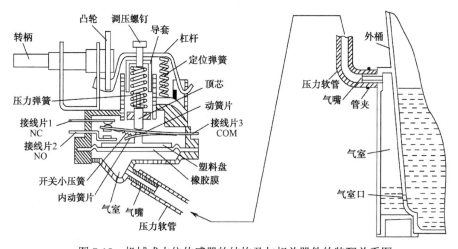

图 7-18　机械式水位传感器的结构及与相关器件的装配关系图

这类水位开关按它的功能可大致分为三部分：传感部分、电气开关部分及控制部分。下部气室与橡皮膜组成压力传感部分，当下部气室中气压变化时，橡皮膜上下移动，同时也带动塑料盘做相应的运动。

中间一组触点、动簧片及开关小压簧等组成电气开关部分。触点用银或银合金材料制成，以保证其抗氧化和有良好的导电性能。动簧片由铍青铜材料制成，具有很好的弹性。动簧片由外动簧片和内动簧片组成，在内动簧片和外动簧片之间安装一个小弹簧（即开关小压簧）。

上部的顶芯、压力弹簧以及凸轮、调压螺钉等组成压力控制部分。在这部分中，顶芯随着塑料盘的移动而上下移动，顶芯向下的作用力主要是压力弹簧的弹力，压力弹簧的弹力可通过调整调压螺钉和凸轮来改变。当调压螺钉顺时针方向旋转时，压力弹簧被压缩，弹力增大；反之弹力减弱。同样，旋转凸轮，联动杠杆将向上或向下运动，它将推动导套上下运动从而改变压缩弹簧的长度，达到改变压力弹簧弹力的目的。凸轮的结构如图 7-17 所示，它有 6 个旋转置位挡，对应凸轮曲线上的 a、b、c、d、e 和 f 六个径向尺寸。这种压力开关可选择 5 个水位挡和 1 个再注水手动挡。当在最高水位洗涤时，如果仍觉得洗涤水量不足，可用手把水位旋钮转到再注水挡位，直到注足水后，松开手，开关自动回到高水位位置。由图还可看出，a、b、c、d、e 和 f 六个径向尺寸的关系为：a<b<c<d<e<f。当杠杆与径向尺寸为 a 的凸轮曲线位置啮合时，对应最低水位。

> **提示与引导**
>
> 机械式水位开关有 6 个旋转置位挡的较少见，常见的是有三或四个水位调整挡位以及"再注水"挡位。它是通过旋转调整旋钮，其末端上安装的凸轮会随之转动，凸轮上不同位置的凹点可改变压力弹簧的压力大小来工作的。

水位开关的气室经过一根导气软管（也叫压力软管）和外桶底部的气室连接起来，并用管夹夹住使其不漏气，如图 7-18 所示。当水进入洗衣机时，只要水面高过盛水桶的气室口，气室内的空气就被水封闭压缩（盛水桶的气室压强经导气软管传到水位开关的气室）。随着水位的不断上升，气室内的气压也不断升高。当盛水桶的水位升高到预定水位时，气室里的气体对橡胶膜向上的压力大于压力弹簧的弹力，这时橡皮膜将推动塑料盘，顶着动簧片中的内簧片移动到预定的力平衡位置时，开关小弹簧将拉动外簧片，并产生一个向下的推力，使开关的常闭触点 NC 与公共触点 COM 迅速断开，常开触点 NO 与公共触点 COM 闭合（图 7-19），传出电信号（电脑式全自动洗衣机中使用）或者改变控制电路的通路（机械程序控制的全自动洗衣机中使用）。

排水时，气室内气压减小，压力弹簧回复伸长，推动顶芯，使簧片中的内簧片向下移动。当水下降到设定的水位后，内簧片继续移动到预定的力平衡位置时，开关小压簧对外簧片产生一个向上的推力，使开关的常开触点 NO 与公共触点 COM 迅速断开，常闭触点 NC 与公共触点 COM 闭合，从而改变控制电路的通路。不过，常闭触点 NC 与公共触点 COM 闭合并不说明水被排完，通常还要延续一段时间才能将水排完，所以水位开关接通 NC 触点后，需要延迟一段时间后才能为电动机供电，洗衣机才能进入脱水状态，以免电动机带水超负荷运转。

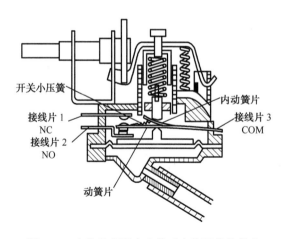

图 7-19　水位升高预定水位时水位开关的状态

（2）机械式水位开关的故障检修

机械式水位开关不良会导致洗衣机水位过高、过低或水位失控，洗衣机无法进行正常工作。

① 水位过高、过低故障。

水位过高、过低故障的原因可能是调压螺钉因振动位置改变，或压力弹簧因锈蚀而改变了它的弹性。对于前者，调整调压螺钉即可，调整方法如图 7-20 所示。对于后者，只有更换压力弹簧或整体更换同型号水位开关。

　　水位开关上有一个调整螺钉，用于调整压力弹簧的压力值，调整它可以确定水位高低的标准。向右拧螺钉时会使水位变高，向左拧时水位会变低。

　　调压螺钉出厂时已调好并用红漆封住，如没有明显观察到调压螺钉松动的迹象不要随意调整它。

图 7-20　调整调压螺钉的方法

② 水位失控故障。

水位失控，可能的故障原因有两个：一是气室漏气或气嘴堵塞，气室中气压无法上升而引起水位开关不动作；另一原因是压力开关接触不良。

a．气室漏气或气嘴堵塞故障检查方法。

首先检查压力软管与气室嘴插接部位是否松脱以及气嘴是否堵塞，然后检查压力软管与气嘴插接部位是否漏气（这是常见故障），可进水后在连接处用肥皂水检查。若有堵塞、弯折，则应把软管疏通好。若压力软管与气室嘴插接部位松脱，排除办法是在气嘴外均匀地涂上一层密封胶，然后把管头重新插紧，并用管夹把软管扎牢。另外，如软管质量不好，应注意检查软管是否有微孔存在。

若检查连接用的软管没发现异常，则须把水位开关拆下来检查。保持软管与水位开关气嘴的连接状态，将水位开关放入水中，从软管的另一端向软管吹气加压，若从压力软管与气室嘴插接部位漏气，则应钳压密封箍漏气处，或用密封胶封堵固化，直到不漏气为止。另外，水位开关内部的橡胶膜异常也是产生漏气的主要原因。

水位开关内起隔离和传递气压作用的橡皮膜周边有一圈非常薄的地方，如果有一点缺陷就可能造成漏气。若怀疑此处有故障，则可用嘴向水位开关气室内吹气，若能听到开关内动簧片动作的"叭哒"声，则开关可能是好的。但在橡皮膜慢漏气时，用这种方法往往检查不出来。若在洗涤一段时间后，触点突然断开，波轮停转，则可能是橡皮膜慢漏气。

b．触点接触故障检查方法。

触点因内部零部件变形、变位及烧损等造成不能闭合或断开，将使水位控制完全失灵并使洗衣机不能按程序工作。当怀疑水位开关触点有故障时，应视具体情况采用不同的方法检查。

通断测量法检查：检修不能进水或不能脱水故障时，用万用表的通断测量挡测水位开关的公共端 COM 与常闭 NC 端通断时，若万用表的蜂鸣器不能鸣叫，说明触点没有接通；如果进水后不能洗涤，用万用表的通断测量挡测 COM 端与常开 NO 端通断时，若蜂鸣器不能鸣叫，说明触点没有接通。检测过程中，蜂鸣器有时鸣叫，有时不能鸣叫，则说明触点接触不良。敲击水位开关的外壳时，接触不良现象会发生变化。若 COM 端与 NO 端始终接通，一个原因是触点粘连，另一个原因是水位开关的气压传感装置漏气。

短路法检查：用导线短接水位开关的公共端 COM 与 NC 端后，能够进水，则说明水位开关异常；用导线短接 COM 端与 NO 端后，能够洗涤，则说明水位开关异常；否则，说明其他器件或线路异常。

吹气法检查：将万用表置于通断测量挡，两个表笔接在 COM 和 NO 端上，把嘴对准软管接口部位后吹气，若能听到开关内发出"噼啪"的响声，并且万用表蜂鸣器鸣叫，说明水位开关基本正常；若有"咔嗒"声，但显示的数值忽大忽小，说明触点接触不良；若不能发出"咔嗒"声，而晃动水位开关时能发出响声，说明开关内有元器件脱落。

📖 **方法与技巧**

全自动洗衣机水位开关普通采用密封压接结构，拆开后无法保证其密封性，若触点烧坏或存在漏气现象，通常不易修复，只能更换水位开关。

2）电子式水位传感器

（1）电子式水位传感器的结构

电子式水位传感器也叫电子式水位开关，它的外形和结构如图 7-21 所示。电子式水位传感器由进气口、气塞、外壳、橡胶隔膜、磁芯、电感线圈、弹簧、调整螺钉组成。

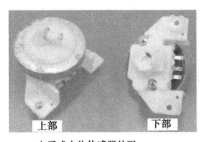
电子式水位传感器外形

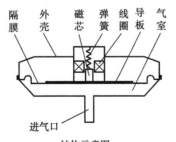
结构示意图

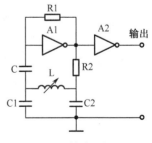
等效电路

图 7-21 电子式水位传感器的外形及结构示意图

电子水位传感器与机械水位传感器的工作原理基本相同，但主要不同之处是，它不是靠触点通断来传递水位是否到位的信息，而是通过空气压力推动铁芯在线圈内移动，使电感 L 发生变化，将水位传感器输出电感与外部电路组成 LC 振荡电路，就可将电感的变化转换成振荡频率的变化，不同的水位高度通过水位传感器可以产生不同的振荡频率，最后通过检测振荡频率与水位高度的对应关系，被微处理器识别后，就可以确认水位的高低，不仅可实现进水、排水功能的控制，而且还可以实现进水超时、排水超时和溢水故障的检测。

（2）故障检修

电子水位传感器异常后通常会产生不进水或进水后不工作、显示屏显示故障代码的故障。

电子水位传感器是否损坏，可通过测量引脚之间的电阻值来做出初步判断，如图 7-22 所示。它有 3 个引脚，两边的两引脚之间的电阻值大多为 20～25Ω，中间的引脚分别与两边的两引脚之间的电阻值都应为无穷大。要对电子水位传感器是否损坏做出准确判断，通常采用替换法进行检查。

（a）测1、3脚之间的电阻值　　　（b）测2、3脚之间的电阻值

图 7-22　测量电子式水位传感器引脚的电阻值

▶3. 排水阀

排水阀是波轮式全自动洗衣机上的自动排水装置，同时还起改变离合器工作状态（洗涤或脱水）的作用。

波轮式全自动洗衣机的排水阀可分为两种：电磁铁牵引式和电动机拖动式。电磁铁牵引式排水阀由排水电磁铁、排水阀、排水管及相应的传动机构组成。电动机拖动式排水阀由排水电动机、排水阀、排水管及相应的传动机构组成。两种排水阀的安装位置如图 7-23 所示。

排水电磁铁　排水阀　排水管　溢水管口　　排水电动机　钢丝绳　排水阀　排水管　溢水管口

（a）电磁铁牵引式排水阀　　　　　　　（b）电动机拖动式排水阀

图 7-23　电磁铁牵引式排水阀、电动机拖动式排水阀的安装位置

1）电磁铁牵引式排水阀

电磁铁牵引式排水阀也叫排水电磁阀，它由电磁铁和排水阀两部分组成。

（1）排水阀

排水阀的结构、工作原理。

排水阀的结构及其与电磁铁的装配如图7-24所示。排水阀和电磁铁是两个独立的部件，两者以电磁铁拉杆相连。拉杆的左端用销钉与电磁铁衔铁相连，拉杆的右端挂在排水阀的内弹簧上。排水阀采用塑料材料制成，由阀座、橡胶阀（也叫橡皮活塞）、内弹簧、外弹簧、导套和阀盖等组成。

当电磁铁线圈不通电时，不能产生磁场，衔铁在导套内的外弹簧推力下向右移动，使橡胶阀被紧压在阀座上，阀门关闭，如图7-24（a）所示。当电磁铁的线圈通电时，衔铁牵引拉杆向左拉动内弹簧，将外弹簧压缩后使橡胶阀左移，打开阀门，将桶内的水排出，如图7-24（b）所示。

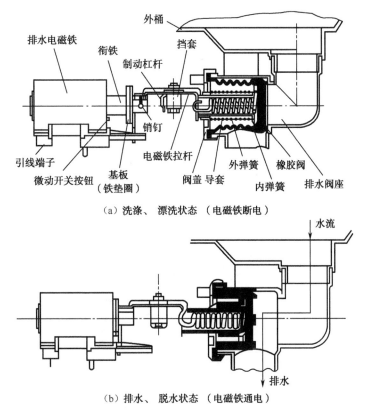

图 7-24 排水阀的结构及其与电磁铁的装配

排水阀除控制排水外，还要带动离合器上的制动装置动作，使离合器的离、合状态发生改变，从而实现洗涤、脱水状态的切换。具体工作过程在后面内容中介绍。

（2）电磁铁

在波轮式全自动洗衣机上使用的排水电磁铁有两种：一种是交流电磁铁，另一种是直流电磁铁。交流电磁铁的缺点是振动强、噪声大，所以，现在已有许多洗衣机生产厂改用直流电磁铁。直流电磁铁的噪声明显下降，而且它的可靠性和寿命也相应地加以提高。因此，在全自动洗衣机中，使用的排水电磁铁多为直流电磁铁。

① 交流电磁铁。

交流电磁铁由固定铁芯、电磁线圈（线包）和衔铁三部分组成。当它的电磁线圈接通220V交流电时，由于电磁感应的作用，定子铁芯便对衔铁产生吸引力，将衔铁吸合，同时拉动排水阀的拉杆和橡胶阀，打开阀门放水，并带动刹车机构动作，使后面的一系列的工作顺利进行。

② 直流电磁铁。

a．直流电磁铁的结构及工作原理。

在全自动洗衣机中使用的直流电磁铁(阻尼式排水电磁铁)的外形和结构分解图如图7-25所示。

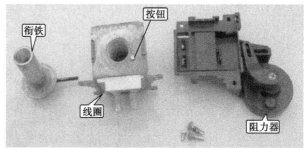

图 7-25　直流电磁铁（阻尼式排水电磁铁）外形及其结构分解图

直流电磁铁由线圈、磁轭和衔铁等组成，由于通过的是直流电，在磁轭和衔铁中无涡流等产生，所以磁轭和衔铁由导磁性好的软铁制成。直流电磁铁接通电源后，在线圈中产生电流（激磁电流）的大小，与铁芯状况无关，等于电源电压除以线圈的电阻。磁场的强弱，要受到电流大小和线圈匝数多少的影响，电流越大，磁场越强，线圈匝数越多，磁场也越强。直流电磁铁的吸合力稳定，吸合后没有噪声，振动小，因而故障率小。

在电脑全自动洗衣机上使用的直流电磁铁结构和电路如图7-26所示。

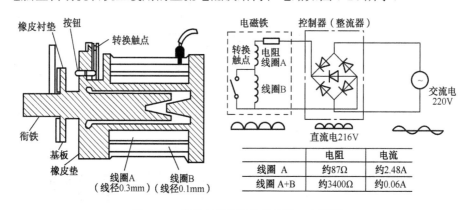

图 7-26　直流电磁铁结构和特性、电路图

电磁铁内的电阻为保险电阻（热敏电阻），电流过大，线圈温度过高时，电阻值剧烈增大，使电路电流变得很小，呈断路状态。当电流变小、线圈温度变低时，又恢复低阻值，电路又呈接通状态。该电阻在常温下的阻值约为0.6Ω。也有的电磁铁内没有串联

这个电阻。

线圈加上直流电后产生磁场，磁轭和衔铁同时被磁化，磁轭将衔铁吸入。电磁铁线圈有两段：吸合线圈 A 和保持线圈 B 两者串联。电路上有由按钮（即微动开关按钮）控制的一对触点（转换触点）。当按钮受压、进入磁轭时，压动动触片使两触点断开。在电磁铁不通电和刚通电时，即在洗涤（漂洗）过程中和刚进入排水或脱水工序时，两触点处于接通状态，匝数很多并且电阻很大的保持线圈 B 被短接，只有吸合线圈 A 工作。所以刚通电时的电流很大，约为 2.48A，可以产生足够大的吸引力（约 50N）把衔铁吸入。当衔铁全部吸入时，衔铁上的基板将按钮压入磁轭板内，使转换触点分离，于是，保持线圈 B 被接入，两线圈串联在一起工作，串联后的电阻约为 3400Ω，使电磁铁线圈的电流降到 0.06A 左右，但是由于线圈的匝数足够多，可使吸引力保持在 100N 左右，使衔铁可靠地保持在吸合的位置上。

b．直流电磁铁的故障检修（图 7-27）。

直流电磁铁的常见故障有磁铁不动作（失灵）、电磁铁烧毁、工作无力等。当电磁铁不工作（不动作）时，排水阀不能开启排水，离合器不能转换为脱水状态，洗衣机将停机，过一定时间将发出故障报警。这时，洗衣机选择仅有脱水程序，按动启动按钮后，听不到电磁铁吸合的声音。常见原因有：导线接头松脱或断线，机械装配不正常，电脑程控器输出电压不正常，线圈断路、短路或电磁铁已烧毁。当按动衔铁，发现衔铁已卡死时，则是电磁铁已烧毁。电磁铁烧毁的原因有衔铁移动受阻，或转换触点粘连，致使电磁铁长时间工作在大电流下，或线圈短路、按钮压入后不弹出，致使两个线圈始终串联在一起，衔铁吸不进，时间长了也会使线圈烧毁。电磁铁工作无力的常见原因有电源电压太低，转换触点接触不良等。对于线圈是否正常，可以在按钮不压入和压入的情况下，测定两接线端子间的电阻值来进行判断。当线圈不正常或电磁铁已烧毁时，须更换整个电磁铁。线圈用环氧树酯封固，难以拆开。烧毁的电磁铁，其上的塑料件皆已变形，不能再用。对于触点的故障，可以用磨平、砂光来修理，如图 7-28 所示。

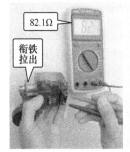 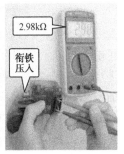

图 7-27　电磁铁线圈的检查方法

图 7-28　微动开关触点表面接触不良修理方法

方法与技巧

电磁铁烧毁时，常常使电脑板上的电磁铁驱动双向晶闸管也因过电流而短路。电磁铁烧毁常常是离合器和排水阀故障致使衔铁吸引受阻所致。在处理电磁铁烧毁故障时，切不要忘记要同时注意检查上述两个方面可能存在的故障，并及时排除发现的故障。

（3）电磁铁牵引式排水阀的故障检修

① 不排水。

排水阀不排水说明橡胶阀没有被拉开。首先检查排水阀及其与电磁铁的装配状态，如图7-29所示，察看电磁铁拉杆与衔铁连接用的销钉是否脱落，内弹簧与电磁铁拉杆是否脱开。在装配正常的情况下，可用手按压电磁铁的衔铁，如图7-30所示。如果衔铁动作正常，排水阀也随之正常开启和关闭，那么故障在电磁铁或其驱动电路上。反之，若衔铁按压不动或很费力，可将销钉拆下，单独按压衔铁，若仍按不动，则是电磁铁已烧坏。若衔铁移动正常，再用50N的力拉拉杆。如能拉动，说明排水阀及离合器制动杠杆正常，故障原因就是电磁铁没有产生拉力或拉力不够，故障在电磁铁及其驱动电路上。若拉不动拉杆，可用手扳动离合器制动杠杆。若扳不动，则是离合器有故障，应检修离合器；若离合器制动杠杆正常，则是排水阀有故障。可能是橡胶阀外的波纹内容纳太多的线屑等杂物，须拆开排水阀清除。

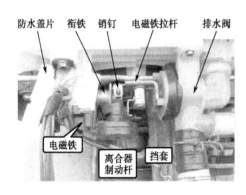

图7-29　检查排水阀与电磁铁的装配状态　　　图7-30　按压电磁铁的衔铁判断故障

对排水电磁铁进行检查时，首先判断电磁铁有没有工作。在确认电磁铁供电正常的前提下，故障通常是电磁铁线圈开路或烧毁，可用万用表电阻挡测量电磁铁线圈电阻来确认。

电磁铁线圈烧毁的原因有两个：线圈自身电气性能不良引起局部绕组短路；吸合时衔铁受阻，不到位，线圈长时间过流而发热。对于直流电磁铁，引起线圈烧毁的原因还有微动开关触点烧结在一起，吸合线圈长时间大电流通电而过热。若线圈烧毁，必须在查明原因并予以排除后才可换上新的电磁铁线圈或整个排水电磁铁。通常在电磁铁烧毁的同时，控制系统对应的驱动电路也将不同程度受损，详细检修参见控制系统章节。对于直流排水电磁铁。不排水故障还可能是微动开关触点表面接触不良引起的。在这种场合，电磁铁保持线圈始终串接在电路中，电磁铁不能产生足够的吸力去打开排水阀。若确认是此故障，应卸下电磁铁，打开塑料盖，用最细的砂纸将两触点修磨几下，以减小触点的接触电阻或更换电磁铁。

② 漏水。

造成漏水的原因是排水阀关闭不严或不关闭。

排水阀关闭不严的原因及解决办法是：

a. 排水阀的拉杆抵在阀盖上，这是由于导套的长度不合适引起的，应更换长度合适的导套；

b．排水阀中外弹簧的弹性不够大（如弹簧生锈），对橡胶阀的压力太小，应更换外弹簧；

c．排水阀内进入杂物，致使橡胶阀被垫起，或橡胶阀的波纹内积聚的线屑过多，使橡胶阀封闭受阻引起，须拆开排水阀进行清理，具体方法是，第一步应该把电磁铁与拉杆销子取下，然后把排水阀盖拧下，取出橡胶阀、弹簧等进行清洁处理，最后重新安装上去并拧紧阀盖。

拆开排水阀检查的方法如图 7-31 所示。

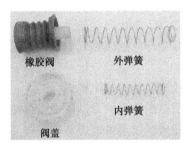

图 7-31　拆开排水阀检查的方法

排水阀不关闭，一般是在不排水时电磁铁仍处于吸合状态。故障原因在电磁铁和电磁铁驱动电路上。

③ 排水太慢。

从排水开始，经 2～3min 后水位开关仍没有转换为断开状态，这时将停止排水，电脑式洗衣机还将发出故障报警。

首先检查排水电磁铁得电后吸合是否到位。若不到位，则可能是排水阀腔内积聚的线屑等杂物过多，须拆开排水阀进行清理；若到位，由排水系统工作原理可知，故障为内弹簧的顶紧力不够。由于内弹簧顶紧力不可调，故只有更换内弹簧，也可将排水阀拆开，取出内弹簧，把有钩的一端用钳子去掉一、两圈，再重新做一个钩，按原样装好。对于使用直流电磁铁的洗衣机，故障还有可能是微动开关触点接触不良，其检修见前述。

2）旋转式牵引器（排水电动机）

电动机拖动式排水阀采用旋转式牵引器（排水电动机）代替排水电磁阀中的电磁铁，克服了排水电磁阀中电磁铁吸合时的撞击声和电磁交流声。

（1）旋转式牵引器的结构、工作原理

旋转式牵引器又称为排水电动机、电动排水控制器、排水阀牵引器，它主要由微型同步电动机、变速齿轮、牵引铜丝绳和行程开关等组成，外形结构如图 7-32 所示。牵引钢丝绳堵头安装在排水阀拉杆上。排水时，程控器向旋转式牵引器同步微型电动机供电，微型同步电动机旋转，通过齿轮变速将钢丝收入旋转式牵引器内。在钢丝绳的牵引下，排水阀拉杆位移，排水阀打开。排水拉杆位移到位，行程开关将这一状态信息传送给控制器。不排水时，程控器切断电动机式牵引器同步微型电动机的供电电源，在离合器制动扭簧、排水阀内弹簧的弹力作用下，旋转式牵引器的牵引钢丝被拉出，排水阀、离合器制动杠杆复位，即洗衣机机械系统工作在进水或洗涤状态。

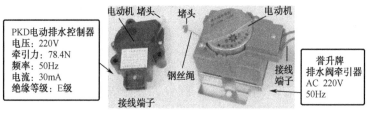

图 7-32 旋转式牵引器（排水电动机）

一般旋轴式牵引器的主要参数如下：

电压为 AC220～240V，电流为 30mA 以下，输入功率为 15W 以下，牵引力为 65N 以上，牵引时间为 7.0s 以下，返回时间为 1.0s 以下，电动机极数为 8 极，绝缘级别为 E 级，标准负载为弹簧。

（2）旋转式牵引器的故障检修

旋转式牵引器的常见故障是同步微型电动机不能工作，因而洗衣机不排水。

在确认旋转式牵引器供电正常的前提下，故障通常是牵引器电动机绕组开路或烧毁，可用万用表电阻挡测量牵引器电动机绕组两端电阻来确认，如图 7-33 所示。对于誉升牌排水阀牵引器，若测得阻值为 5kΩ 左右（对于 PKD 电动排水控制器，电动机绕组两端的电阻值为 9kΩ 左右。也有些牵引器，为 15kΩ 左右），表明排水电动机线圈完好；若测得阻值过大或过小都说明线圈或开关触点已损坏，应更换牵引器。

图 7-33 检查旋转式牵引器（排水电动机）的电动机绕组是否损坏

> **提示与引导**
>
> 以上测量方法是针对使用率较高的两根引线单行程的牵引器，另有一种三根引线的双行程牵引器，其测量阻值与此不同，但方法相似。

另外，电动式牵引器内部的传动齿轮损坏，也可出现电动机工作而牵引钢绳不动的现象，导致不排水的故障。电动式牵引器损坏后，通常采用换新件的办法来解决。

任务五 认识传动系统

1. 传动系统的结构和工作原理

1）传动系统的结构

波轮式全自动洗衣机的传动系统主要包括电动机和电容器、离合器、三角皮带等部件，安装在外桶的底部，如图7-34所示。

波轮式全自动洗衣机使用一台功率较大的电动机，大多为电容运转单相异步电动机，其作用是产生旋转动力。电容器的作用主要是对交流电流移相，使电动机主绕组、副绕组之间产生90°相位差，使单相异步电动机产生圆形旋转磁场。

波轮式全自动洗衣机通常使用减速离合器（简称离合器），它的主要作用是完成洗涤和脱水的动力切换以及减速，从而执行洗涤和脱水程序。在离合器的作用下，洗涤和脱水可以在同一个桶内完成。洗涤时，内桶不动，波轮运转；脱水时，内桶和波轮同步转动。

图7-34　传动系统的结构

三角皮带，又称V带或传动带，它的作用是将电动机的动力传递到离合器，从而带动离合器旋转。

2）传动系统的工作原理

图7-35是波轮式全自动洗衣机传动系统各部分之间的相互传动关系示意图。洗涤时，电动机旋转，先通过电动机侧的皮带轮和离台器侧的皮带轮进行一次减速，再通过离合器中的行星齿轮进行第二次减速，带动离合器中的波轮轴低速旋转。一般全自动洗衣机的洗涤转速为120～180r/min。电动机由程序控制器控制，产生的运转状态是短时的正转—停—反转。

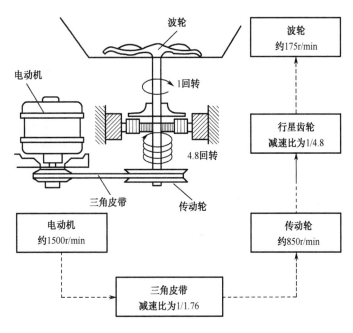

图7-35　波轮式全自动洗衣机传动示意图

脱水时，电动机旋转，通过电动机侧的皮带轮和离合器侧的皮带轮进行减速，带动离合器中的脱水轴高速旋转，一般全自动洗衣机的脱水转速为800～900r/min，脱水时电动机带动离合器作较长时间的单方向旋转。

▶ 2. 电动机和电容

1）电动机的结构、特点

波轮式全自动洗衣机中，电动机既起着洗涤时的驱动作用，又起着脱水时的驱动作用。全自动洗衣机的工作特点是在洗涤时满负荷频繁启动，并且作正反向交替运转，在脱水时单方向连续运转。根据这些特点，全自动洗衣机必须使用专门设计的电动机。现在，波轮式全自动洗衣机使用的大多数为电容运转式单相交流电动机，额定输出功率为 180W 或 250W，额定转速为 1370r/min，配套电容为 12～14μF。

全自动洗衣机在洗涤时，波轮正、反向运转的工作状态要求完全一样。为了满足这个要求，将电动机的主副绕组设计得一样，即匝数、线径、节距和绕组分布形式一样。

洗衣机电动机的结构为开启式，便于散热和排出水汽，以适应较恶劣的工作环境。电动机由固定部分（定子）、旋转部分（转子）、支撑部分（端盖）和轴承等组成，如图 7-36 所示。为了使电动机散热良好，电动机的轴端还安装了与皮带轮成一体的风扇，风扇材料可用钢板冲压，也可用塑料注塑或铝合金铸压而成。

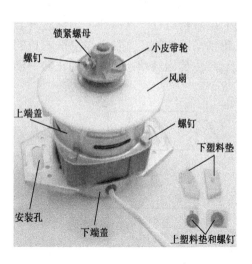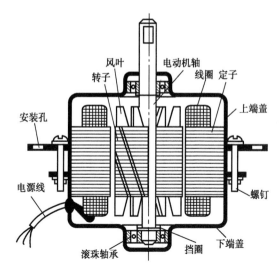

图 7-36　电动机外形和结构图

2）电动机正、反向运转原理

电动机在洗涤时，采用正反向频繁换向的运转方式，因此，它的两个定子绕组实际上无主、副之分。为了实现电动机运转方向的控制，电动机的供电需要通过程控器提供，对于电脑式洗衣机来说，则是由电脑板提供。

典型的单片机控制单相异步电动机正反转的电路如图 7-37 所示。当单片机的正转控制脚输出高电平、反转控制脚输出低电平时，VT1 导通、VT2 截止。这时，来自直流电压电路的 +12V 电压经 VD1，然后经 VS1 的 T1 极和 G 极，再经限流电阻 R1、VT1 的 c 极和 e 极构成电流通路，在 VS1 的 T1 极和 G 极形成触发电流，使双向晶闸管 VS1 导通，而 VS2 关断，电动机正转。当单片机的正转控制脚输出低电平、反转控制脚输出高电平时，VT1 截止、VT2 导通，使双向晶闸管 VS1 截止、VS2 导通，电动机反转。

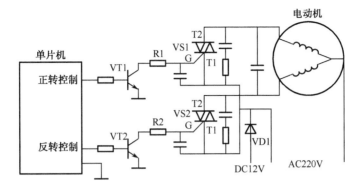

图 7-37 单片机控制单相异步电动机正反转的电路

电动机和电容的故障检修与双桶洗衣机相同，这里不再赘述。

3. 减速离合器

离合器是带动波轮旋转的主要部件。全自动洗衣机采用的离合器有两种：一种是不能减速的普通离合器，另一种是具有减速功能的减速离合器。这两种离合器的主要差别在于，减速离合器在齿轮轴与波轮轴之间增加了行星减速机构，而普通离合器的齿轮轴与波轮轴是一体的。普通离合器主要应用在早期的小波轮套桶洗衣机上，这种洗衣机在洗涤、漂洗时波轮的转速与脱水时的转速是相同的，对衣物损伤较大，现在已被淘汰；而减速离合器不仅可降低洗涤或漂洗期间波轮的转速，而且可增加力矩，因此，新型波轮全自动洗衣机几乎都采用此类离合器。这里我们着重介绍减速离合器。

减速离合器简称离合器（下文中的离合器均指减速离合器），它的作用是实现洗涤时波轮低速旋转和脱水时脱水桶高速运转两种功能。

目前，波轮式全自动洗衣机的离合器按刹车方式可分为两种：一种为盘式刹车，日立式离合器最具代表性；另一种为拨叉式刹车，松下式离合器最具代表性。

虽然不同种类的离合器在结构、原理上有一定差异，但它们的主要结构和工作原理基本相同，下面以拨叉式离合器为例进行介绍。

1）拨叉式离合器的结构

图 7-38 是拨叉式离合器的外形，图 7-39 是其内部结构图，图 7-40 是其分解图。拨叉式离合器主要由波轮轴（又称洗涤被动轴）、脱水轴、扭簧（又称防逆转弹簧、圆抱簧）、制动带（刹车带）、方丝离合弹簧、棘轮、棘爪、棘爪拨叉（简称拨叉）、行星

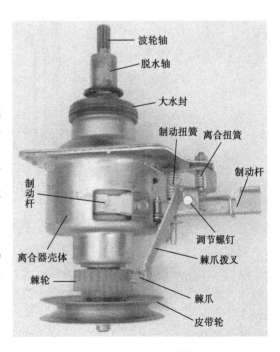

图 7-38 减速离合器的外形

齿轮等组成。

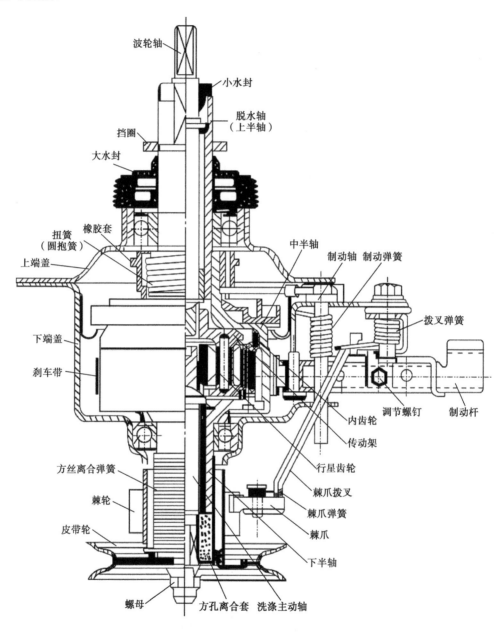

图 7-39　减速离合器的结构

　　洗涤主动轴（又称齿轮轴）的下端方轴上装有方孔离合套、皮带轮，并用螺母固定。洗涤主动轴的上端是齿轮，插入行星齿轮减速器内为恒星齿轮，传动架上的三个行星齿轮与恒星齿轮及固定在中半轴的内齿轮相啮合。洗涤被动轴下端用花键与传动架固定连接。洗涤被动轴上端方轴用于固定波轮。皮带轮转动时，带动洗涤主动轴运转，通过行星齿轮减速机构，带动洗涤被动轴（波轮轴）转动，波轮也跟着转动。

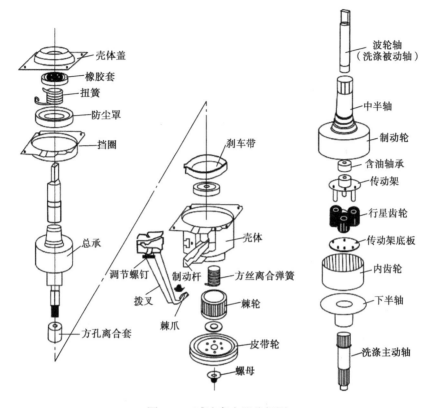

图 7-40　减速离合器分解图

减速机构的外面是脱水轴，它由下半轴、中半轴、上半轴三个空心轴固定连接而成。下半轴和方孔离合套的外架上，装有方丝离合弹簧。方丝离合弹簧的上端为自由状态，下端插入棘轮的内壁孔中，它与方孔离合套和脱水轴表面是柔性接触，脱水时能将方孔离合套的脱水轴抱紧，从而使洗涤轴和脱水轴连为一体，产生同步正向（顺时针方向）转动。中半轴的下端，里侧固定着内齿轮，外圆作为制动轮，并且套装着制动带，上端装有扭簧（即圆抱簧），扭簧外装橡胶套。扭簧的一端固定在制动轴的上端，另一端为自由状态。它的作用是在波轮反转时，能将脱水轴抱紧，防止脱水桶跟着转动。制动带的内侧贴有石棉橡胶带，胶带的一端固定在壳体上，另一端与制动杆（又称制动杠杆、拨杆）相连。当制动杆在自由状态时，制动带在制动弹簧的作用下能将脱水轴上的制动轮抱紧，从而使脱水轴不能转动。上半轴装有内密封圈（小水封）和外密封圈（大水封），其作用是防止漏水。上半轴的上端方轴部分，用于通过螺母和法兰盘固定脱水桶。

壳体上还装有棘爪拨叉，棘爪在拨叉弹簧的作用下，可将棘轮内的方丝离合弹簧拨松。

2）减速离合器的工作原理

减速离合器受排水电磁铁（或旋转式牵引器）的控制，具有洗涤和脱水两种工作状态，如图 7-41 所示。

衔铁　销钉　挡套

离合器制动杆

电磁铁断电，挡套向右移动，棘爪与棘轮啮合，并将棘轮拨过一个角度进行洗涤

排水和脱水时，排水阀电磁铁吸合，挡套向左移动时，棘爪与棘轮分离

图7-41　排水电磁铁（或旋转式牵引器）对减速离合器的控制作用

（1）洗涤时的工作原理

洗涤和漂洗时，电磁铁断电，排水阀关闭，排水阀连接板上的挡套与制动杆（又称制动杠杆、拨杆）分离，制动杆在制动弹簧作用下恢复原位，制动带将脱水轴上的制动轮抱紧，使脱水轴不能转动。同时，棘爪拨叉上的棘爪在拨叉弹簧的作用下将棘轮拨过一个角度，使安装在棘轮内的方丝离合弹簧被拨松。这样，洗涤主动轴不与脱水轴连为一体，可以通过行星齿轮减速器带动洗涤被动轴及波轮低速运转，进行洗涤。

行星齿轮减速器由洗涤主动轴与洗涤被动轴连为一体的传动架、行星齿轮、内齿轮等组成。内齿轮与脱水轴制动轮固定连接，洗涤时因被制动带抱紧而不能转动。当主动轴上的恒星齿轮正向转动时，由于内齿轮固定不动，行星齿轮将反向自转，并绕恒星齿轮正向公转，从而带动传动架和被动轴正向转动。当主动轴反向转动时，被动轴也反向运转。由于减速器的作用，这样可使皮带轮转动约5转，被动轴上的波轮才转动1转，从而实现了低速转动。

当电动机带动皮带轮作正向运转时，虽然正好是方丝离合弹簧被旋紧的方向，但是已被拨松。当电动机带动皮带轮作反向转动时，方丝离合弹簧又处在被旋松的方向，同时扭簧又将脱水轴抱紧，所以无论皮带轮是正向运转还是反转。洗涤轴与脱水轴都不能连为一体，因而洗涤时只有波轮旋转而脱水桶不运转，这样可防止洗涤时内桶出现跟转现象。跟转现象将减弱洗涤效果并对洗衣机不利。

（2）脱水时的工作原理

脱水时，先进行排水。排水阀电磁铁吸合，这时，排水电磁铁拉杆上的挡套移动约13mm，推动制动杆，使之拨动刹车带离开制动轮一个间隙，排除脱水轴制动。同时，制动杆通过调节螺钉将棘爪拨叉推开，解除棘爪和棘轮的啮合。制动轮可以沿顺时针方向转动，此时，方丝离合弹簧恢复为自由状态，它与方孔离合套和下半轴的表面形成柔性接触。在电磁阀打开一定时间后，控制系统向电动机供电，电动机旋转，驱动皮带轮顺时针方向旋转。此时，方丝离合弹簧与皮带轮和下半轴之间的柔性接触产生巨大的摩擦力，使皮带轮与下半轴连成一体，带动脱水轴高速旋转，洗衣机进入脱水状态。

提示与引导

脱水时，棘爪和棘轮完全分离，皮带轮只有一个方向运转，即正向旋转；传动不经过行星减速齿轮。

（3）制动原理

脱水过程中突然打开洗衣机上盖，排水电磁铁断电，离合器恢复到洗涤状态，棘爪与棘轮啮合，制动杆把刹车带拉紧，刹车带与制动轮（即中半轴的下端外圆，或减速器外壳）摩擦，直到脱水桶停止转动为止。制动效果取决于刹车带与制动轮间摩擦力的大小。

 提示与引导

> 脱水结束或在脱水过程中打开门盖时能迅速使脱水桶停止转动，这是一种正向制动，是由刹车带来完成的。实现这一功能必须有合适的制动力矩，制动力矩不能太大，如果太大脱水桶停止太快会撞箱体；制动力矩也不能太小，太小脱水桶停止太慢，制动时间会超标。

（4）密封原理

密封由大水封（或称大油封）和小水封（或称小油封）完成，大水封实现脱水轴和盛水桶之间的密封，小水封实现洗涤轴和脱水轴之间的密封，大水封有两个密封唇口，所以又称双层密封，小水封只有一个密封唇口，所以又称单层密封。小水封压入脱水轴，防止轴总成内的油脂渗漏，也防止洗涤轴一端水渗漏进轴总成。大水封压入盖板，防止盛水桶中水渗入离合器内部。

3）减速离合器的检查和调整

减速离合器是洗涤和脱水的转换机构，故障率较高。

检查减速离合器的方法主要是直观检查法。眼看三个距离（制动杆与电磁铁排水拉杆上的挡套或牵引器连接板之间的间隙、调节螺钉的头部与制动杆之间的间隙、棘爪与棘轮的离合情况），同时结合手动检查法。

洗衣机不通电时，离合器处于洗涤状态，此时制动杆应离开电磁铁拉杆上的挡套（或牵引器连接板，下同）2.5～3.5mm，如图7-42（a）所示。若制动杆与挡套相碰（干涉），如图7-42（b）所示，会导致刹车带不能拉紧，出现洗涤时脱水桶顺时针方向跟转或脱水刹车失灵的现象。若制动杆与挡套间距过大，如图7-42（c）所示，会出现棘爪不能完全脱离棘轮的现象，导致不脱水故障。这时需要松开固定挡套的螺母，移动挡套，使挡套与制动杆相距2.5～3.5mm，再将挡套紧固。

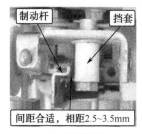
（a）间距合适

（b）间距过小

（c）间距偏大

图7-42　制动杆与挡套的装配关系

> **点 拨**
>
> 如果脱水时，制动带与脱水轴上制动轮之间的单边间隙不到 0.5mm 而发生摩擦，或者棘爪与棘爪轮之间的间隙过小而发生异常声响，可以适当调小挡套与制动杆的间隙。但间隙不得为零，以免影响制动性能。定位套位置调好后，必须将螺栓拧紧。

洗衣机断电停机或洗涤时，调节螺钉的头部与制动杆之间的间隙应为 0～0.2mm，如图 7-43（a）所示。若间隙过大，如图 7-43（b）所示，刹车带与拨叉组件不能完全打开，会出现脱水无动作故障。

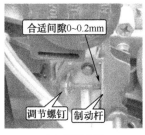

（a）间隙合适　　　　　　　　　　　（b）间隙过大

图 7-43　调节螺钉与制动杆的装配关系

洗衣机断电停机或洗涤时，棘爪伸入棘轮的棘齿内 4～5mm，且棘爪指向轴心，以保证洗涤时棘爪拨动棘轮时转过的角度大于 19°，如图 7-44（a）所示。

在洗涤状态，用手在正、反两个方向上转动大皮带轮，波轮应慢慢转动，并感觉不到有卡阻现象，否则就是行星减速器发生了故障。

用手向制动杆方向推动挡套，直到电磁铁衔铁全部推入为止（也可直接将衔铁全部压入）。这时离合器已转换为脱水状态，棘爪应完全脱离棘轮，如图 7-44（b）所示。若不脱离，则不能脱水。棘爪完全脱离棘轮时，用手顺时针方向转动大皮带轮，内桶应同步转动；若逆时针方向转动大皮带轮，波轮则应慢速转动。否则就是离合器有故障。

（a）断电停机或洗涤状态　　　　　　　（b）模拟脱水状态

图 7-44　棘爪与棘轮的装配关系

在手动检查过程中，不应有异常声音及干涉现象。若电磁铁衔铁全部推入后，棘爪未完全脱离棘轮，则应松开调节螺钉上的锁紧螺母，将调节螺钉拧入，使棘爪脱离棘轮 1.5mm，然后再拧紧锁紧螺母。

4）减速离合器的故障检修

（1）波轮轴旋转时，脱水轴跟转

检修本故障时，主要检查制动装置。根据减速离合器的结构原理分析可知，若脱水轴逆时针跟转，应重点检查扭簧（圆抱簧）和与扭簧柔性接触的脱水轴。通常故障为扭簧磨损或脱水轴磨损，遇到这种情况只有更换磨损了的配件。脱水轴不可拆卸，若其磨损，只有更换整个行星减速器。

若脱水轴顺时针跟转，则重点检查刹车带、制动杆的到位情况。若故障是制动杆紧靠在挡套上，而使制动失灵引起的，则须调整挡套的位置。调整方法是把挡套螺栓旋松，移动位置，使挡套与制动杠杆之间有 1～3mm 的间隙，然后再旋紧挡套螺栓。若刹车带磨损严重，则应更换刹车带。若刹车带没什么磨损，制动杆到位情况正常，则故障为制动轮（刹车盘）表面有油污，如图 7-45 所示。分析油污来源，若是制动轮本身脏污，则更换制动带并将制动轮表面擦拭干净，即可排除故障。若是轴总成漏油，说明制动轮与离合轴铆接口出现裂纹或破损，需要更换离合器。

（a）正常状态　　　（b）故障状态

图 7-45　制动轮表面有油污的现象

（2）波轮轴只单方向旋转

检修本故障时，首先得确认电气控制电路是否正常。若电气控制电路正常，则故障是减速离合器不良引起的，根据故障现象，检查方丝离合器，观察棘爪是否把棘轮拨过一个角度（正常时，要大于 19°）。若棘爪没有接触棘轮或动作不到位，则故障是棘轮没将方丝离合弹簧旋松引起的。在这场合，方丝离合弹簧仍紧抱在离合套上，导致顺时针皮带轮转不动。检修时，应调整调节螺钉，直至棘爪能够将棘轮拨过一个角度。另外，棘爪拨叉变形、方孔离合套被卡住也会引起棘爪这种故障，通过直观检查即可发现这类故障，如图 7-46 所示。

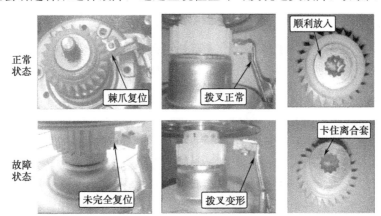

图 7-46　棘爪拨叉变形、方孔离合套卡住引起的棘爪复位异常故障检查

若棘爪能将棘轮拨过一个角度且到位，则故障通常是方丝离合弹簧生锈引起的，对于生锈的方丝离合弹簧只有更换，在更换之前首先要排除引起弹簧生锈的水封漏水故障。

（3）脱水轴不转

此故障通常是电磁铁（或牵引器）动作不正常引起的，使离合器没有转换成脱水状态。若电磁铁（或牵引器）动作正常，洗涤正常，但不能脱水，这种故障的原因及处理办法如下。

① 制动杆与牵引器连接板之间的间隙过大导致棘爪没完全脱离棘轮。处理办法是调整制动杆与牵引器连接板至合适位置。

② 棘爪拨叉组件调节螺钉与制动杆间隙过大，导致刹车带与棘爪拨叉组件不能完全打开。处理办法是调整调节螺钉与制动杆间隙为0～0.2mm。

③ 方丝离合弹簧磨损严重或断裂，处理办法是更换方丝离合弹簧。

④ 其他原因，由于漏水导致轴承损坏，刹车带生锈与刹车盘咬死。处理办法是更换离合器。

（4）波轮轴不转

首先检查是否由于大皮带轮紧固螺母松脱，造成方丝离合弹簧嵌入离合套和外套轴之间的间隙而损坏，导致波轮轴不转。若是这种情况，应更换方丝离合弹簧，重新装好螺母垫片并确认安装到位，然后上紧紧固螺母。若大皮带轮紧固螺母没有松脱，用手转动皮带轮，如齿轮轴转动，但波轮轴不动，则是行星齿轮内部锈蚀卡死，或者含油铜衬与轴之间锈蚀卡死。通常故障是由于小水封漏水，导致行星减速器内部生锈而引起的。由于这部分是不可拆卸的，所以当故障出现时，只有更换整个行星减速器。

（5）漏水

排除盛水桶、排水管等部件漏水因素，确定为离合器漏水。离合器漏水的原因是：大水封唇口磨损破裂，长时间漏水会导致离合器轴承、制动轮等部件锈蚀，离合器无法正常脱水。小水封唇口磨损破裂，水会渗入离合器轴总成内部，导致行星齿轮、轴衬等锈蚀，离合器无法正常洗涤。若发现大皮带轮处漏水，则故障为小水封不良；若发现制动轮表面生锈，并有水迹或油污，则故障为大水封不良。漏水发现得早，只要更换小水封或太水封即可。漏水时间一长，将引起滚珠轴承生锈，产生脱水轴运转的噪声，引起行星减速器生锈，产生波轮轴运转噪声等，则须更换离合器。

点拨

在全自动洗衣机中，水封漏水故障，是很严重的恶性故障，若不及时排除，将导致套桶波轮式全自动洗衣机的"心脏"——减速离合器报废。

（6）离合器旋转有杂音

① 洗涤有杂音。

这种故障的原因及处理办法如下。

a．行星齿轮与齿圈的渐开线齿形不完全吻合，或者齿轮内注油量过少，在运转时会发出"咕噜噜"的声音。处理办法是更换离合器。

b．洗涤轴与传动轴的轴线不在一条直线上，导致轴衬受力不均匀，长时间磨损后轴衬失圆。此时用手转动皮带轮会有明显的转动不顺畅的感觉（后期故障）。处理办法是更换离合器。

c．波轮嵌件磨损，配合松动。首先拿掉波轮排除波轮异常声音，然后排除电动机异常声音。对于波轮磨损，则更换波轮。

② 脱水有杂音（排除吊杆、盛水桶等安装问题）。

排除吊杆、盛水桶、电动机等其他安装问题，才可确定为离合器产生的异常声音。其故障原因如下。

a. 当复合轴承的游隙不均匀时，运转时会发出轴承运转异声。若在手动转动时有卡滞的感觉，则可判断为此故障。

b. 铜衬磨损，用手按住皮带轮感受径向跳动大。处理办法是更换离合器。

任务六 认识电气控制系统

波轮式全自动洗衣机的电气控制部件较多，主要有程序控制器、传感器、操作开关、安全开关、电源开关、蜂鸣器等。电气控制系统是全自动洗衣机的"大脑"和"神经"，通过这些电气控制部件的动作，洗衣机可完成洗涤、漂洗、脱水全过程。

波轮式全自动洗衣机由普通式（采用电动式程控器）发展到微电脑式。目前，已有不少的微电脑式全自动洗衣机采用了模糊控制技术，成为了智能型模糊控制全自动洗衣机。不同类型的全自动洗衣机的主要区别就是电气控制系统的不同。

1. 程序控制器

程序控制器简称程控器，它是全自动洗衣机控制系统的中心部件，相当于人的大脑。程控器接收指令，发出指令，控制着洗衣机的整个工作过程。程控器要控制的对象包括进水阀、排水阀、洗衣电动机。这些被控对象是需要根据不同的洗衣程序来设定它们的不同工作状况和工作时间的。

程控器有两种：一种是电动式程控器，另一种是电脑式程控器。无论是哪种程控器，在外部都有十几根引出线（根据设计要求的不同略有增减）。

1）电动式程控器

电动式程控器又称机械式程控器，通常采用推位开关的方式，即将旋转轴向外拉才能接通电源，往里推则关闭电源。使用时先推进旋转轴使其断电，并在断电状态下将旋钮指针转向所选定的洗涤程序位置，然后将旋钮拉出，则程控器按选定程序开始工作。电动式程控器的外形和操作示意图如图 7-47 所示。

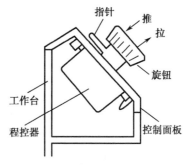

（a）电动式程控器的外形　　　　　（b）电动式程控器操作示意图

图 7-47　电动式程控器的外形和操作示意图

电动式程控器的基本结构与发条定时器相似，只是不采用发条而是用微电动机作为动力源来驱动齿轮转动，齿轮的转动再带动一定的凸轮及开关动作实现控制。电动式程控器的内部有一只微型永磁单相同步电动机、几个凸轮和几组簧片。微型永磁单相同步电动机驱动几个凸轮转动，再由凸轮分别控制几组簧片（每组簧片为 3 片，两边为静簧片，中间为动簧片），依靠凸轮旋转时凸凹部分推动或松开，动簧片在不同的时刻分别与两边的静簧片相连，接通对应的控制电路，完成各操作程序，如图 7-48 所示。

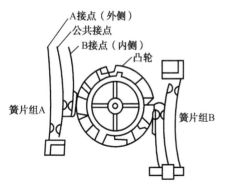

图 7-48　凸轮对簧片的控制作用

电动式程控器的程序组合量一般，抗干扰能力强，可以直接控制强电流，成本低。电动程控器在波轮式全自动洗衣机中早已被电脑式程控器所取代，这里不再进行详细介绍。

2）电脑式程控器

电脑式程控器又称计算机式程控器、电子式程控器，人们通常称为电脑板或 P 板。洗衣机电脑板采用单片机对系统所有器件进行控制，同时用数码管或其他显示器件显示所有洗衣机运行过程中的相关信息，具有直观、美观，程序组合量大，控制精度高，运行可靠，寿命长，操作方便的特点。

洗衣机的电脑板主要由微处理器（单片机）、按键开关、发光二极管、双向晶闸管等电子器件组成，大多采用一块印制电路板的结构，少数型号的洗衣机采用两块印制电路板，将单片机和驱动电路分开。电脑板通常用聚氨脂密封，防水防潮，防火烧，运行更可靠，更安全。典型的波轮式全自动洗衣机电脑板如图 7-49 所示。

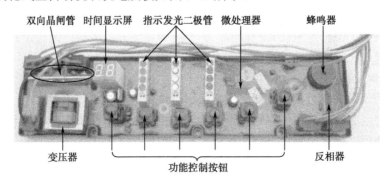

图 7-49　典型的波轮式全自动洗衣机电脑板元器件安装图

波轮式全自动洗衣机电脑板将在后续内容中进行详细介绍。

▶ 2. 传感器

现在的全自动洗衣机的传感器数量越来越多。传感器最主要的作用是将检测到的信号传递到控制器，供控制器做出判断而动作，如同神经一样。

水位传感器是传感器的一种，其主要作用是控制水位，以保证洗衣机工作过程中的水位以及对水位的判断。

布量、布质传感器主要用于模糊控制全自动洗衣机，主要作用是对洗涤物的质地和数量做出判断，从而使洗衣机针对不同的洗涤物按不同的方式进行洗涤，达到最佳的洗涤效果。

脏污程度传感器是检测洗涤液及洗涤物脏污程度的一种传感器，主要使用在模糊控制全自动洗衣机上，通过对洗涤液进行检测，从而判断洗涤物的脏污程度，使洗衣机针对不同的脏污程度按不同方式进行洗涤，达到最佳的洗涤效果。脏污程度传感器根据工作原理不同有电导度传感器、红外线传感器等。

温度传感器主要用于检测室温和洗涤液的温度，主要使用在模糊控制式全自动洗衣机上。由于温度与洗涤效果有着内在的联系，所以洗衣机可以根据温度传感器检测的温度按不同的方式进行洗涤，从而达到最佳的洗涤效果。

▶3. 安全开关（盖开关）

安全开关也称盖开关、门开关，它在洗衣机的运行过程中起安全保护作用。洗衣机脱水时，若上盖被打开到一定的高度，安全开关动作，离合器刹车，并且断开电动机的电源，终止脱水运行。另外，在洗衣机运行过程中，洗涤物不平衡会造成桶体晃动，若晃动的幅度太大，就会使安全开关动作，断开电动机的电源，终止运行。

1）安全开关的结构、工作原理

波轮式全自动洗衣机中，安全开关用螺钉固定在洗衣机后控制板的左侧背面，它的盖板杆伸出至洗衣机盖板后端凸出部分的上方，而安全杆则下垂在盛水桶外侧，并与盛水桶保持一定距离。常见的安全开关实物图和安装位置如图7-50所示。

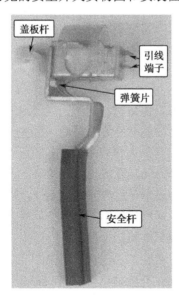

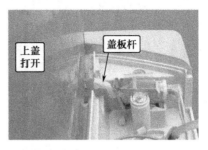

图7-50　安全开关的外形及其安装位置

当盖板合上时，盖板后端的凸出部分便将盖板杆抬起，盖板杆绕其支点A按顺时针方向转过一个角度，并带动安全杆和摆动板一起沿着固定架上的导向槽D向上移动，摆动板即推动下簧片的左端上翘，使下簧片上的动触点与上簧片上的定触点接触，安全开关便处于图7-51（b）所示的闭合状态，为洗衣机运转做好准备。

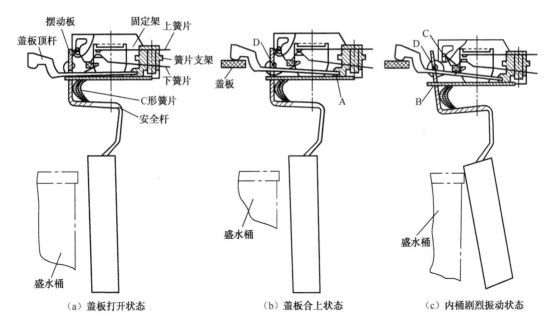

（a）盖板打开状态　　　　　（b）盖板合上状态　　　　　（c）内桶剧烈振动状态

图 7-51　波轮式全自动洗衣机的安全开关结构图及各状态下动作关系

洗衣机在脱水过程中，操作者一旦打开盖板，盖板杆失去了盖板的支撑，安全杆在 C 形弹簧片的作用下带动摆动板沿着固定架上的导向槽 D 下移，下簧片的左端便在自身弹力作用下弹开，使其上的动触点与上簧片上的定触点分离，安全开关即由闭合状态转为图 7-51（a）所示的断开状态。这一断开信号输入微处理器，微处理器发出指令，使脱水电路断开，内桶便立即被制动停止运行。这样，可以防止操作者打开盖板意外碰触脱水桶而被打伤，起到保护操作者的作用。

洗衣机在脱水过程中，脱水桶如果因衣物放置不均匀等原因而剧烈振动，与其相连的盛水桶将会撞安全杆，使安全杆固定架左端的支点 B 按逆时针方向转动，并通过铰连点 C 使摆动板绕支点 D 按顺时针方向转动，下簧片便在其自身弹力作用下，使动触点与上簧片上的定触点分离，安全开关便由工作时的闭合转为图 7-51（c）所示的断开状态，这种"断开"信号输入微处理器，洗衣机便自动停止脱水，并改为进水→漂洗→排水动作，以进行脱水不平衡修正。如果连续修正三次无效，洗衣机将鸣响报警通知操作者将衣物放均匀。这样，就可以防止洗衣机因强烈振动而损坏机件，起到保护洗衣机的作用。

2）安全开关的故障检修

洗衣机盖开关在使用中发生的故障主要是触点不能闭合或接触不良。如果触点接触不上，将造成开关不能闭合，故障表现为洗衣机不能脱水。对全自动洗衣机而言，整个程序运行到第一次洗涤就结束了。对安全开关通断的检查，以短接法最为方便。

经检查判定为触点没接通或接触不良时，只要将将上簧片向下弯曲一点，保证合上洗衣机上盖以后能使触点正常接触即可。

触点接触不良会造成脱水混乱。例如，一会儿脱水，一会儿不脱水，或进入脱水不平衡修正程序。检修时除对触点表面进行磨平、抛光处理外，还应该将上簧片向下弯曲一点，以加大触点的接触压力，提高触点接触的可靠性。

▶4. 电源开关

电源开关的作用是接通和切断洗衣机的电源。现在的全自动洗衣机的电源开关大多具有自动断电功能，在洗衣机的整个洗涤过程结束后，可以自动断开电源，使得洗衣机的运行更加安全。

▶5. 蜂鸣器

蜂鸣器的作用是发出蜂鸣声，通知使用者洗衣机的各种工作情况。其工作原理是利用振片受电磁力断续的吸引作用而振动发声。

思考练习7

1．填空题

（1）波轮式全自动洗衣机由_____系统、_____系统、_____系统、_____系统和_____系统等组成。

（2）盛水桶的作用是_____，洗涤脱水桶兼有_____的双重功能。液体平衡圈的作用是_____。

（3）进水电磁阀主要由_____和_____两部分组成。

（4）排水电磁阀的主要作用是控制_____，同时还起改变_____的工作状态的作用。

（5）减速离合器的作用是实现_____两种功能，它的工作状态是由洗衣机上的_____来直接进行转换。

（6）波轮式全自动洗衣机脱水时，脱水桶_____方向转动。

2．选择题

（1）全自动洗衣机按控制器不同分为两类，下列论述正确的是（　　　）。

A．机电式程控器是利用发条运行的　　　B．机电式程控器是由同步电动机运行的

C．电子程控器是由三极管控制的　　　　D．微电脑控制器是电动机控制的

（2）微电脑程控器在全自动洗衣机中相当于　（　　　）。

A．开关　　　　　B．定时器　　　　　C．电源开关　　　　　D．智能型开关

3．简答题

（1）简述波轮式全自动洗衣机中安全开关的保护作用。

（2）简要分析图7-37所示的单片机控制单相异步电动机正反转的电路。

（3）简述波轮式全自动洗衣机离合器工作于脱水和洗涤状态的工作原理。

項目8

波轮式全自动洗衣机的典型
电路剖析、检修

【项目目标】
1. 理解电脑式波轮式全自动洗衣机控制电路的基本原理。
2. 学会分析电脑式波轮式全自动洗衣机的控制电路。
3. 掌握电脑式波轮式全自动洗衣机电路故障的检修方法。
4. 了解电脑板的常见故障，学会相应的检修方法。

任务一 了解电脑程控波轮式全自动
洗衣机电路的基本原理

目前，电脑程控波轮式全自动洗衣机已完全取代了电动程控波轮式全自动洗衣机。这里只介绍电脑程控波轮式全自动洗衣机的电路。由于全自动洗衣机电脑程控器按所采用的控制理论不同，可分为简单程序控制、模糊理论控制两种控制器，下面分别介绍采用这两种控制器的波轮式全自动洗衣机电路。

1. 普通电脑程控波轮式全自动洗衣机电路组成、工作原理

1）普通电脑程控波轮式全自动洗衣机电路组成
普通电脑程控波轮式全自动洗衣机采用简单程序控制器，整机电路主要由电脑板、负载部件（进水电磁阀、排水电动机、洗衣电动机）组成，如图8-1所示。
（1）电脑板
电脑板的核心是单片机（微处理器），外加稳压电源、时钟电路、功能选择键输入电路、放大驱动电路、显示电路等，它们组成了一个完整的全自动洗衣机的指挥控制中心，以控制进水电磁阀、洗衣电动机（也叫主电动机）、排水电磁阀（或排水电动机）等正常工作。电脑板各单元电路简单介绍如下。
① 单片机（微处理器）。
单片机也称微处理器或微电脑，是电脑全自动洗衣机的控制中心。生产厂家已在单片机

中存入了几十种洗衣机操作程序，可供使用者选择，并组合成理想的洗涤方式。在洗衣机的洗涤过程中，单片机根据输入指令和检测信号，调出内部相应的操作程序，通过电路处理后，输出各种电路控制信号，使洗衣机自动完成设定的工作过程，并显示各种工作状态，在脱水时能对衣物不均匀造成的不平衡进行调整。有些单片机中还存入了高、低压保护，进水不足保护，排水保护，脱水终了保护等多种保护程序。如果单片机自身出故障或控制电路传送给单片机的信息不正确，洗衣机就不能正常工作。

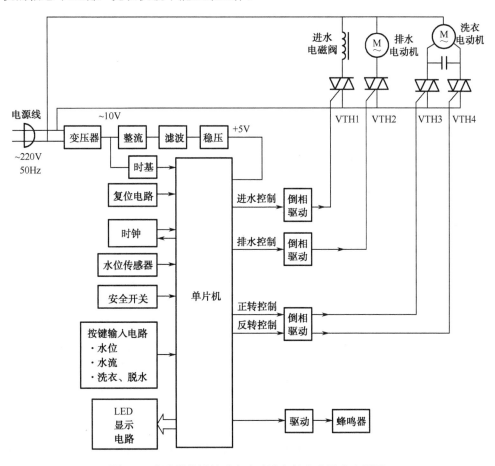

图8-1 电脑程控波轮式全自动洗衣机电路组成方框图

电脑全自动洗衣机的电脑板上使用的主要是4位和8位微处理器。微处理器通常为24～40脚的大规模集成电路，常用的微处理器型号有：MN15828、MN15882WYHZ、14021WFW、1402WFCS、MC68HC05B6、P87LPC762BN等。

② 直流电源电路。

该电路的作用是为单片机及其外围控制电路提供工作电压，它将输入的220V交流电经过变压、整流、滤波、稳压后，变为稳定的低压直流电，送给单片机、晶闸管触发电路、显示电路等。洗衣机的稳压电路有两种：一种是采用三端稳压集成器，如7805等；另一种为由分立元件构成的简单串联型稳压电路。

③ 微处理器正常工作的支持电路。

要使微处理器进入正常工作状态，首先要保护微处理器集成电路处于正常的工作条件下，即满足三项必备的条件：一是供给微处理器电源端（标为 VCC、VDD）的工作电源电压，多为+5V；二是微处理器每次工作前必须先进行清零复位（微处理器存储器复位，使其各项参数处于初始状态，即处于开机时的标准程序状态，以消除某种原因引起的程序紊乱），当电源出现电压过低时，也要进行复位，否则不能正常执行指令，因而，清零复位电路即复位电路是微处理器正常工作不可缺少的；三是为微处理器提供准确且可靠的振荡脉冲，作为微处理器各单元电路统一工作的时基标准，以协调中央控制单元电路工作的步调。

复位电路通常有两种形式：一种是分立元件的复位电路，主要由复位电容器、三极管和电阻器构成，复位电路形成的复位信号送到微处理器的复位引脚（标为 RESET）；另一种是设在微处理器的内部，微处理器复位引脚只接一只电容器。洗衣机微处理器多采用低电平复位方式，即复位信号为低电平时微处理器复位，正常工作时为高电平。

时钟电路由微处理器内的高增益放大器和片外接口的时钟电路组成。片外接口的时钟电路有两种：一种是石英晶体时钟电路，主要由一只石英晶体振荡器和两只谐振电容器构成，也有的采用振动子(由一个晶体振荡器和两只电容器组成)，在洗衣机中所用频率多为 4MHz；另一种是 LC 时钟电路，主要由一只电感器和两只谐振电容器构成，在洗衣机中所用频率多为 3～6MHz。

④ 按键输入电路。

按键输入电路是洗衣机操作指令的输入电路。全自动洗衣机通常都采种轻触式按键。按键用来控制电源开关、运行程序的启动或停止，进行功能选择（浸泡、洗涤、漂洗、脱水）、程序选择（标准、快洗、纤细、大物等）、水位选择（采用机械式水位开关的洗衣机在电脑板上不能进行水位选择）、漂洗次数设定等。操作输入电路主要有两种形式：一种是单端输入、输出电路，即微处理器的每一个输入端接一个按键；另一种是动态扫描输入电路，按键开关按一定的矩阵排列。当按键被按动时，其接通的信号将输送到微处理器，微处理器调出内部对应软件进行工作，使洗衣机进入相应的工作程序。

⑤ 显示电路。

显示电路由发光二极管按一定的矩阵排列而成，它是程序控制系统使用户直接观察到洗衣机的工作状态的窗口。预设工作程序时，可根据指示灯的闪亮来判断洗衣机是否接受了指令，还可以通过指示灯的显示来判断洗衣机工作是否正常。

有些洗衣机还有 LED 数码管显示电路，可显示不同的工作状态、漂洗次数、预约时间、运行剩余时间以及故障代码等。

⑥ 负载驱动电路。

洗衣机的负载主要有洗衣电动机、进水电磁阀、排水电磁阀（或排水电动机），它们都属于大功率器件。单片机输出的控制信号不能直接带动这些大功率器件，必须由负载驱动电路来控制它们的供电。负载驱动电路又称强电控制电路，是控制 220V 电压通断的电路。该电路电源端接交流 220V 电源线，输出端与负载相接。单片机根据按键输入指令或接收到的检测信号，输出相应的控制信号，经过电流放大后控制双向晶闸管导通或控制继电器吸合，使电动机等负载得电运转。

负载驱动电路主要有两种形式：一种是以双向晶闸管（即双向可控硅）为电源开关的电路，这种电路多以三极管为触发元件，也有少数的洗衣机以反相器和触发器代替三极管作为触发元件；另一种以电磁继电器为电源开关，单片机输出的控制信号经三极管放大后驱动继电器动作，使负载得电工作。两种负载驱动电路中，前者应用得最多，后者只被少数的洗衣机所应用。

⑦ 蜂鸣电路（报警电路）。

此电路在洗衣机中起提示和报警的作用。根据程序安排和软件设置，当洗衣完成后或自检过程中需要鸣叫时，微处理器输出控制信号，控制蜂鸣器鸣叫（或发出音乐声），用来进行程序运行提示及故障报警。

⑧ 水位开关和安全开关电路。

水位开关和安全开关电路由传感器监测，其通断状态的信息输送给微处理器，微处理器据此信息对运行程序进行控制。水位不到时，进水电磁阀进水，当水位达到后，开始洗涤。微电脑只有检测到安全开关闭合后才能进入脱水程序。

（2）负载部件

波轮式全自动洗衣机负载部件（也叫功率部件）通常有三个，它们是进水电磁阀、排水阀、洗衣电动机。有些机型还有柔顺剂投入阀。负载部件受电脑板输出信号的控制。

2）普通电脑程控波轮式全自动洗衣机的基本控制原理

电脑程控器在工作中主要执行下列几个过程。

（1）进水过程

当按下"启动/暂停"键时，微电脑就会发出进水控制信号，触发晶闸管 VTH1 使其导通，进水电磁阀通电开启，开始注水。当桶内水位到达设定水位时，微电脑检测到水位开关闭合，停止发出进水信号，进水电磁阀断电关闭，停止进水。

（2）洗涤和漂洗过程

当微电脑检测到水位开关关闭并停止进水后，进入洗涤过程。微电脑根据程序选择状态选定的工作程序工作，VTH3 和 VTH4 轮流导通，控制电动机执行"正转→停→反转→停"的循环工作。

漂洗分为贮水漂洗和进水漂洗两种。前者为进足水后执行漂洗；后者则是在进足了水后，一边漂洗，一边仍然进水。

（3）排水过程

洗涤结束后，微电脑就会发出信号触发晶闸管 VTH2 导通，排水电磁阀通电打开排水。

（4）脱水过程

排水完成，微电脑发出正转控制信号，触发 VTH3 导通，电动机高速单向运转，进入脱水过程。脱水时，若衣物偏于一边，微电脑会控制两次进水，进行不平衡修正，使衣物均布于桶内，最后再进行脱水。

当洗衣程序完成，微电脑发出信号驱动蜂鸣器鸣叫。

2. 模糊控制全自动洗衣机电路的基本原理

近几年，模糊控制在全自动洗衣机控制中得到了越来越广泛的应用。采用模糊控制的全自动洗衣机既能洗净衣物又能缩短洗涤时间，还可减轻衣物磨损。

所谓模糊控制，是不采用明确的数字和量进行表示，而是以接近人类的感觉，用模糊推理方法模拟人的操作技能、控制经验和知识进行控制的一种方法。采用模糊控制的洗衣机，可具有自动识别衣质、衣量、脏污程度、脏污性质，自动决定水量，自动投入恰当的洗涤剂等功能，不仅实现了洗衣机的全面自动化，也大大提高了洗衣的质量，具有很强的实用性和较好的发展前景。

图 8-2 所示为全自动洗衣机模糊控制原理框图。在单片机内部的存储器中存储了数百种不同的程序。首先，由几组传感器检测衣物上的信息，如衣质、衣量、脏污程度（即水的浑浊度）、脏污性质（浑浊度变化率），经过模糊化后确定衣质、衣量等信息，再经过模糊推理和反模糊化的合成推理，最终得到洗涤剂量、水位、水流、漂洗方式、洗涤时间、脱水时间等控制输出量。

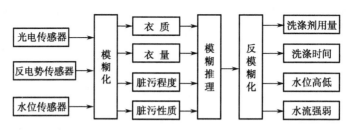

图 8-2　全自动洗衣机模糊控制原理框图

模糊控制全自动洗衣机电路方框图如图 8-3 所示，由单片机、检测电路、驱动电路、控制面板和电源电路等组成。单片机用来实现对检测电路、驱动电路、键盘及显示器阵列的控制；检测电路应用多种形式的传感器，实现对各种信号的检测；驱动电路将单片机输出的控制信号进行电流放大后由执行器件来控制洗衣机电动机的速度和方向，水的温度以及进水阀、排水阀的通断；控制面板上设置了键盘、数码管、发光二极管，用以反映洗衣过程的定时状态及洗涤状态等；电源电路用来提供各部分所需的电源。

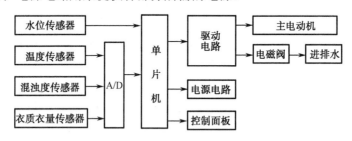

图 8-3　模糊控制洗衣机电路方框图

在模糊控制的洗衣机中，装的传感器数量比普通全自动洗衣机要多一些，不仅装有水位传感器，而且装有水温、布量布质传感器、脏污程度传感器，可以自动判断水温、布量布质、衣物的脏污情况等，决定投放适量的洗涤剂和最佳的洗涤程序。

水温检测可用热敏电阻或半导体温度检测器。

衣质衣量的检测一般在洗涤之前进行。为了测出衣质衣量，先注入一定的水使其达到相同的水位，由于衣物的多少和质地不同，注入水使其达到相同的水位时，其总重量是不同的。

利用这一点，让电动机低速运转，突然切断电源，由于惯性作用电动机会维持短时间旋转。此时电动机处于发电机状态，会产生一定感应电动势并逐渐衰减到零。由于衰减速率与衣物和水总重量有一定的线性关系，通过对定子绕组两端电动势进行整流并放大整形后获得一矩形脉冲系列，通过分析脉冲个数和脉冲宽度，通过模糊推理得出衣质及衣量。一般需要经过几次这样的测量，才可以判断出衣质衣量。

混浊度传感器主要采用红外光电传感器。由红外发射管发出一定强度的红外光，红外接收管在溶液的另一侧接收红外线。红外线在溶液中透光性的大小就决定接收方产生光电电流的大小，光电流经整形放大和数据处理后，就可以判断出水的混浊程度。

任务二 剖析电脑程控波轮式全自动洗衣机的典型电路

海尔 XQB45-A 型全自动波轮洗衣机电路由电源电路、单片机、显示驱动、按键扫描、负载供电交流功率控制等部分组成，如图 8-4 所示。

1. 电源电路

接通电源开关后，市电电压通过熔断器输入，再经滤波电容 C1 滤波后，加到变压器 T1 的一次绕组上，由它降压后输出 10V 左右（与市电高低有关）的交流电压。该电压经全桥整流堆 DB1 整流、C2 滤波产生约 14V 直流电压。该电压不仅加到调整管 VT1、VT2 的 c 极，同时还通过 R16 限流，在稳压管 ZD1 两端产生 5.6V 基准电压，并加到 VT1、VT2 的 b 极，使 VT1、VT2 的 e 极能够输出 5V 电压。VT2 输出的 5V 电压经 C4、C5 滤波后，为 CPU 电路供电；VT1 输出的 5V 电压 V_L，通过 C3 滤波后为蜂鸣器、操作、显示等电路供电。

市电输入回路的 ZNR4 是压敏电阻，它的作用是防止市电电压过高损坏变压器 T1 等元器件。市电正常时 ZNR4 相当于开路，对电路没有影响；当市电升高时，ZNR4 击穿，使输入回路的熔断器熔断，实现市电过压保护。

2. CPU 电路

CPU 电路是以 MN15828 为核心构成的，MN15828 的引脚功能见表 8-1。

1）基本工作条件电路

（1）5V 供电

接通电源开关，待电源电路工作后，由 VT2 输出的 5V 电压经电容 C3、C4 滤波后，加到 CPU（MN15828）的供电端㉘脚，为它供电。

（2）复位

该机的复位电路由 CPU 和它⑦脚外接的 C6 构成。因 C6 需要充电，所以在开机瞬间为 CPU 的⑥脚提供低电平的复位信号，使 CPU 内的存储器、寄存器等电路清零复位。当 C6 两端电压升高到一定值后 CPU 复位结束，开始工作。

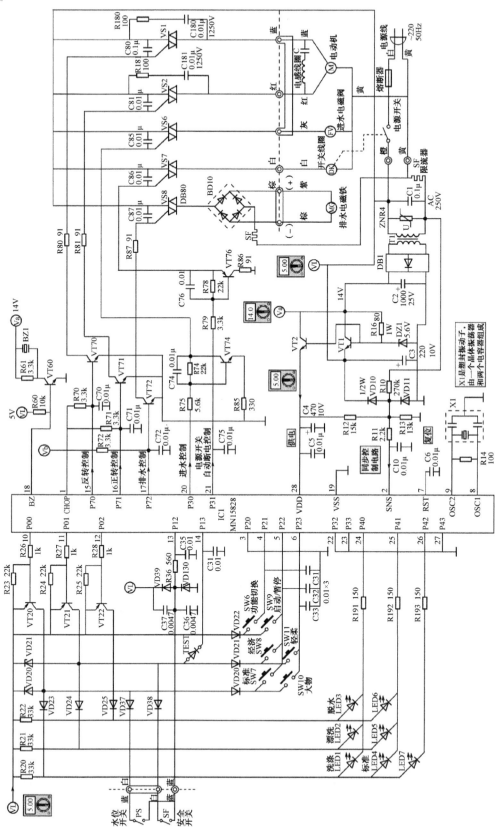

图8-4　海尔XQB45-A型波轮式全自动洗衣机电路原理图

表8-1　MN15828 的引脚功能

脚 位	脚 名	功 能	脚 位	脚 名	功 能
①	CHOP	供电	⑮	P70	电动机供电触发信号输出（反转控制）
②	SNS	同步控制信号输入	⑯	P71	电动机供电触发信号输出（正转控制）
③	P20	接地	⑰	P72	排水电磁阀供电触发信号输出
④	P21	操作键信号输入	⑱	BZ	蜂鸣器驱动信号输出
⑤	P22	操作键信号输入	⑲	VSS	接地
⑥	P23	操作键信号输入	⑳	P30	进水电磁阀供电触发信号输出
⑦	RST	复位信号输入	㉑	P31	电源开关线圈供电触发信号输出
⑧	OSC1	振荡器端子 1	㉒	P32	接地
⑨	OSC2	振荡器端子 2	㉓	P33	接地
⑩	P00	键扫描信号输出	㉔	P40	操作键信号输入
⑪	P01	键扫描信号输出	㉕	P41	操作键信号输入
⑫	P02	键扫描信号输出	㉖	P42	操作键信号输入
⑬	P12	桶盖检测信号输入	㉗	P43	接地
⑭	P13	水位检测信号输入	㉘	VDD	供电

（3）时钟振荡

CPU 得到供电后，它内部的振荡器与⑧、⑨脚外接的晶振 X1 通过振荡产生 4MHz 时钟信号。该信号经分频后协调各部分的工作，并作为 CPU 输出各种控制信号的基准脉冲源。X1 两端并联的 R14 是阻尼电阻。

2）操作电路

操作电路以 CPU、三极管 VT20～VT22、操作键 SW6～SW11、二极管 VD20～VD22 为核心构成。其中，SW6 是功能切换键，以按压次数不同，可依次选择"仅洗涤"、"仅洗涤和漂洗"、"仅洗涤和脱水"、"仅脱水"、"自动"等功能。分别按压 SW8（经济）、SW10（大物）、SW11（轻柔）、SW7（标准），可以设定"经济"、"大物"、"轻柔"、"标准"等不同程序。洗衣功能和程序选定后，相应的指示灯发亮。按压 SW9（启动/暂停）按钮，洗衣机开始工作，正在进行中的功能指示灯闪烁。再按 SW9 按钮，洗衣机暂停工作，闪烁中的指示灯亮，不闪烁。

CPU 工作后，从它的⑩～⑫脚输出键扫描脉冲信号，通过 VT20～VT22 倒相放大后，不仅通过隔离二极管 VD37、VD38 为水位开关和安全开关提供键扫描，而且通过隔离二极管 VD20～VD22 为操作键提供扫描脉冲。当没有按键按下时，CPU 的④～⑥、⑬脚没有操作信号输入，CPU 不执行操作命令。一旦按压操作键 SW6～SW11 使 CPU 的④～⑥脚输入操作信号（键扫描信号）后，CPU 控制执行操作程序。水位开关和安全开关是自动开关，不受用户操作的控制，水位开关 PS 产生的检测信号加到 CPU 的⑬脚后，CPU 判断水位符合要求，才能执行洗涤指令；而安全开关 SF 产生的控制信号加到 CPU 的⑬脚后，CPU 才能执行脱水指令。

3）显示电路

指示灯显示用 LED 发光二极管。显示电路以 CPU、三极管 VT20～VT22、发光二极管 LED1～LED7 为核心构成。其中，LED1 是洗涤指示灯，LED2 是漂洗指示灯，LED3 是脱水指示灯，LED4 是标准指示灯。

VL 通过受控的三只 PNP 晶体管 VT20、VT21、VT22 为 LED 发光二极管提供驱动电压和键扫描电压。如果需要 LED1 发光时，CPU 的⑩、㉔脚输出低电平控制信号，⑪、⑫、㉕、㉖脚输出高电平控制信号，⑪、⑫脚输出高电平控制信号时 VT12、VT22 截止，⑩脚输出低电平信号时 VT20 导通，VT20 c 极输出的电压通过 LED1、R191 和 CPU 的㉔脚内部电路构成回路，使 LED1 发光。

4）蜂鸣器电路

当程序结束或需要报警时，CPU⑱脚输出的 3kHz 左右的音频信号经 VT60 放大后，驱动蜂鸣器 BZ1 鸣叫，实现提醒、报警功能。

3. 同步控制电路

为了防止双向晶闸管在导通瞬间因功耗大损坏，该机设置了由 R10～R13、VD10、VD11 构成的同步控制（市电过零检测）电路。

市电电压通过 R10、R13 分压限流产生 50Hz 的交流检测信号，利用 VD11 将负半周信号对地旁路，产生正半周交流信号，即市电过零检测信号。该信号通过 R11 限流、C10 滤除高频杂波干扰后，加到 CPU（MN15828）的②脚。CPU 对②脚输入的信号检测后，输出双向晶闸管触发信号时，可确保双向晶闸管在市电的过零点处导通，避免了它在导通瞬间过流损坏，实现双向晶闸管导通的同步控制。VD10 是钳位二极管，确保 CPU 的②脚输入的电压低于 5.4V，以免 CPU 过压损坏。

4. 进水电路

进水电路由启动/暂停键、水位开关、CPU（MN15828）、进水电磁阀、双向晶闸管 VS6、驱动管 VT74 等构成。

CPU 电路工作后，按启动/暂停键 SW9，使该机开始工作，水位开关 PS 检测到盛水桶内无水或水位太低时它的触点处于断开状态，将其断开的低电平的检测信号（"0"信号）输入 CPU 的⑬脚，CPU 识别出桶内无水或水位太低，它的⑳脚输出 50Hz 过零触发信号。该触发信号通过 R75 限流，再通过驱动管 VT74 放大，利用 C85 触发双向晶闸管 VS6 导通，为进水电磁阀 FV 的线圈供电。进水电磁阀得电而开启阀门，洗衣机便开始进水，使水位逐渐升高。当水位达到所选定的水位（高、中、低、少量）时，水位开关的触点因受空气室内压缩空气的压力作用而转为闭合状态，并将其闭合的高电平的检测信号（"1"信号）输入 CPU 的⑬脚。CPU 经过判断，一方面切断⑳脚触发信号的输出，VS6 关断，FV 的阀门关闭，进水结束，实现进水控制；另一方面，CPU 从⑮、⑯脚交替输出电动机触发信号，从而控制洗衣机进入洗涤状态。

5. 洗涤电路

洗涤电路由 CPU（MN15828）、电动机、电动机运转电容、双向晶闸管 VS1 和 VS2、驱动管 VT70 和 VT71 等构成。

当 CPU 的⑬脚输入水到位的信号后，CPU 自动控制该机进入洗涤状态，CPU 从⑮、⑯脚交替输出电动机触发信号。当 CPU 的⑯脚输出低电平信号时 VT71 截止，VS2 截止；而⑮脚（反转控制端）输出的 50Hz 过零触发信号经 VT70 倒相放大，再经 R80、C80 触发 VS1 导通，为电动机 M 的绕组供电，电动机在运转电容 C 和电感线圈的配合下反向运转。当⑮脚输出的低电平信号使 VT70 截止，双向晶闸管 VS1 截止；而⑯脚（正转控制端）输出的 50Hz 过零触发信号经 VT71 倒相放大，再经 R81、C81 触发双向晶闸管 VS2 导通，为电动机供电，电动机在运转电容 C 和电感线圈的配合下正向运转。电动机又通过机械传动，使波轮正转和反转以完成洗涤和漂洗过程。

漂洗分为贮水漂洗和注水漂洗，注水漂洗时，CPU 仍向进水阀电路开关 VS6 输入触发信号，此时电路开关 VS6 仍导通，进水阀仍处于通电进水状态。

6. 排水电路

排水电路由 CPU（MN15828）、排水电磁阀、双向晶闸管 VS8、驱动管 VT72、水位开关 PS 等构成。

洗涤和漂洗程序结束后，均应进行排水。这时，CPU 的⑰脚输出的 50Hz 过零驱动信号通过 VT72 倒相放大，再通过 R87、C87 触发双向晶闸管 VS8 导通，交流电经 BD10 桥式整流后为排水电磁铁 MG 的线圈供电，使其产生磁场后，不仅将阀门打开，进行排水，而且将减速离合器组件转换为脱水状态，准备脱水。排水进行到一半时，水位开关 PS 断开，使 CPU 的⑬脚无扫描脉冲输入，CPU 判断排水正常，继续排水。如果 CPU 的⑬脚在设置时间仍有扫描脉冲输入，则 CPU 会判断排水不良，使该机进入保护状态，并控制蜂鸣器鸣叫，提醒用户洗衣机出现排水异常故障。

7. 脱水电路

当排水结束后，进入脱水状态。CPU⑯脚输出间歇触发信号，使 VS2 间歇导通，为电动机间歇供电，于是电动机间歇正向运转，该机处于间歇脱水状态。当设置的间歇脱水时间结束后，CPU 的⑯脚输出连续触发信号，使 VS2 始终导通，电动机正向高速旋转，以完成脱水过程。在脱水过程中，CPU 的⑰脚仍输出驱动信号，使排水阀阀门仍开启，以便把残余的水不断排出。

脱水期间若打开桶盖，安全开关（盖开关）SF 的触点断开，使 CPU 的⑬脚在脱水期间无键扫描信号输入，CPU 切断⑯、⑰脚输出的触发信号，不仅使电动机停转，而且使排水电磁阀复位，控制减速离合器制动，实现开盖保护。另外，若脱水期间振动过大，引起 SF 动作时，该保护电路也会动作。

8. 自动断电电路

洗涤程序全部结束后，CPU 内的计时器开始计时，当计时器计时的时间达到 10min，CPU

的㉑脚输出 50Hz 的过零触发信号。该信号通过 R79 限流，经 VT76 倒相放大，通过 C86 触发双向晶闸管 VS7 导通，为电源开关的电磁线圈通电，使其产生磁场后，通过衔铁将触点断开，自动切断该机的供电回路，实现自动断电功能。

任务三　电路故障检修

1. 电路故障的检查方法

当电脑程控全自动洗衣机发生故障时，一般应先检查使用方法和使用条件是否正确，电源和供水是否正常，机械部分是否存在故障，然后再进行电路检查。

检查电路时，主要检查电源电路、微电脑控制电路、晶闸管驱动部分等。一般的检查思路是：根据故障现象，首先检查电源开关、水位开关、安全开关，其次检查电动机、电容器、进水阀、排水阀，最后检查微电脑控制电路。

1）无水检测程序法

电脑式全自动洗衣机因设置有水位限制和监测功能，常规测试时，易受进、排水环境影响且耗时较长。为快速完成洗衣机各项功能的检测，可通过强制启动的方法，达到无水快速试机的目的。

各种品牌的不同型号电脑式全自动洗衣机，其无水检测程序的操作方法不一定相同，维修者要参照说明书或有关资料进行。

海尔 XQB45-A 型全自动波轮洗衣机的无水检测操作方法如下：

（1）插上电源插头，电源开关处于"断电"的位置。

（2）用左手两个手指同时按住"过程（功能）选择"和"大物"两个键不松手。

（3）用右手按下电源开关使之接通。

（4）蜂鸣器鸣叫后两手同时松开。此时洗衣机处于检测 A 状态。

（5）在其后 3s 内按压"过程（功能）选择"按钮，根据按压该按钮的次数，正常的洗衣机应有表 8-2 中的显示和运行状态。

表 8-2　海尔 XQB45-A 型全自动波轮洗衣机无水检测程序的显示和运行状态

按压功能选择按钮次数	检查程序	检查内容	指示灯显示状态	
			操作过程中	操作后
0（即不按压）	A	蜂鸣器 3 次断续鸣叫，指示灯闪亮 3 次，结束后自动断开电源	■■■ 洗涤　漂洗　脱水	洗涤　漂洗　脱水
1	B	波轮运转 5min（桶内无水）	■□□ 洗涤　漂洗　脱水	洗涤　漂洗　脱水
2	C	脱水运转 5min。当脱水不平衡及门盖打开时发出报警，门盖再合上后恢复原来工作状态	■■□ 洗涤　漂洗　脱水	洗涤　漂洗　脱水

注：■表示指示灯正常亮，表示指示灯闪亮，□表示指示灯不亮。

方法与技巧

　　采用无水检测程序前，应先按照正常使用的方法检查洗衣机原始程序是否正常。操作方法是：按下电源开关后，看指示灯显示是否正常（应该显示标准洗涤程序），然后按照正常作用的方法，按压各选择按钮，每按压一次蜂鸣器响一声，且相应的指示灯应正常亮灭。断开电源开关后，全部指示灯灭。若按钮失效、指示灯不能正常亮灭、蜂鸣器也不响，则是原始程序不正常，说明程序控制系统发生了故障。此时即使调用无水检测程序，也会出现不正常的运行状态。

　　2）电压法

　　检查电脑板的输入、输出电压是否正常，是判断电脑板是否发生故障的简单方法。在电源电压正常的情况下，测定其输入电压是否正常，可判断电脑板的外围电源电路是否有故障；测量输出电压是否正常，可判断电脑板是否损坏。常用的检修方法有以下两种。

　　（1）开关、灯泡辅助检查法

　　有的工厂采用这种方法检查电脑板，其检查步骤如下。

　　① 拆下电脑板（注意识记水位开关、安全开关、进水电磁铁、排水电磁铁或排水牵引器、电动机正反转各接点）。

　　② 用手动开关代替水位开关和安全开关，用普通灯泡代替进水电磁铁、排水电磁铁和电动机，如图 8-5 所示。根据洗衣机的工作流程，按顺序闭合或断开各开关，观察灯泡点亮和熄灭的情况，判断电脑板各控制功能是否正常。

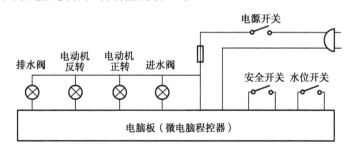

图 8-5　电脑板（微电脑程控器）辅助检查法示意图

　　③ 根据程控器的工作状况，确定故障范围。

　　④ 检查并修复发生故障的元器件，如电脑板工作正常，则检查修复发生故障的执行机构或机械零部件。

　　（2）输入输出电压检查法

　　电脑板正常工作时，应按规律通过与电气执行部件相连的插座向进水电磁铁、电动机、排水电磁铁等部件输出工作电压。因此可检查电脑板插座处的输入电压和输出电压。具体检查步骤如下。

　　① 从洗衣机的控制面板上拆下电脑板，并识记电脑板上的电源插座、进水电磁铁、电动机正转、电动机反转、排水电磁铁、安全开关、水位开关等插座的位置（通过清理电脑板与各零部件的连接导线来确定），如图 8-6 所示。

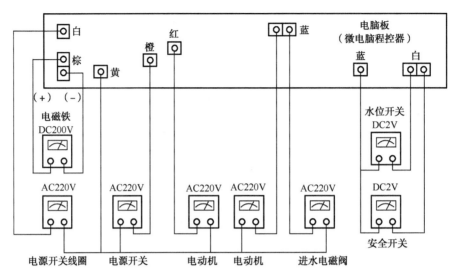

图 8-6　检查电脑板输入、输出电压的接线图

② 将除电源回路以外的各导线插头从电脑板插座上拔下，然后接通电源插头和电源开关，用万用表测量各导线插座和电源公共端之间的电压。

电源插座间的电压为输入电压，正常值应为 AC 220V。若电压为零，则电源电路有故障，应检查电源线、电源开关及有关接点。

接通电源开关后，按压一下启动按钮，测量接进水阀的插座输出电压。正常值应为 AC 220V。此时测量水位开关插座两针间的电压应为 DC 2V。

将水位开关短接，测量接电动机正、反转的插座输出电压，正常值应为 AC220V，且该电压时有时无（电动机交替作正、反向旋转）。

选择单脱水程序，并按压一下启动按钮，测量排水电磁铁的插座输出电压，正常值应为 DC200～210V（采用排水电动机的机型，正常值应为 AC 220V）。此时可同时测量安全开关插座两针间电压，正常值约为 DC 2V。

经过上述检查可确定是电脑板故障，还是电动机等负载的故障。然后再根据自己的检修能力，或修或换故障件。

2. 检修电路注意事项

① 电源电压过低（低于 180V）时，洗衣机指示灯不亮，按压操作按钮无效。有时程控器虽能工作，但电动机转动无力，部分元器件不工作，极易造成电气元器件损坏。

② 电源电压不稳定时，电脑程控器不能正常工作，表现为程序紊乱，指示灯显示不正常，电动机等负载部件工作失常。

③ 首先确保进水、排水电磁阀和电动机三个电感性负载无短路或漏电故障。若有故障应先修好，否则有可能继续烧毁电脑板。

④ 电脑板通常采用透明状的密封胶密封，不方便对密封部位元器件进行检测，最好是自制两根针状测试棒（如用塑料管套在小针外面制成）来代替万用表表笔使用。测量时用针头插入密封胶至接触待测的引脚或焊点，拔出后可在孔眼处涂点绝缘漆，如图 8-7 所示。更

换已损坏的元件时，应先用小刀将密封胶切开，然后将该部分密封胶撬起，再更换元件。修理结束后应将撬起处的密封胶重新封好。业余条件下，可用电吹风适当加热撬起的密封胶，使之黏合，也可涂上绝缘漆。

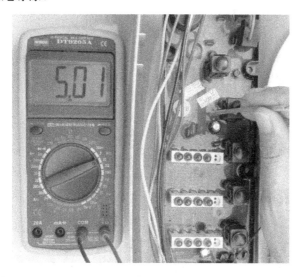

图 8-7　用自制的针状测试棒测量电脑板检测关键点的电压

⑤ 在检修中，要注意静电对微处理器的影响。微处理器是大规模集成块电路，内部含有很多 COMSFET 器件，当输入端开路时，人体和衣物上所带静电可能将其击穿。为了防止人体静电对微处理器的影响，要检修电脑式洗衣机电路时，洗衣机应接地。也可用手指触摸电源线插头和接地线的方法来消除人体和电器间的静电电位差。在用电烙铁焊接印制电路板时，应将电烙铁接地或将电烙铁断电后再焊接。

⑥ 不要将电路上的线圈拆开。电脑式洗衣机电路上一般有两处串联着线圈（扼流线圈），一处在电源线上，另一处在电动机运转电容的电路上。它们都将采用将导线卷成圆形线圈状来作为保护电脑程控器及双向晶闸管的电感线圈，对电感线圈的形状、匝数、直径都有特殊要求，故在维修和装配时要特别注意。

⑦ 注意电脑板上悬浮高压。电脑板上低压直流电和交流 220V 通常没有隔离，这将导致电路中所有的焊点和测试点均悬浮高压。因此，在检修时要注意安全，人体不要接触焊点，更换元件时，要把电源插头拔掉，严禁带电更换元件。在用电阻检测法检查电路和元件时，注意不要忘记拔下电源插头。同时注意，板上供给 CPU 的+5V 端一般都与 AC 220V 直接连通，低压电压切不可与板外有任何漏电发生，否则将可能烧毁 CPU。

3. 电脑板故障检修

1）电脑板失效

故障现象：洗衣机接通电源和按下电源开关后，面板上的指示灯不亮，按压按键无反应。

故障原因：

① 外接电源电路断路，或电脑板有短路故障，导致 AC 220V 输入电路中的熔断器烧断，使电脑板无 AC 220V 输入电压。重点检查电源开关是否接触不良，电源部分的插件是否松动、脱落，熔断器是否烧断。若熔断器已烧断，应查明原因，一般是电源电路上的压敏电阻及与

其并联的电容在过电压时被击穿短路，或者电源变压器烧毁。

② 电脑板上的直流电源电路有短路或断路。检查时通过测量变压器二次绕组 10V 交流输出，整流滤波后的 14V 直流电压、稳压后的 5V 直流电压是否正常，可迅速确定故障部位。如果变压器二次绕组无约 10V 交流输出，则查电源变压器一次绕组、二次绕组是否断路；若二次绕组输出电压偏低，且通电时间稍长变压器就发热严重，则是变压器绕组绝缘不良，应换变压器。变压器二次绕组 10V 交流输出正常，但整流滤波形成的电压异常，则检查桥式整流二极管、滤波电容；整流滤波的电压正常，5V 直流电压不正常，一是查稳压器，二是查 5V 的负载电路是否有短路故障。

📖 方法与技巧

> 有些变压器一次绕组内有一个过热保护器，当整流堆内的整流管击穿或滤波电容击穿，导致变压器过电流而使温度急剧升高，当温度达到过热保护器的标称温度值后，过热保护器熔断，避免了故障范围的扩大。维修时，可拆开变压器的一次绕组，更换该过热保护器，再更换故障元器件后即可排除故障。

③ 微处理器未工作或损坏。微处理器要正常工作，必须满足三个条件：电源、时钟信号和复位信号正常，这三者缺一不可。检查微处理器的电源，可直接测量供电（VDD）引脚的电压是否为 5V 来做出判断。对时钟电路进行检查时，先查晶振（或电感线圈）、谐振电容是否虚焊，再采用替换法检查。对复位电路进行检查，由于微处理器复位引脚电压在开机时由低升高（低电平有效），这个变化的时间很短，用万用表很难测得，通常采用先测量复位引脚的稳态电压(指复位后正常工作时的电压)，再采用人工复位的方法判断复位信号是否正常。对于采用低电平复位的微处理器，复位引脚的稳态电压应接近 5V，如果无电压或电压值偏低，说明复位电路有故障，重点检查复位电容是否短路、严重漏电。但是，稳态电压正常不一定说明复位正常，可以在复位引脚与地之间用导线瞬间短路（低电平有效），如果故障消失，则说明微处理器不工作是因无复位信号而引起的，应检查复位电路及相关元件，重点检查复位电容是否虚焊、断路或失效。

如果微处理器三个工作条件都满足，或某个条件不满足而相应外围元件又是正常的，故障则为微处理器本身损坏，可更换微处理器。如果无维修价值，也可整体更换电脑板。

2）按键失效

（1）某个按键失效

对于采用动态扫描电路的按键输入电路来说，故障原因是按键开关接触不良或引脚虚焊；对于单端输入电路（各按键相互独立）来说，故障原因是按键开关接触不良、电阻开路或微处理器不良。检查按键的方法是在按压状态下测开关引脚间的电阻，若为无穷大，则是按键开关接触有问题。

（2）几个按键同时失效

对于采用动态扫描电路的按键输入电路来说，一般是某一行或某一列电路上的几个按键失效。检查时，应首先按压面板上的按键，看是哪几个按键失效，然后对照电路图分析是哪一行或哪一列出了问题。一般是断路故障，检查对应那一行（或列）电路中的印制线是否断裂、限流电阻是否断路、三极管是否开路。

3）指示灯不亮或不该亮的亮

如果按键操作功能正常，仅是某个或某几个指示灯不亮，故障原因是发光二极管损坏或引脚虚焊，或限流电阻开路、印制线断裂。

指示灯显示紊乱，不该亮的也亮起来，一般是该列电路上的三极管 c-e 极间短路，也可能是微处理器不良。

4）蜂鸣器不响

在按压按键时，指示灯能正常亮灭，只是蜂鸣器不响，说明蜂鸣器电路有故障。应先检查蜂鸣器电路的供电，再检查蜂鸣器电路中的三极管、电阻、蜂鸣器是否正常，最后检查微处理器有无蜂鸣器驱动信号输出。可通过测量微处理器的蜂鸣器驱动信号输出引脚电压来判断，若在需要蜂鸣时，电压由低转为高，说明微处理器有蜂鸣器驱动信号输出；若电压不变化，说明没有驱动信号输出，是微处理器有故障。

5）电脑板无电磁铁等功率部件的供电输出

进水电磁铁、排水电磁铁（或排水电动机）、洗衣电动机等功率部件的供电都是受电脑板上的双向晶闸管控制后输出的。由于洗衣机工作时双向晶闸管处于频繁导通、关断的状态，并且 T1 和 T2 之间接 AC 220V 交流电压，流过双向晶闸管的工作电流较大，故双向晶闸管属于较易损坏的大功率半导体器件。

双向晶闸管损坏或不完全导通，会使电动机等功率器件动作不正常或运行无力，严重时会损坏电气执行零部件。如果双向晶闸管损坏，在更换新器件的同时最好找出故障原因，并检查电气执行零部件是否正常。

如在检修过程中怀疑双向晶闸管故障，可用下述方法进行检测。

（1）电阻测量法

用吸锡器拆下双向晶闸管，将万用表拨到电阻测量挡，分别测量双向可控硅各引脚之间的电阻。T1 和 T2 之间的正、反向电阻均应大于 2MΩ，T2 和 G 之间的正、反向电阻应为 100～300Ω。如电阻很小或为零则表明双向晶闸管已被击穿。

（2）电压测量法

将万用表拨到直流电压测量挡，并操作按键使双向晶闸管处于导通状态，测量 T1 和 T2 之间的直流电压。正常值应为 0.7～1V，若大于 1V，表明双向晶闸管有不完全导通的情况，电压值越大，不完全导通情况越严重。如电压值接近于 220V，则表明双向晶闸管在该方向已完全不导通。如电压值正常，应将红、黑表笔交换测量双向晶闸管在另一方向的导通情况，只要有一个方向有不完全导通的情况，就更换双向晶闸管。

如果双向晶闸管的 G 极无触发信号（双向晶闸管完好）则应检查触发电路是否正常或电脑板是否输出触发脉冲控制信号。

💡 提示与引导

双向晶闸管（即双向可控硅）是将极性相反的两个晶闸管并联在一个硅片上，并且用同一个控制板去控制正、反两个方向上的导通。把与控制极 G 相近的电极叫第一电极 T1，另一个电极叫第二电极 T2。双向晶闸管的特点是正、负两个方向的电流都可以控制，控制极 G 加正或负触发电压都可以导通。

思考练习 8

1．填空题

（1）全自动洗衣机的电脑板（电脑程控器）的核心是＿＿＿＿＿＿。电脑板电路主要由＿＿＿＿＿、＿＿＿＿＿、＿＿＿＿＿、＿＿＿＿＿、＿＿＿＿＿、＿＿＿＿＿等部分组成。

（2）单片机（微处理器）正常工作的三个必要条件是：＿＿＿＿＿、＿＿＿＿＿、＿＿＿＿＿正常，这三者缺一不可。

（3）电脑板的负载驱动电路，通常采用＿＿＿＿＿作为交流 220V 或直流 200V 电源开关执行元件，这些开关的通断是由＿＿＿＿＿控制的。

（4）模糊控制洗衣机是以接近人类的感觉，用＿＿＿＿＿方法模拟人的操作技能、控制经验进行控制的一种方法。

2．简答题

（1）简述应用电压法检查波轮式全自动洗衣机的电脑板的方法。

（2）简述波轮式全自动洗衣机的电脑板失效故障的原因和修理方法。

波轮式全自动洗衣机的拆装

【项目目标】

1. 熟悉波轮式全自动洗衣机的基本结构和电气控制原理。

2. 能正确拆卸和组装波轮式全自动洗衣机。

3. 学会对波轮式全自动洗衣机主要部件进行检测，并判断其质量好坏。

 **任务一　波轮式全自动洗衣机的拆装**

1. 拆卸、装配的注意事项

1）拆装前的注意事项

在拆装洗衣机前，要特别注意以下两点：

① 要确认电源线插头已从电源插座上拔下，以确保拆装时的人身安全。

② 要确认洗衣机桶内没有残水，以确保拆装时，放倒洗衣机无残留的水流出。如果拆装前桶内有残留水，应操作脱水程序，将水排净。

2）拆装时的注意事项

在拆装洗衣机时，要特别注意以下几点：

① 拆下导线束的扎带和聚氯乙烯绝缘胶带后，在组装时必须按原样牢牢地固定和包扎好，以免发生断线和产生异常噪声。

② 用螺钉固定零部件时，螺钉必须拧紧，不能太松，否则易产生振动和噪声。

③ 导线束等有关零部件，不可受到无关的力（如张力、摩擦力）的作用。

④ 在拆卸和安装零部件及整机时，要注意拆卸和安装的顺序。

2. 波轮式全自动洗衣机的拆装

1）主要控制器件的拆装

（1）拆卸控制面框

波轮式全自动洗衣机的水位开关、进水电磁阀、安全开关、电脑板等控制器件都安装在控制面框的下面，要对进水电磁阀等部件进行维修或更换，都需要先拆卸控制面框。对于波轮式全自动洗衣机，其机械结构部分大体上是相同的，最主要的区别在于面框。不同的洗衣机其面框的结构是不一样的，面框内零部件的种类和安装方法也不尽相同，故在拆装前，须详细阅读该机种的维修说明书及有关资料，这样在拆装时才能做到胸有成竹，顺利地完成拆装和维修。

① 如图 9-1 所示，先用一字小螺丝刀将面框前侧左右两边的塑料帽（左右各一个）取下，然后用十字螺丝刀拆下螺钉（左右各一颗），再将面框后面的两颗紧固螺钉拆下。

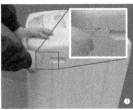

图 9-1　拆卸波轮式全自动洗衣机的控制面框 1

② 如图 9-2 所示，将面框翻起，使它斜靠在墙壁等稳定的地方。拆下防水罩后，便能看到固定在控制面框底面及内部的电脑板、水位开关、进水电磁阀、安全开关等控制器件。

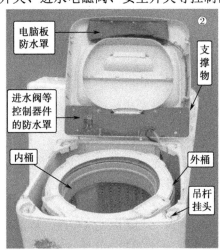

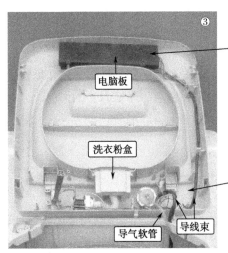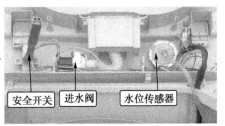

电脑板正面元器件组装结构

图 9-2　拆卸波轮式全自动洗衣机的控制面框 2

方法与技巧

　　翻转面框时，要注意保护好水位传感器用的导气软管及导线束，以免它们被箱体的边缘划伤或折断

　　（2）拆卸进水电磁阀

　　如图9-3所示，首先拔下进水电磁阀的连接导线，并记下接插件连接位置。然后旋下进水电磁阀的固定螺钉。最后将进水电磁阀从连接洗衣粉盒的软水管上拆下来，便可对进水电磁阀进行维修或更换。

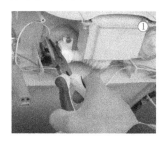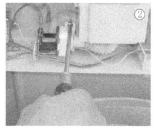

图9-3　拆卸进水电磁阀

　　（3）拆卸水位传感器

　　首先拔下控制台面板上的水位传感器旋钮（机械式水位传感器才有此旋钮，电子式水位传感器无旋钮），然后再按下面的方法进行拆卸：

　　① 用鱼尾钳将固定橡胶导气软管的钢丝搭扣解开，如图9-4（a）所示。

　　② 拔下水位传感器上的橡胶压力软管（即导气软管），如图9-4（b）所示。

　　③ 旋下水位传感器上的固定螺钉，将它与控制台分离，如图9-4（c）所示。

　　④ 拔下水位传感器上的连接导线（记下接插件连接位置），便可将水位传感器卸下了，如图9-4（d）和图9-4（e）所示。

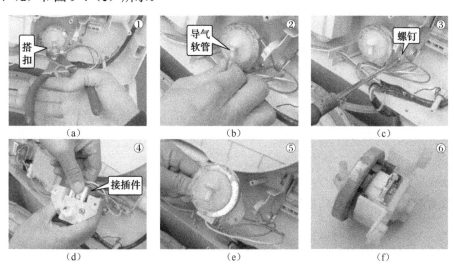

图9-4　拆卸水位传感器

（4）拆卸安全开关

如图9-5所示，旋下安全开关上的固定螺钉；将安全开关取下；拔下安全开关上的连接导线，记下接插件连接位置。

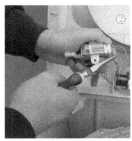

图9-5　拆卸安全开关

方法与技巧

洗衣机上盖关闭时，安全开关的盖板杆向上顶起，安全开关内的触点接通，所以，须在洗衣机上盖打开的情况下进行安全开关的拆装。安装安全开关时，盖板弹簧一定要装好，盖板杆要放在盖板后端的凸出部件上。

（5）拆卸电脑板

取下电脑板及防水罩的紧固螺钉，取下防水罩后就可以将电脑板取下来了（见图9-6）。一般，连接导线是直接焊在电脑板上的，接其他元器件那端采用接插件。如果需要更换电脑板，拆下电脑板后还要将电脑板的连接线从相关元器件的接插件处取下，才能将电脑板脱离机器。取下前要逐个记下连接导线的连接位置。由于它的接线较多，一旦接错，会造成严重后果。若为组合接插件式的连接，可在接、插件两者对应位置用笔做好记号；若为单根线连接方式，则在拆开每个接头时，就应在连接的两根线上贴上胶布并编好号码，或涂上颜色标记。

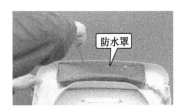

图9-6　拆卸电脑板

点　拨

电脑板所用器件多为MOS型FET器件，须注意人或其他物体所带静电对器件的损害，不要划破电脑板表面的密封硅橡胶，不要损坏与电脑板连接的导线及插件。

2）洗涤和脱水系统的拆装

波轮式全自动洗衣机的洗涤和脱水系统主要是波轮与离心桶。

（1）波轮的拆装

拆卸方法和步骤如下。

① 用小一字螺丝刀将波轮顶部的塑料帽撬开，如图 9-7（a）所示。有些机器的波轮顶部没有塑料帽，这一步骤就省去。

② 用十字螺丝刀旋松波轮螺钉，旋出 8～10mm，如图 9-7（b）所示。

③ 用手提螺钉头，即可将波轮提起。如果提不起，可用扁口螺丝刀从波轮边缘几个位置处轻轻撬动，然后再提螺钉头。如果仍提不起波轮，可用两个金属钩钩住波轮的边缘后往上提，就可将波轮提上来，如图 9-7（c）所示。也可用塑料打包带从波轮和桶的缝隙中穿进去（最好用两根，从两边穿进），套住波轮往上提，将波轮提上来。

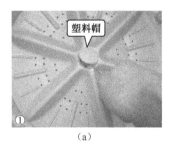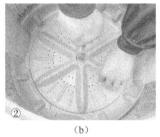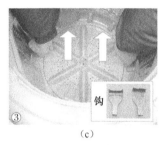

图 9-7　拆卸波轮

波轮的安装方法：将波轮套到波轮轴上，拧紧固定螺钉。安装波轮要保证波轮与离心桶凹坑边缘等距离（一般不大于 1.5 mm，下降不大于 2mm），否则会轧衣服。安装好波轮后，应先手动，再通电试运转，如果内外桶之间、内桶与波轮之间存在碰撞或摩擦现象，则应查明原因并重新装配调整。

（2）离心桶的拆装

拆掉波轮以后再拆离心桶。拆卸离心桶的方法和步骤如下。

① 取下波轮轴上的垫圈，如图 9-8（a）所示。

② 用 7 英寸管钳或洗衣机离合器拆卸专用扳手卸下固定离心桶的六角扁螺母，如图 9-8（b）所示。

③ 取出六角扁螺母下面的法兰盘垫圈，如图 9-8（c）所示。

④ 拆下控制台，将它挂在箱体后部，要注意不能拉断或划破导线和软管。

⑤ 用十字螺丝刀拆下离心桶护圈的紧固螺钉，再取下离心桶护圈，如图 9-8（d）和图 9-8（e）所示。

⑥ 将离心桶轻轻摇晃，使之松动，然后用手握住平衡圈，慢慢向上提起，就可将离心桶取出来了，如图 9-8（f）所示。

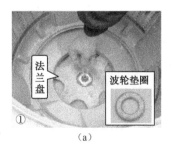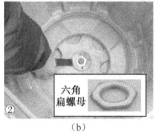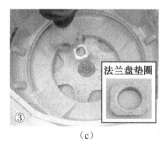

图 9-8　拆卸离心桶

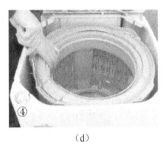

（d）　　　　　　　　　（e）　　　　　　　　　（f）

图 9-8　拆卸离心桶（续）

离心桶的安装方法：

用手提住离心桶平衡圈，将它慢慢向下复位。拧紧固定离心桶的螺母，固定在离心桶底部的法兰盘与离合器脱水轴为方孔对方轴，配合间隙很小，装配时要在孔轴吻合后，再往下按离心桶。

点拨

在拆卸离心桶时，切忌逆时针方向扭转离心桶，否则有可能将离合器内部的抱簧折断；离合器外轴铣成扁形，离心桶底部连接盘中心孔也冲成与外轴相配合的扁孔，装配时应注意二者相吻合；装配离心桶时，先将止退垫片上好，并按对角顺序依次逐步拧紧六角螺母，装上波轮后通电试运转，检查离心桶与波轮是否有相撞等异常现象，如有应及时排除。

3）后盖板的拆装

后盖板也叫检修窗盖板，它的拆装方法很简单，用十字螺丝刀从洗衣机的后侧拆下固定后盖板的螺钉，向下抽出后盖板即可。拆下后盖板后，我们可以看到排水阀、电动机等部件，如图 9-9 所示。

4）防鼠板、底座的拆装

首先将洗衣机向后翻倒，用十字螺丝刀拆下防鼠板上的螺钉，向上提起防鼠板，使其从底座上拆下，如图 9-10（a）所示。然后拆下底板上

图 9-9　拆卸后盖板

固定排水内软管的螺钉。最后拆下底板与箱体的紧固螺钉，就可将底板拆下，如图 9-10（b）、（c）所示。

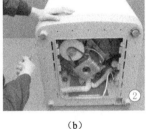

（a）　　　　　　　　　（b）　　　　　　　　　（c）

图 9-10　拆卸防鼠板、底座

5）离合器的拆装

离合器固定在底盘上，一般在拆掉波轮、离心桶以后再拆它。

（1）离合器的拆卸

① 将洗衣机翻倒，卸下底座。

② 拆下运输支架上的螺栓［图9-11（a）］，然后取下运输支架。

③ 取下传动皮带［图9-11（b）］。

④ 将离合器制动杠杆从连接板（排水阀与牵引器间的连接板）的方孔中取出来［图9-11（c）］。

⑤ 用套筒扳手拆下离合器与底盘固定的螺钉［图9-11（d）］。

⑥ 用一字螺丝刀插入离合器与底盘间的缝隙，轻轻撬离合器外壳两侧的安装板［图9-11（e）］，使离合器与盛水桶分离。

⑦ 双手提着离合器外壳两侧的安装板往上拔［图9-11（f）］，就可将离合器连同带轮拔出来了。

⑧ 仔细观察离合器的零件是否完好和有无锈蚀等，否则，须进一步拆卸离合器。

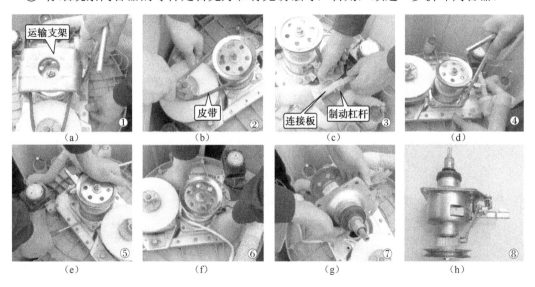

图9-11　拆卸离合器

（2）离合器的装配

将离合器安装到底盘上。4 只紧固螺钉要按对角位置依次逐步拧紧在底盘上，以确保离合器的轴与盛水桶底部、底盘平面垂直。

（3）离合器的调整

离合器正确的工作状态应该是：在洗涤时，由棘爪将棘轮拨过一个角度，拨松其内部的抱簧，使洗涤轴与脱水轴脱离；在脱水时，棘爪放松棘轮，拨紧抱簧，使洗涤轴与脱水轴啮合。所以，调整也应分两种状态进行。

洗涤状态时的调整：排水电磁阀处于断电状态，将挡套螺栓旋松，移动挡套位置，使挡套与制动杠杆之间的距离为 1～2mm；然后旋紧挡套固定螺钉，此时棘爪与棘轮的啮合关系如图9-12（a）所示。

脱水状态时的调整：用手拨动排水电磁铁拉杆（或牵引器连接板），使它置于吸合状态，这时棘爪、棘轮之间的关系如图 9-12（b）所示。如棘爪还与棘轮接触，则应进行适当调整，使棘爪放松棘轮且两者之间的距离为 1～2 mm。

6）电动机的拆装

（1）电动机的拆卸

电动机固定在底盘的钢架上，拆卸时须将洗衣机放倒。

（a）洗涤状态 　　　（b）脱水状态

图 9-12　棘爪与棘轮的位置关系

① 拆下底座后，这时洗衣机底部的中心基座已露出来。

② 将固定在机箱上的导线松开，将电动机的导线束从与其绑扎在一起的导线束中分解出来，将其拆开（注意记下接线位置），然后用电烙铁或万用表表笔给电动机的电容器放电。

③ 用一字螺丝刀撬出电动机皮带轮上的一点三角皮带，旋转电动机的风扇，卸下三角皮带，如图 9-13（a）所示。

④ 用套筒扳手拆下电动机的安装螺栓（两个），这样就可以将电动机连同皮带轮从中心基座上拆下来，如图 9-13（b）、（c）所示。

⑤ 用套筒扳手套住电动机皮带轮的紧固螺栓，拆下螺栓（1 个）后，就可以将皮带轮和风扇从电动机轴上取下来了，如图 9-13（d）、（e）所示。

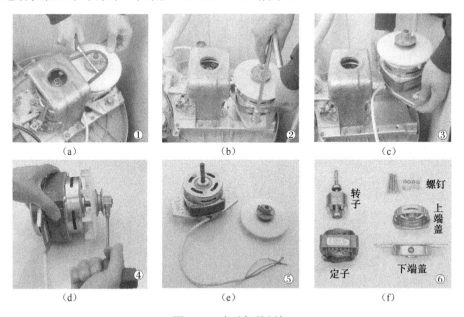

图 9-13　电动机的拆卸

（2）电动机的安装

安装电动机时，须对三角皮带的张力进行调整，如图 9-14 所示。先旋松电动机安装螺栓（两个），将三角皮带置于离合器皮带轮和电动机的皮带轮上，边确定皮带的张力，边旋紧电动机的安装螺栓。如果皮带过紧，就不能正确地进行衣量和衣质的检测，这时即使负载较少，也会造成高水位。相反，如果皮带过松，则呈滑移状态，即使负载很多，也会造成低水位。另外，在安装电动机时，电动机的导线束必须很好地固定在电动机绝缘块的导线挂钩上，否则会因断线而损坏洗衣机。

 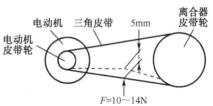

图9-14 检查皮带松紧的方法

7）排水电磁铁、排水电动机、排水阀的拆装

（1）排水电磁铁的拆装

排水电磁铁的拆装步骤如下。

① 排水电磁铁（或旋转式牵引器）固定在外桶的底上，拆卸时须将洗衣机放倒，拆下后盖板。

② 将固定在机箱上的导线松开，找出排水电磁铁的连接头，将其拆开（注意记下接线位置），并将导线的捆扎带解开。

③ 卸下旋在底盘上的排水电磁铁固定螺钉。

④ 用尖嘴钳拔出固定衔铁的销钉，卸下排水电磁铁。

⑤ 仔细观察排水阀是否完好，用手拉动拉杆，检查其内部弹簧是否具有足够大的弹性。

⑥ 按照排水电磁铁拆卸相反的顺序安装好排水电磁铁，并连接好它的电路。

📖 **方法与技巧**

安装排水电磁铁时，别忘记装上防水罩，且防水罩的喇叭口朝下（正常作用时的方向），以免电磁铁淋水。

（2）排水电动机（旋转式牵引器）的拆装

排水电动机（旋转式牵引器）的拆装步骤如下。

① 将洗衣机放倒，拆下后盖板。

② 将固定在机箱上的导线松开，找出排水电动机的连接头，将其拆开（注意记下接线位置）。

③ 卸下旋在底盘上的排水电动机固定螺钉，如图9-15（a）所示。

④ 将排水电动机纲丝绳堵头从排水阀连接板上取出来，卸下排水电动机，如图9-15（b）所示。

⑤ 仔细观察排水阀是否完好，用手拉动拉杆，检查其内部弹簧是否具有足够大的弹性。

⑥ 按照排水电动机拆卸相反的顺序安装好排水电动机，并连接好它的电路。

（3）排水阀的拆装

排水阀（即排水阀座）装在洗衣机的底盘上，它与盛水桶排水口用橡胶套管连接并胶合密封，还与盛水桶上侧的溢水管连接。排水阀的排水口与排水短管用弹簧卡子固定，阀芯拉簧从阀盖中心穿出钩在排水电动机连接板（或电磁铁拉杆）上，如图9-16所示。

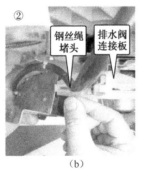

（a）　　　　　　　　（b）

图9-15　排水电机的拆卸

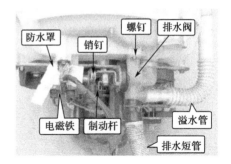

图9-16　排水阀与其他部件的连接关系

拆卸步骤如下。

① 用尖嘴钳拔出固定衔铁的销钉。

② 松开与底盘连接的固定螺钉。

③ 取下排水短管和溢水管。

④ 握住阀体左右转动并向外拔，使之与盛水桶的排水口分离。

安装排水阀座的注意事项：

① 在安装排水阀时，应先用胶水将橡胶套与盛水桶排水口黏合。

② 更换排水阀后，可依靠排水阀底部的腰形螺钉固定孔来调整电磁铁的行程，通常应为14～17mm，并应调整好离合器制动杆的位置。

8）其他部件的拆装注意事项

（1）吊杆

由于中心基座上装有离合器和电动机，为了使整台洗衣机保持平衡，有的洗衣机在中心基座上装有配重块，在这种情况下，四根吊杆是一样的；有的洗衣机在中心基座上不使用配重块，而是利用吊杆来保持平衡，在这种情况下，四根吊杆是不一样的，装有电动机一侧的吊杆与未装有电动机一侧的吊杆不同，装有电动机一侧的吊杆内弹簧的长度要长一些。故在拆装全自动洗衣机的吊杆时要特别注意，若安装不当，会造成洗衣机工作时不平衡而影响使用。

（2）水位传感器的导气软管

在拆装水位传感器的导气软管时要注意以下几点。

① 水位传感器软管要在吊杆上缠绕两圈，并在与吊杆相接触的部位涂少量的润滑脂。

② 为了防止水位传感器的导气软管的接头处泄漏，须在水位传感器的导气软管与盛水桶的接头处以及水位传感器的导气软管与水位传感器的接头处使用软管夹子。

③ 水位传感器的导气软管安装在面框内的部分不要弯曲，也不要与螺钉等有尖锐棱角的部位相接触，以免在使用中损坏。

（3）导线的拆装注意事项

在洗衣机电气部件的接头处以及导线之间大多采用接插件进行连接，这样可以使装配时的作业性和可靠性提高，同时也便于维修。

① 导线束的接头处。为了提高安全性能导线长度要保持一定的余量，并将导线束的接

头处用塑料袋包扎好，同时需要用扎带紧紧地固定在洗衣机的外箱体上。

② 双向晶闸管保护用的电感线圈。洗衣机在洗涤时利用电动机正转—停—反转而带动波轮旋转，从而产生水流，电动机正转、反转的动作是通过双向晶闸管来控制的。为了防止大电流损坏双向晶闸管，须在双向晶闸管与电动机运转用的电容器之间使用一个电感线圈，用来保护双向晶闸管，如图9-17所示。

对于波轮式全自动洗衣机，采用将导线卷成圆形线圈状来作为保护双向晶闸管用的电感线圈，这对电感线圈的形状、匝数、直径都有特殊要求，故在维修和装配时要特别注意。

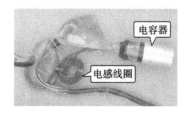

图 9-17　可控硅保护用的电感线圈

（4）电子控制部件处的导线布线

为了保证全自动洗衣机的正常运行，要极力避免磁场干扰对全自动洗衣机程序控制器的影响。程序控制器附近的有市电流过的导线的长度要尽量短，而且两根形成回路的流出电流的导线与流入电流的导线之间的距离要尽量小，以使得两根导线之间的面积为零。导线中有电流通过时会产生磁场，若导线弯成环状，产生的磁场将对芯片（IC）产生强烈干扰，从而使芯片误动作，所以必须使流出电流的导线与流入电流的导线间的距离尽量小，这样两根导线产生的磁场互相抵消，从而减少对芯片的干扰。另外，导线要避免布置在芯片附近，导线要尽量短，这样导线就不易形成环形，从而减少了干扰磁场的产生，减少了对芯片的影响。如果通电导线接头处设置有线圈，则线圈中的感生电流将对程序控制器产生干扰，如果导线中流过的市电存在瞬时高电压的干扰，则两根导线将产生干扰磁场；如果在接头处设置线圈，就会在线圈中产生干扰电压，从而影响程序控制器的正常工作。因此，在布线时要特别注意，不要在导线接头处设置线圈，以减少对程序控制器的干扰。

任务二　波轮式全自动洗衣机的拆装及主要器件的检测实训

1. 实训目的

① 熟悉波轮式全自动洗衣机的结构，理解主要部件的作用和工作原理。
② 掌握波轮式全自动洗衣机主要部件的拆装方法。
③ 掌握进水电磁阀、排水电磁阀（排水电动机）、水位开关、安全开关等的检测方法。

2. 主要器材

全班视人数分为若干个组。每个组的器材：波轮式全自动洗衣机一台（最好是微电脑式的），万用表一只，兆欧表一只，电烙铁一把，螺丝刀、尖嘴钳、各种扳手和套筒等电工工具一套。

3. 实训内容和步骤

① 主要控制器件的拆装、检测。

a．拆卸控制台后，观察内部结构。

b．进水电磁阀的拆装、检测。

拆卸进水电磁阀后观察其结构，用万用表的电阻挡测量进水电磁阀的电阻值，并做记录。按照拆卸相反的顺序安装好进水电磁阀，并连接好它的电路。

c．水位开关的拆装、检测。

拆卸水位开关后观察其结构。

对于机械式水位开关进行以下检查。

常态下，用万用表 R×1Ω 测量两触点之间的阻值，并做记录。用万用表 R×1Ω 监测两触点之间的阻值，用嘴向水位开关气室吹气，当听到水位开关动作的"叭哒"声时，记录此时的电阻值。

对于电子式水位开关进行以下检查。

用万用表 R×1Ω 测量电子式水位开关 3 个引脚之中任两引脚的阻值，并做记录。

d．安全开关的拆装、检测。

拆卸安全开关后观察其结构。

在洗衣机上盖打开和闭合状态，用万用表 R×1Ω 测量安全开关两簧片之间的阻值，并做记录。

e．拆装电脑板。

拆下电脑板后，观察电脑板上元器件组装结构。

将拆卸下的零部件重新安装好。

② 波轮的拆装。

③ 离心桶的拆装。

④ 离合器的拆装。

拆下离合器后，观察其结构。

模拟离合器的洗涤和脱水状态，如图 9-18 所示。

⑤ 排水电磁阀（或排水电动机）的拆装。

拆下排水电磁阀（或排水电动机），观察其结构。

用手拉动拉杆，检查排水阀内部弹簧是否具有足够大的弹性。

用万用表的电阻挡测量排水电磁阀（或排水电动机）的阻值，并做记录。

⑥ 电动机、电容的检测。

（a）洗涤状态

（b）脱水状态

图 9-18　模拟离合器的工作状态

用万用表电阻挡测量电动机两绕组的电阻和绝缘电阻，并做记录。

用万用电阻挡测量电容器的质量好坏，并做记录。

◆ 4．实训报告

1）记录测量数据

测量数据记录表格见表 9-1、表 9-2、表 9-3。

表9-1　进水电磁阀、排水电磁阀（排水电动机）、水位开关、安全开关检测记录

进水电磁阀的电阻/kΩ			
排水电磁阀的电阻/kΩ		排水电动机的电阻/kΩ	
水位开关的电阻/Ω	常态下	向水位开关气室吹气时的电阻/Ω	
安全开关两引出线间的电阻/Ω	上盖合上时的阻值/Ω	上盖打开时的阻值/Ω	

表9-2　电动机检测记录

洗涤电动机	型　号	功　率	绕组1电阻/Ω	绕组2电阻/Ω	绝缘电阻/MΩ

表9-3　电动机的电容器检测记录

标　称　值	容量/μF		耐压/V	
充放电能力检测	检测时所用挡位	开始时指针位置		结束时指针位置
	R×____挡			
实测电容量/μF		根据测量结果判断电容器是否正常		

2）实训中的问题、收获

将实训过程中遇到的问题、实训中的体会与心得，形成文字材料，填入表9-4。

表9-4　实训中的问题、收获

实训人		班级及学号		日期	
实训中遇到的问题					
解决办法					
体会、收获					
实训指导教师评语及成绩评定					

思考练习 9

1. 简述波轮式全自动洗衣机三角皮带张力的调整方法。
2. 简述离合器的拆装方法。
3. 拆装波轮式全自动洗衣机导线应注意哪些问题？
4. 波轮式全自动洗衣机电子控制部件处的导线布线应注意哪些问题？

波轮式全自动洗衣机常见故障的检修

【项目目标】
1. 理解波轮式全自动洗衣机常见故障产生的原因。
2. 掌握波轮式全自动洗衣机的综合性故障检修方法，提高维修技能。

任务一 波轮式全自动洗衣机常见故障的分析与检修

全自动洗衣机的结构比较复杂，控制件、电气件多，产生的故障也比较复杂。有时一种故障现象可能由多种原因引起，有时一种原因会引发出多种故障现象。因此，在实际修理中，往往会面对一种故障现象却找不出产生故障的原因，也弄不清故障发生的真正部位，检查时也不知道从什么地方入手的情况。有时还会由于分析判断的错误，在维修中走弯路，甚至乱拆乱卸损坏机件，增加维修的难度。

总结实际维修中的经验，我们把重点放在帮助读者学会分析判断故障产生的原因以及怎样检查故障上，有针对性地介绍修理方法和修理技术。

1. 全自动洗衣机的"假"故障和故障代码

1）全自动洗衣机的"假"故障

为了保证全自动洗衣机的使用性能和工作安全，全自动洗衣机设置有辅助动作和功能，若用户对洗衣机的使用不了解，或未正确操作全自动洗衣机的按键和开关，常常把一些正常现象误认为是故障，即"假"故障。对于未正确操作而出现的"假"故障，只要按正确方法操作洗衣机，洗衣机即可正常工作。对维修人员来说，要避免将"假"故障当成故障进行检修。下面列出全自动洗衣机的一些容易被误认为故障的非故障现象。

① 进水应达到所选定的水位，才能进行洗涤和漂洗。进水未达到选定水位时，波轮不旋转。

② 全自动洗衣机，通常有"标准"、"轻柔"、"大物"几种程序可选择，用不同程序洗涤时，波轮的正、反转时间和停歇时间不同。在洗涤和漂洗过程中，波轮转转停停是正常现象。

③ 在"轻柔"程序时，波轮转速只有"标准"程序时转速的一半。此时，循环水不从线屑过滤器网袋中流出，这是正常现象，不是异常现象。

④ 洗涤结束进入漂洗（排水）过程时，不能再变更洗衣程序。若要变更，应先关掉电源，再按洗衣机操作顺序重新选定程序后再启动。

⑤ 漂洗前，要进行排水、间歇脱水、中间脱水。最后脱水前，也要进行排水和间歇脱水。因此，在漂洗进水前和最后脱水前，脱水桶转速时快时慢和转转停停，都是正常现象。

⑥ 漂洗分为贮水漂洗和注水漂洗两种方式，在"经济"和"大物"程序漂洗时，是采用注水漂洗，当进水到选定水位后，还要继续进水。这种现象不是故障。

⑦ 当盛水桶内的水从溢水孔溢出时，排水管内有水不断流出，不属于漏水故障。

⑧ 排水结束，刚进入脱水时，如果盖板未盖好，洗衣机将停止运行并鸣响报警。如果在脱水过程中打开盖板，洗衣机则暂停运行，不报警。这些属于洗衣机的安全保护功能。

⑨ 脱水时，脱水桶若因衣物放置不均匀而产生不平衡振动，洗衣机会自动停止脱水，改为进水后贮水漂洗，将衣物调整均匀，即所谓脱水不平衡修正。因此，在脱水过程中出现进水和漂洗动作，以及最后脱水时"漂洗"指示灯闪烁，都表示正在进行"自动调整"，不属于故障。

2）全自动洗衣机的故障代码

电脑控制式全自动洗衣机一般具有自诊断功能，在洗衣全过程中，微电脑不断地接收电源电压、安全开关、水位传感器、布量传感器等信号，并对接收到的信号进行分析，做出判断。若洗衣机工作状态不正常，微电脑控制整机处于保护状态，并且蜂鸣器报警，同时也会通过不同的指示灯来指示故障类别（无数码显示的电脑板），或者显示故障代码（有数码显示的电脑板），提醒操作者及时进行处理。

洗衣机在工作时报警和显示故障代码主要有三方面的原因：一是使用者操作不当，如衣物投放量超限、脱水时上盖未关闭等；二是洗衣机正常工作的外部因素异常，如电源电压异常、自来水停水、水龙头未完全打开等；三是洗衣机本身有故障，如进水阀损坏或水位传感器有故障等造成进水超时，排水阀损坏等造成排水超时等。

根据故障代码分析故障原因，确定故障部位时，应先考虑操作不当和影响洗衣机正常工作的外部因素，最后才考虑是否洗衣机的某个电路及某个元件出了故障。

不同的故障代码对应不同电路，甚至直指某个元件出现了故障。不同品牌以及不同机型的洗衣机，其故障代码也不相同。熟悉所维修的洗衣机的故障代码含义，对维修工作能够起到事半功倍的效果。

创维 XQB55-828S、XQB56-835S、XQB65-838S 波轮式全自动洗衣机故障代码见表 10-1。

表 10-1 创维 XQB55-828S、XQB56-835S、XQB65-838S 波轮式全自动洗衣机故障代码

故障代码	故障类型	故障原因	解除
E0	进水超时	水龙头未开、停水或水压小，15min 后进水不到设定水位	打开水龙头或待水压正常后再用，打开机盖，再合上机盖重新进入进水过程
E1	排水超时	排水管未放下或被堵塞，造成 5min 后水排不掉	检查排水管并排除故障后再按"启动/暂停"键。打开机盖，再合上机盖可解除报警，重新进入排水工作
E2	脱水时碰外桶	由于衣物在桶内不均匀引起脱水时不平衡而碰擦外桶，此时洗衣机会进行自动修正，两次后仍无效则报警	打开机盖，将衣物放均匀，再盖好上盖

续表

故障代码	故障类型	故障原因	解除
E3	不脱水	排水结束后，机盖未盖上（暂停并报警）或开始脱水后再开盖（只暂停不报警）	盖好上盖
E4	水位传感器异常	在运行中如自动检测到水位小于高水位极限或大于低水位极限，则自动报警，属于传感器故障	检查导气软管、水位传感器
E5	断电失败	电脑板故障	检修或更换电脑板

注：对于某些故障洗衣机蜂鸣器会自动报警，并且指示灯一起闪烁。

2. 进水系统常见故障分析和检修

全自动洗衣机进水系统主要自动提供洗涤及漂洗时所需的用水量。在正常情况下，进水系统应能自动地进水、补水和停止供水，否则属于进水系统不正常。

1）洗衣机不进水

洗衣机在洗涤和漂洗过程前，以及在注水漂洗过程中，都应能自动进水。当洗衣机不进水时，首先应检查自来水龙头是否打开，水压是否过低，进水软管是否扭结或压偏，过滤网是否堵塞，严寒季节自来水是否结冰。如果上述情况都没有发生，则检查进水电磁阀、水位传感器、电脑程控器。

（1）检查进水电磁阀

当洗衣机启动后，进水时用手触摸进水阀口应能感到有轻微的振动，并有"嗡嗡"的电磁声。如果听不到进水阀有任何声音，可能是进水阀未开启，这是由于进水阀本身的故障，或者是进水阀电磁线圈上没有 220V 左右的交流电压。可用万用表交流电压挡测量电磁阀两端是否有 220V 交流电压，如图 10-1（a）所示。如有电压证明故障出在电磁阀本身。改用电阻挡测量电磁阀线圈的电阻（在断电状态下测），正常值应为 4.5～5.5kΩ，如图 10-1（b）所示。如电阻值为 0～300Ω 则可判断为线圈短路或部分短路。如所测电阻值大于 10kΩ 则可判断为线圈断路。发现上述故障，应更换进水电磁阀。若阻值为 4.5～5.5kΩ，说明线圈正常。阀门不开启的原因，可能是进水阀内的水道或中心孔被堵塞，或者动铁芯被卡死，不能将中心孔打开，应拆开检查，清除杂物修理。如不能修理，则更换进水阀。

（a）测进水电磁阀的工作电压

（b）测进水电磁阀的电阻

图 10-1　检查进水电磁阀

（2）检查水位传感器

如果洗衣机不进水，而波轮又旋转，可能是水位传感器有问题而造成的。检查水位传感器前，应先检查、确认盛水桶内无剩水，导气软管路无折叠、扭结或堵塞现象。若桶内有水或空气管路不通，则可能会使水位传感器的贮气室内气压过高，造成水位传感器输出错误。排除这些故障原因后再做进水试验。如果仍不进水，则故障出在水位传感器上。

对于机械式水位传感器，在断电状态下，用万用表电阻挡测量其两个接线端子之间的电阻，若阻值很小，说明开关触点未断开，可能是复位弹簧断裂或失去弹性，或者是公共触点与常开触点咬死，应换水位传感器，如图 10-2 所示。对于电子式水位传感器，若电感线圈损坏，则洗衣机在通电后程控器检测到进水异常时将停止运行而报警。

（3）检查电脑程控器

如果电源系统有电，进水阀完好，水位传感器处于断开状态，而进水阀线圈的两个导线插头之间没有 220V 交流电压，则可能是程控器连接导线有故障。进水时，用万用表电压挡测量电脑程控器上连接进水阀插座的输出电压，如图 10-3 所示。若有 220V 左右交流电压，说明进水阀与程控器/电脑板间的导线或连接处有断路或接触不良现象。若无 220V 交流电压，则属于程控器/电脑板故障，可能是电脑板上为进水阀供电的双向晶闸管损坏或因无触发信号导致双向晶闸管不能导通，须进一步检修电脑板，或者整体更换电脑板。

图 10-2　检查水位开关

图 10-3　测量电脑板进水阀插座的输出电压

2）洗衣机进水缓慢

洗衣机进水缓慢，将会延长进水时间。微电脑式全自动洗衣机进入进水程序阶段时便启动内部定时器计时，当计时超过设定时间仍未达到设定的水位时，便会蜂鸣报警，有些机型还将显示故障代码信息。

洗衣机进水缓慢，但仍能进水，说明进水系统的电气线路正常。在自来水水压正常的前提下，进水缓慢故障的主要原因及排除方法如下。

① 进水阀过滤网罩积有污垢而堵塞进水网眼。将进水口网罩取下，用毛刷清洁滤网，清除污物后重新装上即可。

② 管件受损或密封不严产生漏水，造成水流失。应查找出漏水处，修理或更换漏水管件和密封件。

③ 进水阀动铁芯因骨架变形或进水腔中有杂物而使动作受到限制。可清除进水阀阀腔内的杂物或更换进水阀。

3）洗衣机进水不停

遇此类故障，应首先使洗衣机处于进水状态时切断电源，观察其是否继续进水。

① 如切断电源后洗衣机仍进水，是进水阀的阀门没有闭合造成的。进水阀阀门不能闭合的原因是进水阀本身已损坏或被杂物堵塞而失灵。此时可用万用表的电阻挡测量进水阀两个接线端子之间的电阻。如果线圈阻值符合规定值（4.5～5.5kΩ），说明电磁线圈正常。这时应拆开进水阀，查看橡胶阀门是否开裂、变形，复位弹簧是否断裂、锈蚀或永久变形而失去弹性，平衡小孔是否被堵塞而造成平衡腔内压力小于进水腔内的压力。若阻值不符合规定值，则可能是电磁线圈已被烧毁，或骨架变形将动铁芯卡死，使中心孔不能封闭。如果线圈或其他零件损坏或失效，均应进行更换。

② 断电源后洗衣机停止进水，表明进水阀正常，则进水不止的原因可按以下两种情况进行分析。

a．进水不止，波轮不转。

洗衣机进水不止，波轮不转，说明程序仍处于进水状态，可按先易后难的次序检查其故障原因。

● 排水系统故障。当排水阀内有毛絮或杂物等使排水阀关闭不严，漏水量接近进水量，使盛水桶内的水位达不到设定值也会使进水阀不停供水。但该故障的发现及确认均较简单，因此时排水管漏水量较大，且提起排水管使水位上升到设定值时故障消除。检修时只须将排水阀内的杂物清除即可。

● 空气管路和水位传感器故障。如果水位传感器发生故障，或空气管路被堵塞以及漏气而造成程控器得不到水位已达设定值时的检测信号，程控器一直向进水阀供电，进水阀就不能断电关闭。拆下洗衣机背部的螺钉，拆下后盖板，即可看见导气软管，通过目测，观察导气软管有无弯折、松脱等现象，并将导气软管从盛水桶的导气口上卸下，观察桶内的水是否从导气口流出，以确认导气口是否畅通。然后向洗涤桶内注水，观察导气软管是否进水。正常情况下，导气软管应充满空气，而不应进水，否则，应更换导气软管。如果空气管路畅通，导气软管完好，但故障依然存在，则故障可能在水位传感器。

在洗涤状态下，拔下导气软管，通过导气软管向水位传感器吹气，并将导气软管弯折，让气体密封在软管内，以保持气压。此时，如果波轮能连续转动，就说明水位传感器正常；反之，则表明水位传感器有故障。

● 程序控制器或连接导线故障。依据设计要求，只有水位传感器向程序控制器发出信号，进水阀才断电而停止进水。在水位传感器正常的情况下，故障可能是水位传感器与程序控制器之间的连接导线断路，接插件接触不良，或者是程序控制器故障，这时仍有电压输出。

b．进水不止，波轮运转。

洗衣机进水不止，波轮运转，说明程序已由进水过程转为洗涤或漂洗过程。此时，水位传感器完成动作，并将信号输送至程序控制器，程序控制器已经控制洗衣机进入洗涤程序。在这种情况下，可以认为水位传感器、空气管路系统、连接导线均正常，进水不止的原因是进水阀的电磁线圈上有电压，使动铁芯被吸合而不能封闭中心孔，造成进水阀门不能关闭。

用万用表电压挡测量程序控制器上连接进水阀的输出端子之间的电压。若有 220V 交流电压，则可确认故障是电脑板中控制进水阀的双向晶闸管（电开关）被击穿而导通，造成进水阀仍处于打开状态所致。此时应检修或更换电脑板。

3. 排水系统常见故障分析和检修

全自动洗衣机的排水系统用于排放洗涤、漂洗和脱水时的污水。排水系统由程序控制器控制，并通过排水阀的开启和截止来实现。

当洗衣机进入排水程序时，程序控制器发出排水信号，开启排水阀，并不断检测水位传感器是否复位。假如在规定时间内，程序控制器接收不到水位传感器的复位信号，便进入保护程序，发出警报并使洗衣机停止工作。

1）不能排水

当洗衣机出现不排水故障时，应首先检查：排水管路是否畅通；排水管是否放倒；排水管是否被压扁；排水口是否被杂物堵塞；寒冬季节时，排水管是否被冻结。如果上述现象均不存在，则排水系统本身存在故障，应做进一步的检查。

洗衣机不能进行排水，可能是排水阀无工作电压，或者是排水阀本身存在故障。区分方法是：先将排水电动机或排水电磁铁连接导线拔下，将洗衣机设定为"只脱水"程序，启动洗衣机，用万用表电压挡测量两根导线间的电压，若无电压，则故障可能是程序控制器/电脑板有故障或连接导线断路；程序控制器/电脑板有 220V 交流电压（或 198V 左右直流电压）输出，其他排水部件正常，则排水阀有故障。

（1）程序控制器/电脑板故障

按上述方法判断为排水阀无工作电压后，在检查程序控制器/电脑板与排水阀连接导线无问题的情况下，则是程序控制器/电脑板有故障，修理或更换程控器/电脑板。

（2）排水阀故障

洗衣机中常用的排水阀有两种形式：一种是由小型电动机驱动，另一种是由电磁铁牵引。

① 小型电动机驱动方式。

打开洗衣机背部的后盖板，并将洗衣机设定为"只脱水"程序。启动洗衣机，观察排水阀是否有"开"动作（逆时针旋转180°）。如果排水阀动作，则故障可能是盛水桶的排水口、四通排水阀座内腔或排水管被杂物堵塞，应清除杂物。如果排水阀不动作，则故障可能是排水连杆滑脱，或排水拉簧失效，不能拉动橡胶阀门。以上故障排除后，排水阀仍不工作，则应检查电气线路。

打开排水电动机盒盖，用万用表电压挡测量排水电动机两引线端之间的电压，若有 220 V 交流电压，则故障在排水阀。切断电源，用万用表电阻挡测量排水电动机两引线端之间的电阻值，若其阻值在 5kΩ 左右（少数的型号应在 10kΩ 左右），表明排水电动机线圈完好，故障可能是杂物将四通排水阀座的管路阻塞，应拆开清除；若阻值很大或很小，表明线圈或开关触点已损坏，应更换牵引器。

② 电磁铁牵引方式。

将洗衣机设定为"只脱水"程序，启动洗衣机。如果听不到电磁铁（大多采用直流电磁铁）的吸合声，或者只听到"嗡嗡"的电磁声，这是电磁铁不能吸合或吸不动的表现，应检查排水拉杆是否卡住，电磁铁插销是否松脱，排水阀的拉簧是否断裂；如果正常，则应检查电气线路。

用万用表电压挡测量电磁铁输入端之间的电压。若有 198V 左右的直流电压，则电磁铁有故障。

拔下电磁铁上的连接导线，将衔铁拉出，用万用表电阻挡测量自动线圈的阻值，随后将衔铁压入，串入保持线圈，测量启动线圈和保持线圈串联后的阻值，若启动线圈的阻值为 115Ω 左右，串联线圈的阻值在 3115Ω 左右（电磁铁规格不同，规定阻值有所不同），表明电磁线圈正常，故障可能是衔铁的动作受到限制。如果测得的阻值很大或很小，则故障可能是电磁线圈断路、短路。若微动开关失灵，或者线圈已烧毁，应进行更换。

2）洗衣机排水缓慢（排水不畅）

电脑程控式洗衣机的总排水时间设定为 $2t+60s$（有的洗衣机为 $2t+30s$），其中 t 为排水开始到水位开关触点断开为止所需的时间。根据设计规定，当水位开关空气管路中的空气压强从 0 到 P_0 时，水位开关触点由断开状态转换为接通状态；而空气压强由 P_0 随水位的下降而降至 $P_0/2$ 时，水位开关触点应由接通态恢复为断开状态，也就是说，在 t 时间内，洗衣机内的水位应下降一半以下，以便使水位开关得到复位信号。如果排水不畅，排水时间过长，则水位传感器在规定的时间内不能复位，程序控制器检测不到复位信号，于是便发出排水异常报警信号并停机。

排水缓慢（排水不畅）的主要原因有以下几个方面。

① 排水管路不畅通。地面的排水口被堵塞；排水管被压扁、弯折或堵塞；使用的延长排水管的内径太小，导致排水量减少；洗衣机离地面排水口太远，造成延长排水管过长，降低了排水速度。

如果是堵塞现象，则应查找堵塞处并清除杂物；如果是延长排水管的问题，则应挑选合适类型的排水管。一般来说，接上延长排水管后，排水管的全长应不超过 5m；若地面有障碍物，排水管超越高度应在 15cm 以下，且全长应不超过 2m。

② 排水阀异常。如盛水桶排水口或四通排水阀座的管路被堵塞，排水阀橡胶阀门严重变形、内弹簧失去弹性、排水拉杆被杂物卡滞，不能将阀门完全拉开。根据不同情况采取相应的处理办法。

③ 电磁铁异常。如电磁铁线圈内孔发热变形、电磁铁吸力小使动铁芯不能被吸到底，应更换电磁阀。

3）洗衣机桶内水排不干净

排水不畅造成的结果是水不能排干净。因为全自动洗衣机的排水时间是设定好的，桶内的水应在规定的时间内排净。如果排水不畅，排水时间就会延长，但电脑在规定时间内接受到水位开关的复位信号后，便自动停止排水，未排完的水则留在洗衣桶内。所以排水不畅的原因同样也是水排不干净的原因。除此而外，水排不干净的原因还有以下几种可能。

① 水位开关损坏，不能控制排水。更换水位传感器。

② 水位开关的空气管路漏气。盛水桶内的水位还未下降到规定位置，水位开关触点便因空气压强下降至 $P_0/2$ 而由接通状态恢复为断开状态，从而使总排水时间缩短，排不净水。修理漏气处或更换漏气件。

③ 程控器/电脑板损坏，丧失逻辑判断功能，使洗衣机带水脱水。修理或更换程控器/电脑板。

④ 在排水过程中，电气线路突然断路，使洗衣机排水阀门关闭或停止工作，也会造成

排水不净。排除断路故障。

4）洗衣机排水不止

洗衣机在进水和洗涤过程中，均应能自动停止排水。如果在进水过程中不断向外排水，就会造成进水不止，不能进行洗涤和漂洗。如果在洗涤和漂洗过程中出现排水不止，就会发生一边排水，一边进行"进水—洗涤—再进水—再洗涤"交替循环，或进水不止、停止洗涤和漂洗的情况。

在进水和洗涤漂洗过程中如果发现排水口不断排水，首先应检查盛水桶内的水位是否超过最高水位而发生溢水（在注水漂洗时发生溢水是正常现象），如果不是溢水，应检查排水阀及其他排水部件。故障可能原因及排除方法如下。

① 排水阀的阀座处严重变形或不平整。修理或更换排水阀。

② 排水阀的阀座处与橡胶阀门间有杂物。清除阀室处的杂物。

③ 橡胶阀门变形或破裂。更换橡胶阀门。

④ 外弹簧因锈蚀、断裂或永久变形而失去弹性，或外弹簧太短、太软弹性不足。更换外弹簧。

⑤ 排水拉杆被毛刺或杂物卡滞。修理卡滞部位。

4. 洗涤和漂洗系统常见故障分析和检修

洗衣机的洗涤和漂洗过程基本相同，都是由波轮轴带动波轮做正反向频繁转动完成的。这个过程中会出现波轮轴顺时针和逆时针都不转动，波轮轴只向一个方向转动，以及脱水桶随着波轮一起转动等故障。

1）洗涤时波轮不转动

当进水结束，洗衣机进入洗涤程序时，波轮应转动，进行洗涤或漂洗。如果波轮不转动，说明洗涤系统发生了异常情况。

遇到此故障应首先判断故障属于电气故障或机械故障，以缩小故障范围。判断方法较简便，只需要将电动机传动带卸下，并通电试运转，如电动机运转不正常，则故障为电气故障；如电动机运转正常，则故障为机构故障。

（1）电动机运转正常，但波轮不转动

这种情况说明电动机没有问题，故障发生在机械传动系统中，故障原因及其排除方法如下。

① 波轮松脱或被异物卡住。由于波轮孔与紧固螺钉滑丝，紧固螺钉松脱、断裂或波轮方孔被磨圆等，造成波轮松动而不能随波轮轴转动。应有针对性地进行修复或更换零件。波轮被异物卡住也会造成波轮不转动，应清除波轮底下的异物。

② 三角皮带打滑或脱落。打开洗衣机后盖，用手按压皮带，凭手感可检查出皮带的松紧程度，若皮带完好而打滑，可将电动机紧固螺钉松开，稍移动电动机，使电动机与离合器间的中心距增大，从而张紧皮带（但不要过紧），然后拧紧电动机的紧固螺钉。若皮带磨损严重，或者电动机已没有调整的余地，应更换皮带。

③ 电动机皮带轮紧固螺钉松动。重新紧固。

④ 离合器发生故障。在机械故障中，离合器故障所占的比例较大。其故障原因及排除方法如下。

a．拨叉式离合器的方丝离合弹簧没有被完全拨松。在洗涤过程中，棘爪拨叉在棘爪弹簧的作用下，将棘轮拨过一个角度而使方丝离合弹簧被拨松，方丝离合弹簧被拨松后，皮带轮的动力可以通过齿轮轴、齿轮、波轮轴传递到波轮上。若方丝离合弹簧没有被完全拨松，则可能是棘爪深入棘轮的深度 S 过小（一般深度应为4～5mm），可调整调节螺栓与制动杆的距离 Y 大小（一般为0～0.2mm）。顺时针方向旋转时，刹车带紧抱着制动轮，脱水轴不会转动；逆时针方向旋转时，防逆转弹簧抱紧脱水轴，脱水轴也不会转动。维修时，要旋松调节螺栓，调节 S、Y 的距离，直到方丝离合弹簧完全被拨松为止。

b．离合器内部的齿轮损坏。用手转动离合器皮带轮及其连接的齿轮轴，若转动灵活而波轮不转动，表明齿轮传动系统内有零件损坏。一旦离合器转轴组件内的齿轮损坏，离合器就不能将动力传递到波轮上，波轮就不会转动。维修时，必须更换损坏的齿轮。若是大齿轮、小齿轮损坏，可以单独更换；若是齿轮轴上的齿轮损坏，因其是压入结构，难以拆开，必须更换整个离合器转轴组件。

c．离合器内部的轴承损坏。用手转动离合器皮带轮及其连接的齿轮轴，若转动不灵活或转不动，则表明齿轮轴或波轮轴的轴承已损坏而被咬死，力矩无法传递到波轮轴，波轮不转动。维修时必须更换整个离合器。

（2）电动机不转动

电动机不转动的原因主要有4个方面：一是电动机本身损坏，二是电容器损坏，三是电脑板有故障，四是电脑板与电动机间的导线及其连接处有断路、接触不良、短路等现象。

检查时，先用万用表电压挡交替测量连接电动机的三根导线有无交流220V电压，如图10-4所示。若绕组1连接线、公共线之间，绕组2连接线、公共线之间有交流220V电压，说明电脑板和连接线无问题，故障是电动机和电容器；若测不到电压，或同时有电或同时无电，说明电脑板有故障，或者导线及连接处有短路、断路、接触不良等现象。

① 导线及连接处的故障可通过观察或用万用表进行检查来迅速排除。

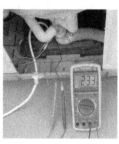

图10-4　交替测量连接电动机的三根导线有无交流220V电压

② 电脑板故障。若电动机不转是因电脑板有故障而引起的，可对电脑板进行维修或者更换电脑板。维修电脑板时，先检查为电动机供电的双向晶闸管是否损坏。如果双向晶闸管完好，再测量双向晶闸管的 G 极有无触发信号；如无触发信号则应检查触发电路是否正常，以及检查微电脑是否输出电动机正、反转控制信号。

③ 电动机故障。电动机绕组短路、断路，电动机不转动。在断电情况下，用万用表电阻挡进行检测，很容易做出判断，如图10-5所示。

④ 电容器故障。电动机不转动，可能是电容器故障引起的。电容器损坏原因有三种，即击穿短路、容量减小、断路。

当洗衣机接通电源，电动机发出"嗡嗡"声而波轮不转动时，多数是电容器损坏。判断方法是，接通电源，电动机发出"嗡嗡"声，波轮不转动，这时可用手转动波轮，若波轮能转动的话，则为电容器容量减小，否则为电容器击穿或断路。

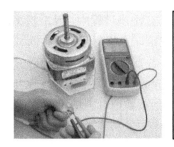

135W的YXD-135型洗衣机电动机，绕组1、绕组2的电阻相等，均约为27Ω（记为R_0）；绕组1和绕组2的总电阻约为54Ω（即等于$2R_0$）。如果绕组1或绕组2电阻明显小于R_0甚至趋于零，说明绕组1、绕组2的匝间短路；如果两绕组总电阻小于$2R_0$，说明相间短路。在测定电阻时，如果实测值较大，说明绕组存在断路。

输出功率为180W的电动机，每相绕组电阻值约20Ω。

图10-5　电动机绕组短路、断路的测定方法

将万用表置于 R×1kΩ 挡，用一根表棒将电容器两端短路，使之放电。然后，将两根表棒分别接在电容器的两个端子上，观察万用表指针的摆动情况。若摆动幅度很大，先回零后慢慢回到某一数值（约几百千欧），再将表棒对调检查，结果相同，说明电容器完好。若指针摆到零后不返回到某一数值，说明电容器短路。若指针摆到某一刻度后，停下来不返回，说明电容器漏电。若指针不摆动，说明电容器断路。若指针摆动值比合格电容器的摆动值小，说明电容器容量减小。如果电容器采用金属外壳，可用万用表 R×1kΩ 挡测试电容两个端子与外壳之间的电阻。若指针指向零，说明对外壳短路。

另外，电容器与电感线圈以及电动机间的导线及其连接处有短路、断路或接触不良现象，使电容器和电感线圈不能串入副绕组内，故电动机不能旋转。

2）洗涤时，波轮启动缓慢，转速下降

波轮启动缓慢、转速下降是由于电动机启动缓慢或转速下降所造成的，或者是机械传动系统中紧固零部件松动和皮带打滑引起的。

电动机接通电源后转子尚未转动的瞬间所产生的转矩称为启动转矩。启动转矩太小，标志着电动机克服启动阻力的能力大小。如果启动转矩小于启动负载阻力力矩，电动机将不能启动。如果启动转矩接近于启动负载阻力力矩，电动机可能勉强启动，但启动时间较长。电动机启动后，如果电动机负载超过了额定负载，或者电动机转矩达不到额定转矩，电动机的转速将下降，达不到额定转速。当电动机负载超过了电动机最大转矩时，电动机将停转。发生这种故障后，不但影响洗衣机的正常工作，而且会影响洗衣机的洗净度，甚至有可能使电动机发热而烧毁，必须及时排除故障。

本故障的具体原因和处理办法如下。

① 电源电压过低。应尽量避免高峰用电时间，或者配上一个稳压电源使用。

② 波轮破裂变形，与离心桶卡滞。更换波轮。

③ 波轮与洗涤桶间有杂物。清除杂物。

④ 洗涤桶内放置衣物过多。按说明书放置衣物。

⑤ 桶内洗涤水太少。检查排除。

⑥ 机械传动件打滑。电动机带轮紧固螺钉松动，应重新紧固；电动机与离合器距离偏小引起三角带过松而打滑，重新调好两者距离，使三角带松紧适当；三角带长期使用而磨损或伸长，适当调大电动机与离合器距离或更换三角带；波轮嵌件花键被滚圆，更换波轮。

⑦ 电容器容量下降或漏电。更换电容器，使电容量符合规定。

⑧ 电动机绕组匝数过多或线径过细，造成压降过大，绕组接线接反或接错，绕组匝间短路，转子端环破裂或鼠笼不完整，有细条、断条现象；电动机轴表面锈蚀、弯曲变形、配

合过紧、两端轴承不同轴、轴承簧片太软或太硬、轴承缺油或破损、转子与定子相蹭。修理或更换电动机。

⑨ 电动机带轮叶片与电动机外壳相蹭。适当调整带轮的高低位置或更换带轮。

⑩ 离合器有问题，如洗涤轴变形或配合过紧，脱水轴变形，两端轴承不同轴，轴承缺油或破损，齿轮传动架或齿轮破裂，离合器带轮方孔过大或被滚圆，离合器行星齿轮啮合深度不够而打滑，行星齿轮孔严重磨损而增大，受力时偏移一边而打滑等。修理或更换离合器。

3）洗涤时波轮不换向

洗涤时如果波轮只能单向旋转而不能换向，首先应检查电动机的运转情况。如果电动机只能单向旋转，说明洗涤程序电气线路中的换向线路有故障。

① 检查程控器/电脑板洗涤输出端电压。如果程控器/电脑板洗涤输出端有一相无输出电压，说明程控器/电脑板有故障，修理或更换程控器/电脑板。

② 检查程控器/电脑板与电动机间的导线是否导通。可用万用表电阻挡分别测定程控器/电脑板与电机和电容器的两根导线。如果有一根导线或其连接处发生短路或断路，说明此线有故障。

③ 如果电动机能正反向运转，只是波轮单向运转，说明离合器有故障。洗涤时，离合器的洗涤轴必须与脱水轴分离，才能带动波轮正反向单独转动。否则，波轮只能单向反转，不能正转。波轮不能正反运转的原因大致有以下几种可能。

a．离合器棘爪不到位。可能是棘爪拨叉变形或调节螺钉旋入过深，使之与制动杆之间没有间隙等原因。当棘爪不到位时，方丝离合弹簧不能被拨松，洗涤轴和脱水轴被离合弹簧抱紧，同时脱水轴又被制动带抱紧。因此，离合器皮带轮正向（顺时针方向）旋转时不能带动波轮正向转动。但是，离合器皮带轮反向旋转时，由于恰是方丝离合弹簧的旋松方向，不能将洗涤轴和脱水轴连为一体。加之离合器扭簧为旋紧方向，脱水轴又被制动带制动，所以波轮可以反向转动。发生这一种故障时，应修理或更换棘爪拨叉，或者旋松调节螺钉。

b．方丝离合弹簧配合过松或断裂。方丝离合弹簧与脱水轴之间有一定静摩擦力时，棘轮转动一定角度，才能将其拨松。如果离合弹簧内径因磨损增大，与脱水轴之间的配合较松，当离合器皮带轮正向旋转时，由于是离合弹簧的旋紧方向，仍可能将洗涤轴和脱水轴抱紧。如果离合弹簧下端断裂并与棘轮分离，棘轮转动一定角度时，也不会将离合弹簧拨松，离合弹簧仍将脱水轴和洗涤轴抱紧。这两种情况发生时，波轮都不能正向转动。

c．离合器的内密封圈漏水或渗水，引起方丝离合弹簧、方孔离合套、脱水轴表面锈蚀，使离合弹簧与之配合过紧，棘爪推动棘轮转过一个角度时，仍不能将离合弹簧拨松，也会出现不能换向的故障。

当离合器发生故障使波轮不能换向时，可能造成三角皮带打滑而严重磨损，也可能造成离合器进一步损坏，或者造成电动机因堵转发热而烧毁。因此，必须立即停机并排除故障。

4）洗涤时，脱水桶跟转

洗衣机在洗涤或漂洗状态，波轮每转一周，允许脱水桶跟转 15°以下（不同的洗衣机，有不同的规定）。如果洗涤时脱水桶始终跟转，这是不正常的。这种跟转现象会使洗涤水流的流速削弱，衣物翻滚不好，衣物与桶壁相对摩擦减小，从而影响洗净性能。

脱水桶跟转分两种情况：一种是脱水桶顺时针跟转，另一种是脱水桶逆时针跟转。

洗涤时如果脱水桶顺时针方向跟转，一般由制动带造成。一种情况是制动带制动力矩小。

当制动带的制动力矩大于衣物和水流的惯性力矩时,脱水桶就处于静止状态;如果制动力矩小于惯性力矩,则脱水桶就会跟转。因此,制动带对脱水轴的制动力矩大小,是脱水桶会不会跟转的关键。一般规定制动力矩设计为 3~10N·m,不能过小。但制动力矩也不能过大,过大制动时会发生撞击而损坏零件。这时只要重新安装好制动带即可。另一种情况是,制动带松脱、长期使用严重磨损,制动性能降低,都有可能产生跟转现象。此时,应紧固或更换制动带,并通过旋转调节螺钉,将棘爪位置调节适当。

如果脱水桶逆时针方向跟转,这是由离合器扭簧故障造成的。为了防止跟转,除利用制动带进行制动外,离合器上还设置了一个扭簧,使脱水轴在反转时扭簧处于旋紧状态,以阻止脱水轴的反向转动。但是,如果扭簧脱落或折断,或者扭簧与脱水轴配合过松而打滑,使扭簧丧失止逆功能,在波轮反转时,扭簧则不能阻止脱水桶跟转。这时只要重新装好扭簧或更换扭簧即可,严重时要更换减速器。另外,如果制动弹簧和拨叉弹簧过软,制动带严重磨损,制动性能降低,即使扭簧完好,也会发生脱水桶跟转的情况。针对故障原因,更换离合器制动弹簧或拨叉弹簧,或重新紧固或更换制动带。

5)洗净效果差

衣物经洗涤后,洗净效果明显变差,洗不干净衣物,通常由这样几方面的原因造成。

① 洗涤前进水不足。如水位选择不当,进水时水位达不到预定水位,在水量过少的情况下洗涤,衣物翻滚不好,使洗净率下降。

② 衣物放置过多,衣物在洗涤时不能充分散开和翻滚,洗涤不均匀,洗净效果不好。

③ 波轮转速下降,洗涤无力,减弱了机械力的作用,使洗净率下降。

④ 洗涤时波轮单向旋转,或脱水桶跟转,使衣物和桶壁、衣物和水流之间的运动摩擦减小,从而降低了洗净率。

针对以上故障原因,进行相应处理。

5. 脱水系统常见故障分析和检修

洗衣机脱水系统的结构与洗涤漂洗系统的结构基本相同。所不同的是:由于电磁铁或牵引器的控制作用,离合器内洗涤轴和脱水轴的离合状态及脱水轴的制动状态不相同。洗涤时,脱水轴被制动,而在脱水时脱水轴不再被制动,洗涤轴在正转时与脱水轴结合为一体,便带动波轮和脱水轴同步正向转动,以完成脱水过程。

洗衣机如果没有排水就进入脱水过程,或者在应进行脱水时,发生脱水异常报警、脱水桶不转或转动缓慢等,都可能使脱水过程难以进行或者影响脱水效果和使用安全。因此,均属于故障现象。

1)洗衣机脱水时,鸣响报警

(1)开盖报警

洗衣机排水过程结束,将进入脱水过程时,如果盖板没有盖好,安全开关触点处于断开状态,不能向微处理器输入接通信号,洗衣机将鸣响报警并停止工作。此时,应将洗衣机盖板盖好。

(2)脱水桶转动不平衡报警

洗衣机在脱水过程中,如果脱水桶因转动不平衡或洗衣机晃动,瞬间断续碰撞安全开关,安全开关即向微处理器输入瞬间断续信号,使洗衣机自动停止脱水,转为进水和贮水漂洗,以进行脱水不平衡修正。如果连续修正三次无效，洗衣机便停止工作并鸣响报警。此时，可通过在洗衣机支脚下加垫或者调节支脚将洗衣机放置平稳。脱水桶内的衣物偏向一边时，应将衣物放置均匀。

经过上述处理后，如果洗衣机脱水时仍然发出鸣响报警，则可能是以下原因造成的。

① 脱水桶没有装正，脱水桶轴线与脱水轴转动轴线不同轴。

② 脱水桶的紧固螺母滑丝或者松动。

③ 脱水桶平衡圈破裂或漏液，失去平衡作用。这种故障在盐水渗漏处会有盐结晶。应修补渗漏处。修补的方法是从注入口补充浓度为24%的食盐水，使平衡圈内平衡液质量保持在1.2kg左右，然后用胶水封好口。

④ 吊装盛水桶的吊杆安装不到位或者有吊杆脱落，使盛水桶发生倾斜或强烈振动，可以用手握住平衡圈，左右晃动脱水桶，如有晃动感说明是脱水桶松动。

⑤ 弹簧长短不同的吊杆相互装错或者相同长度的两个弹簧高度不一致、弹簧过软或失去弹性，使盛水桶产生倾斜或强烈振动。

⑥ 安全开关两触点间的距离不合适或者弹簧过软，盛水桶稍有振动就可能使两触点时断时通。

⑦ 安全开关紧固件松动，脱水桶振动时，安全杆可能与盛水桶相碰撞。

⑧ 安全开关的安全杆严重弯曲变形，使之与盛水桶的距离过近。

⑨ 安全开关的盖板杆严重变形或者没有安装在洗衣机盖板后端的凸出部分上，盖上洗衣机盖板后，安全开关的触点仍未接通。

⑩ 安全开关断路或接触不良。检查安全开关的方法是：将安全开关的两根导线短接，短接后若能实现脱水，说明安全开关断路或接触不良，应调整触点间的距离，或清除触点表面的积炭。如果不能实现脱水，再将程控器上连接安全开关的两个插座用一根导线短接，若能进行脱水，说明连接安全开关的导线或连接处有断路或接触不良；若不能脱水，可判定为程控器/电脑板故障。也可以在洗衣机盖板已盖好的情况下，用万用表电阻挡测定安全开关导线在程控器/电脑板连接端的两插头之间的电阻，或直接测定安全开关两簧片之间的电阻。若阻值很大，说明有断路或接触不良现象。

⑪ 安全开关与程控器/电脑板间的导线或其连接线处有断路或接触不良现象。

⑫ 电脑板故障。可以用一块正常的电脑板代替被怀疑有故障的程控器进行试验，如果故障消除，运转正常，证明电脑板故障，应修理或更换电脑板。

2）洗衣机脱水时，脱水桶不转动

脱水时，引起脱水桶不转动的原因有很多，可以先打开洗衣机的后盖板，然后接通电源，设定为"脱水"过程后启动，观察电磁铁或牵引器是否能将排水阀拉为开启。若不能，则检查电磁铁或牵引器是否损坏，检查电磁铁或牵引器供电线路是否中断，安全开关是否闭合，电脑板是否有故障。若电磁铁或牵引器能将排水阀拉为开启状态，则再断开电源，一手拉排水阀连接板，另一手顺时针旋转皮带轮。转动很轻松的话，则可能是电容器、电动机、程控器存在故障或皮带太松、皮带轮损坏；转动很紧的话，则可能是盛水桶与脱水桶之间有异物、轴承损坏、离合器方丝离合弹簧或扭簧（小）损坏、刹车带未松开。下面重点介绍刹车带未松开故障的排除方法。

（1）拨叉式离合器的刹车带未松开

当制动轮被刹车带抱紧时，脱水轴无法转动。对于拨叉式离合器来说，刹车带的一端固定在离合器下端盖上，另一端与制动杆相铰连。当制动杆在自由状态时，刹车带在制动弹簧作用下能将制动轮抱紧，当排水阀电磁铁吸合时，电磁铁拉杆上的挡套将制动杆拉过一段距离（约 13mm），棘爪拨叉被转动一个角度（应大于 19°）。这样，刹车带就会放松制动轮。当挡套移动时，若棘爪不离开棘轮，刹车带仍抱紧制动轮，脱水轴就无法转动。维修时只要调节螺栓，使挡套移动时棘爪能与棘轮脱离即可。

（2）日立式离合器的电磁铁发生故障

当通电时，电磁铁动铁芯不吸入，导致动铁芯挡住制动带，从而不让弹簧套自由转动，扭簧（中）就不松弛，扭矩被传递到内轮毂上，经扭簧（中）再传递到内轮毂和刹车盘上，制动器工作，阻止脱水桶转动。维修时更换电磁铁即可。

3）洗衣机停止脱水时，制动时间过长

脱水程序结束后，将洗衣机盖板打开到 50mm 后，在 10s 内脱水桶应能停止转动，如果制动时间过长，可能有下面几种原因。

① 开盖 50mm，安全开关没有断电。这可能是安全开关的盖板杆没有安装在洗衣机盖后端凸出部分的规定位置上或盖板杆严重变形；或者安全开关触点间距过小、压力过大，致使开盖达 50mm，安全开关触点也不能断开。

② 程控器损坏，脱水完毕时电动机或电磁铁不能断电。

③ 离合器上的制动带安装歪斜，使制动带内弧面与脱水轴制动轮倾斜过大，不能形成面接触，使制动摩擦力减小，制动时间延长。

④ 制动弹簧过软或长期使用后弹性下降；或者制动弹簧断裂，起不到制动作用。

⑤ 紧固制动带的螺钉松脱。

⑥ 制动带上的内衬垫材质不好或经长期使用磨损严重或脱落，使制动带不能抱紧制动轮。

⑦ 制动带过长或棘爪拨叉顶住制动杆，使制动带不能将脱水轴制动轮抱紧。

⑧ 脱水桶内的衣物放置不平衡，运转不正常，制动困难。

▶6. 其他故障的分析和检修

1）开机后指示灯不亮（表 10-2）

表 10-2　开机后指示灯不亮

检查点	状态	可能原因	排除方法
电源插座电压	异常	停电	待来电后使用
		电源电压过低	待电源电压正常后使用
程控器/电脑板电源输入端电压	异常	电源线内断路	更换电源线
		熔断器熔断	查明熔断器熔断原因，排除故障后更换熔断器
		电源开关内部或接线处接触不良	修理或更换电源开关
		程控器电源输入端导线断路或插座接触不良	修理或更换导线或其连接处
	正常	程控器/电脑板故障	修理或更换程控器/电脑板

2）开机后指示灯显示不正常（表 10-3）

表 10-3 开机后指示灯显示不正常

检查点	状态	可能原因	排除方法
卸去程控器/电脑板底座后,开机试验	正常	程控器/电脑板底座上的按钮与程控器/电脑板开关间的距离过大或小	更换尺寸不合适的零部件或加垫圈增大距离
		底座上的按钮断裂,变形或失效	更换程控器/电脑板底座
		程控器/电脑板与其底座装配不当或松动	重新装配并紧固
	异常	程控器/电脑板故障	更换程控器/电脑板
		电源电压超出允许的波动范围	待电压正常后再使用

3）洗衣机开机后不工作（表 10-4）

表 10-4 洗衣机开机后不工作

检查点	状态	可能原因	排除方法
程控器/电脑板进水阀输出端电压	异常	未按"启动/暂停"按钮	按压"启动/暂停"按钮
		空气管路系统故障	修理或更换空气管路
		水位传感器故障	更换水位传感器
		程控器/电脑板故障	更换程控器/电脑板
程控器/电脑板排水牵引器输出端电压	异常	未按压"启动/暂停"按钮	按压"启动/暂停"按钮
		洗衣机盖板没盖好	盖好盖板
		安全开关或其导线故障	修理或更换安全开关或其导线
		程控器/电脑板故障	更换程控器/电脑板

4）洗衣机工作中突然停机（表 10-5）

表 10-5 洗衣机工作中突然停机

检查点	状态	可能原因	排除方法
指示灯显示	指示灯全部熄灭	电源线路发生故障或程控器发生故障	检查电源线路和程控器
	指示灯闪烁,蜂鸣器报警	进水异常、排水异常、脱水异常、开盖报警等	检查相应部件,排除故障
	指示灯停止闪烁	按"启动/暂停"按钮	再按一次此按钮
		门盖被打开	盖好洗衣机盖板
熔断器	熔断	电源电压过低或过高	等待电压正常再使用
		导线中火线与零线间短路	修理或更换导线
		进水时进水阀动铁芯被卡滞不能吸合或电动机绕组短路	修理或更换进水阀,或检查排除不能吸合的原因
		洗涤漂洗或脱水时,电动机过载或电动机绕组短路	修理或更换电动机或检查排除过载原因
		排水或脱水时,排水阀牵引器过载或被卡滞不能吸合,或牵引器绕组短路	更换牵引器或检查排除不能吸合的原因

续表

检查点	状态	可能原因	排除方法
熔断器	未熔断	连接导线或其连接处发生脱落、断裂或接触不良现象	修理或更换断路的导线或连接处
		电气件断路或接触不良	处理或更换断路的电气件
		机械传动件脱落损坏	修理或更换损坏的传动件

5）洗衣机动作混乱（表10-6）

表10-6　洗衣机动作混乱

检查点	状态	可能原因	排除方法
指示灯亮	异常	操作时选定的程序与所要选定的程序不符合（按错程序）	切断电源后重新选定程序
连接导线	异常	程控器/电脑板输出端与电器执行元件间的导线相互接错	重新正确连接
程控器/电脑板	异常	程控器/电脑板发生故障	更换程控器/电脑板
减速离合器	异常	减速离合器的离合功能失灵	更换离合器进行试验

6）洗衣机结束后，不能自动鸣响和断电（表10-7）

表10-7　洗衣机结束后，不能自动鸣响和断电

检查点	状态	可能原因	排除方法
鸣响	异常	程控器/电脑板故障	更换程控器/电脑板
程控器/电脑板电源开关输出端电压	正常	电源开关故障	修理或更换电源开关
		程控器/电脑板与电源开关间的导线或其连接处有短路、断路或接触不良	修理或更换其连接处
	异常	程控器/电脑板故障	更换程控器/电脑板

7）洗衣机漏水（表10-8）

表10-8　洗衣机漏水

检查点	状态	可能原因	排除方法
进水管路	漏水	水龙头口部不平整	修理水龙头口部
		紧固螺钉滑丝或未拧紧	更换并拧紧螺钉
		进水管接头滑丝或破裂	更换接头
		密封垫过硬、破损或未拧紧	更换密封垫并拧紧
		进水管部件铆合处密封不严或有零件滑丝或破裂	更换进水软管部件
		进水阀体滑丝或破裂	更换进水阀体
		进水短管破裂或不密封	更换进水短管或修理
		进水阀门关闭不严	清除阀体内线屑、杂质等或更换进水阀
盛水桶及连接管路	漏水	盛水桶破裂	修补或更换盛水桶
		盛水桶与管路连接处密封不严	修理连接处
		溢水管脱落或破裂	更换或装好溢水管
		导气软管脱落或破裂	更换或装好导气软管

续表

检查点	状态	可能原因	排除方法
离合器密封处	漏水	大小油封严重磨损破裂	更换密封圈（油封）
		油封配合处粗糙或有异物	抛光配合处、清除异物
排水管路	漏水	排水阀体滑丝或破裂	修补或更换排水阀体
		排水阀体与盛水桶、溢水管、排水管等连接处密封不严	修理连接处，重新黏结或卡紧
		排水阀盖滑丝或未拧紧	更换排水阀盖或拧紧
		排水阀橡胶阀门破裂	更换橡胶阀门

8）洗衣机漏电（表10-9）

表10-9　洗衣机漏电

检查点	状态	可能原因	排除方法
绝缘电阻	异常	电源线绝缘层受潮破损	烘干或更换电源线
		电源插座或电源线内的接地错	正确连接导线
		连接导线受潮或破损	烘干或更换导线
		导线接头密封绝缘不良	重新密封导线接头
		电动机受潮或绕组接地	烘干或修换电动机
		电容器漏电或接地	更换电容器
		牵引器受潮或绕组接地	修换牵引器
		进水阀绕组接地	修换进水阀
		带电件与非带电部有水或尘埃	清除水分或尘埃
		接地线未安装或者安装不良	必须可靠接地

9）洗衣机有静电（表10-10）

表10-10　洗衣机有静电

检查点	状态	可能原因	排除方法
洗衣桶内洗涤液	静电	使用了普通三角胶带	改用防静电三角胶带
		离合器连接板与箱体间的接地导线断路或接触不良	修换并紧固好接地线

10）洗衣机过热或发出异味（表10-11）

表10-11　洗衣机过热或发出异味

检查点	状态	可能原因	排除方法
传动件	过热有异味	轴承部件表面粗糙、配合过紧、润滑不良、传热不好	抛光表面，适当配合，增加润滑
		三角带张力过紧	调整距离或更换三角带
		两带轮槽对称面不在一平面内	调整带轮的轴向位置
		三角带打滑	排除打滑的原因
电动机	过热有异味	电源电压过高或过低	电源电压应符合规定
		电容器的电容量过大或过小	更换电容器

续表

检查点	状态	可能原因	排除方法
电动机	过热有异味	电动机质量差，铁耗铜耗大，转动力矩小，通风散热能力差，部分绕组接错，有接地或一相断路现象，转子破裂或断条，电动机轴转不动，电动机风扇损坏或转不动；洗涤时，洗涤轴转不动，脱水轴转不动	更换电动机
		三角带过紧或传动阻力大	调节两带轮距离和轴向位置
		洗涤时，波轮超载或转不动	减少洗涤量
		脱水桶超载，偏摆过大或转不动	减少洗涤量、调修悬挂系统
电磁阀/牵引器	过热有异味	电源电压过低	应在电压正常后使用
		线圈匝间短路	修换电磁阀/牵引器
		线圈连接接触不良，发生火花	（同上）
电容器	异常	电容器质量不好	更换电容器
		电容器内部短路	（同上）
电脑板/程控器	发热或烧毁	电源电压过低或过高	电压正常后使用
		电脑板/程控器元件质量差，电脑板/程控器内有短路或接触不良，散垫片散热效果差	更换元件或电脑板/程控器
		电气线路接错	正确连接导线
		电气执行元件超载运行	检查排除超载原因

11）洗衣机振动和噪声大或有异常声（表10-12）

表10-12 洗衣机振动和噪声大或有异常声

检查点	状态	可能原因	排除方法
电动机转动	异常	电源电压不稳定	暂停使用
		端盖轴承座与止口不同心，端盖变形或损坏，定子内孔与止口不同心，装配时端盖与定子错位、轴承配合过松、铁芯叠压不紧（可能听到"嘶嘶"声），电动机轴弯曲变形、电动机轴与转子不同轴、转子与定子相蹭，发出周期性扫膛摩擦声，电动机轴与转子配合过松，发出撞击声或"哗啦"声、轴承润滑不良，发出干磨声、轴承点锈蚀、磨损或损坏，发出"咕噜"声、电机转动力矩小，负载阻力大，发出"嗡嗡"声、绕组短路，有"吱、吱"放电声，轴向间隙大，发出窜动撞击声，转子或定子锈蚀或粘有杂物	更换电动机
		电动机本身紧固松动	重新紧固
		电动机与连接板紧固松动	重新紧固
		电动机减振垫松脱、损坏或失效	更换并紧固减振垫
		电动机风扇叶与外壳相蹭，发出周期撞击声	重新正确安装电动机扇叶轮
传动系统	异常	三角带或皮带轮与胶管、导线或其他部件相蹭或碰撞	固定好其他部件

续表

检查点	状态	可能原因	排除方法
传动系统	异常	三角带粗细不均匀，表面有缺陷、破损、断裂或三角带太硬	更换三角带
		三角带过松或过紧	调节两轮间距或更换三角带
		电动机带轮松动	紧固带轮
		电动机轴弯曲变形	校直或更换电动机轴
		电动机带轮与电动机轴配合过松	更换电动机带轮
		电动机带轮槽对称平面与孔不垂直	（同上）
		电动机带轮严重变形	（同上）
		带轮槽侧面不平，跳动量超标	修理加工带轮槽
		电动机带轮安装过高或过低	调节带轮轴向位置
		离合器带轮松动	紧固离合器带轮
		离合器带轮槽对称平面与孔不垂直或扭曲变形、开裂	修换离合器带轮
		离合器带轮槽侧面不平整	（同上）
离合器传动	洗涤时异常	离合器紧固松动	紧固好离合器
		调节螺钉与制动杆间隙小于规定值	重调间隙在规定范围内
		拨叉弹簧太软	更换拨叉弹簧
		棘爪拨叉严重变形	修换棘爪拨叉
		方丝离合弹簧损坏	更换方丝离合弹簧
		脱水轴下半轴外圆严重磨损、齿轮减速器异常振动和噪声、内密封圈不良或夹有杂物、内密封圈严重磨损或破裂	更换离合器
		方孔离合套磨损或间隙过大	修换方孔离合套
	脱水时异常	脱水轴各段不同轴或弯曲变形，脱水轴下半轴弯曲变形，壳体或盖板严重变形，离合器壳体与盖板安装错位，轴承安装歪斜，轴承磨损或破裂，扭簧太硬，内径过小或断裂，脱水轴上半轴外圆严重磨损，脱水轴制动轮偏心，制动带严重变形或内衬损坏，制动带歪斜，定位套与制动杆间隙大	校直脱水轴或更换减速器
		外密封润滑不良或有杂物	润滑或清除杂物
		外密封圈磨损或破裂	更换外密封圈
		牵引器牵引不到位	
		调节螺钉与制动杆间隙过大	调整间隙在规定范围内
脱水桶转动	异常	脱水桶部件周围厚度不均匀	更换脱水桶
		平衡圈破裂或漏液	修理、补液或更换
		法兰盘止口端与脱水桶轴不垂直	修换法兰盘或脱水桶
		法兰盘内孔与脱水桶不同心	重新装配或更换法兰盘
		法兰盘破裂或紧固松动	更换或紧固法兰盘
		脱水桶紧固螺母松动或脱落	更换滑丝螺母并紧固
		离合器安装歪斜或松动	调正或紧固

续表

检查点	状态	可能原因	排除方法
脱水桶转动	异常	脱水轴轴承严重磨损或松动	更换离合器
		吊杆装错或脱落	重新正确安装
		脱水桶内衣物偏堆	将衣物放置均匀
		内外桶间有异物	清除异物
		制动过快,强烈振动	更换制动带或制动弹簧
吊杆部件	异常	吊杆各相对运动处润滑不良	添加规定要求的润滑脂
		吊杆相对运动处有毛刺、棱边	清除毛刺、棱边
		大弹簧刚性过大或过小,或者锈蚀、断裂、永久变形	更换大弹簧
		吊杆科长套与吊杆体的配合过紧或过松,或者滑动受卡阻	修换弹簧套
		弹簧套配合过紧或过松,或者弹簧座内的小弹簧脱落	修换弹簧套或弹簧座
进水阀、排水阀	异常	进水阀平衡孔破裂或中心孔堵	修换进水阀
		牵引器基板歪斜	修换牵引器基板
		排水电磁铁/牵引器吸力不足或阻力较大	排除阻力大原因,修、换电磁铁/牵引器
		排水阀外弹簧断裂	更换外弹簧
箱件部件	异常	箱体压筋深度太浅、扭曲变形、焊缝开裂	修换箱体
		箱体固有频率与振源频率相近	粘贴减振垫
其他	异常	洗衣机地面不稳固	放在稳固地面上
		洗衣机放置不平衡	将洗衣机调节平衡
		支脚太硬、太软或损坏	更换支脚
		洗衣机箱体连接件松动	紧固连接件或加减振垫

任务二 波轮式全自动洗衣机故障检修实训

1. 实训目的

① 学会分析波轮式全自动洗衣机常见故障产生的原因。
② 熟练掌握使用常用仪表和工具检测波轮式全自动洗衣机的方法。
③ 通过波轮式全自动洗衣机的故障检修,提高维修波轮式全自动洗衣机的技能。

2. 主要器材

每组的器材:波轮式全自动洗衣机一台,常用修理配件若干,万用表一只,兆欧表一只,电工工具一套。

全班所用的多台波轮式全自动洗衣机中,可能故障:

① 不进水（断开进水电磁阀的一接线端）；

② 进水不停（拔下水位传感器的导气软管）；

③ 波轮不转（断开电动机的公共线）；

④ 不排水（断开排水电磁阀或排水电动机的一端）；

⑤ 不能脱水（断开安全开关的一接线端）。

一个组检修完一台洗衣机故障后，与其他组交换故障洗衣机进行维修。

3. 实训内容和步骤

① 通过观察、操作检查等方法，确定实验用洗衣机的故障。

② 根据故障现象，讨论造成故障的各种可能原因。

③ 根据故障产生原因及所在部位，确定修理方案。

④ 检修并更换损坏的器件。

⑤ 修理完毕后进行试用，检测自己的维修结果。

⑥ 完成任务后恢复故障。

⑦ 与其他组交换故障洗衣机再次进行维修。

4. 实训报告

根据实训操作过程，填写实训报告表，见表 10-13。

表 10-13　波轮式全自动洗衣机故障检修实训报告表

实训人		班级及学号		日期	
机型和故障现象		故障分析		维修过程（检测方法，故障器件、部位，处理方法等）	
实训指导教师评语及成绩评定					

思考练习 10

1．判断题

（1）全自动洗衣机的标准洗和轻柔洗是靠电动机单向转和双向转来实现的。   （   ）

（2）洗衣机进水不止，桶内水位未到达预定水位，应检查洗衣机是否漏水。   （   ）

（3）全自动洗衣机不能排水的原因是水位开关失灵。   （   ）

（4）全自动洗衣机洗涤时波轮仅单方向转动，原因是离合器弹簧断裂。   （   ）

（5）脱水时脱水桶不转，原因是离合器弹簧断裂。   （   ）

2．选择题

（1）全自动洗衣机排水后不脱水，其故障原因是（   ）。

A．衣物严重偏一边   B．桶盖开关脱落

C．传动机构故障   D．皮带过松

（2）全自动洗衣机不能进水，波轮正常旋转，其故障原因是（   ）。

A．电动机不正常   B．水位开关失灵

C．程控器失控   D．控制线路接错

（3）洗衣机脱水运转时有异常声响，下述判断错误的是（   ）。

A．离合器棘爪与棘轮相碰   B．刹车带间隙不合适

C．排水电磁阀的衔铁间隙不合适   D．进水电磁阀松动

（4）全自动洗衣机洗涤时波轮单向转，其故障原因是（   ）。

A．电动机故障   B．洗涤物过多

C．程控器失灵   D．水位开关失灵

3．简答题

（1）电脑程控波轮式全自动洗衣机不进水，应怎样检修？

（2）电脑程控波轮式全自动洗衣机进水不止的故障原因主要有哪些？

（3）电脑程控波轮式全自动洗衣机洗涤时洗涤桶跟转，应怎样检修？

（4）电脑程控波轮式全自动洗衣机不脱水的故障原因主要有哪些？

认识滚筒式全自动洗衣机

【项目要求】

1. 了解滚筒式全自动洗衣机的整机结构。

2. 掌握滚筒式全自动洗衣机的操作系统、洗涤脱水系统、传动系统、进水排水系统、加热系统、烘干系统、支撑系统、电气控制系统的组成和结构特点。

3. 了解进水电磁阀、电动机、排水泵、加热器、温控器、水位开关、程序控制器、门开关等主要元器件、零部件的结构，理解其工作原理。

4. 学会滚筒式全自动洗衣机的主要元器件、零部件的检测、修理与更换。

任务一 从整体上认识滚筒式全自动洗衣机

1. 滚筒式全自动洗衣机的外部结构

滚筒式全自动洗衣机自研制成功至今已有 80 多年的历史，其结构形式基本没有太大变化。

图 11-1 是两种典型滚筒全自动洗衣机的外部（正面）结构图，图 11-2 是背部结构图。

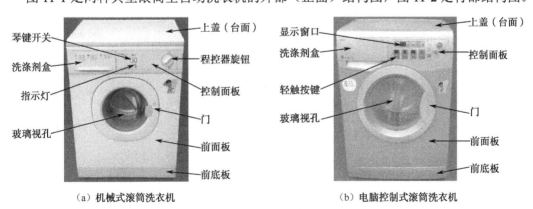

（a）机械式滚筒洗衣机　　　　　　　（b）电脑控制式滚筒洗衣机

图 11-1　滚筒洗衣机的外部（正面）结构

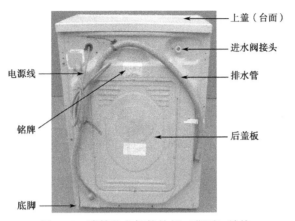

图 11-2　滚筒洗衣机的外部（背面）结构

▶2. 滚筒式全自动洗衣机的内部结构

带烘干功能的电脑式滚筒全自动洗衣机主要部件的位置如图 11-3、图 11-4 所示。

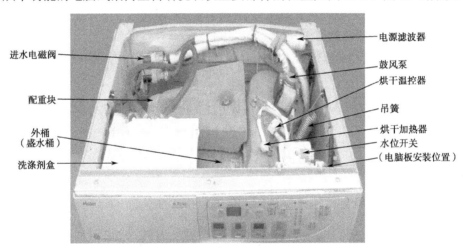

图 11-3　电脑式滚筒洗衣机内部上侧各部件分布图

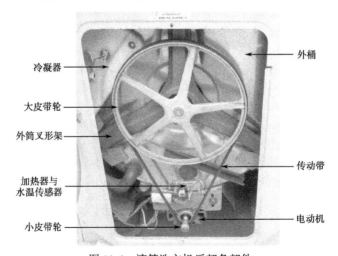

图 11-4　滚筒洗衣机后部各部件

家用滚筒式全自动洗衣机尽管型号很多，但其基本结构大致相同，一般由洗涤脱水系统、传动系统、机械支撑系统、进水排水系统、加热系统、电气控制系统、操作系统等组成，如图 11-5 所示。

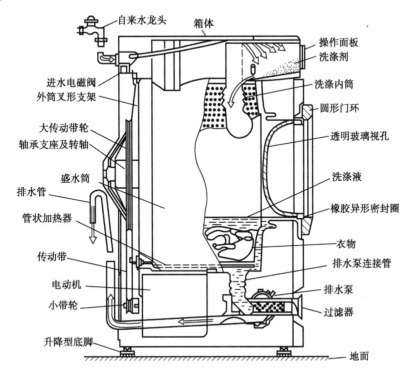

图 11-5　滚筒全自动洗衣机构成示意图

任务二　认识操作系统

操作系统由控制板和衣物投入口构成。

1. 控制板

滚筒洗衣机的控制板也称操作盘。不同品牌、不同型号的滚筒洗衣机，控制板结构会有所不同。下面进行综合介绍。

1）机械式滚筒洗衣机的控制板

机械式滚筒洗衣机的控制板如图 11-1（a）所示，由前面板、标牌（装饰薄膜）、琴键开关及支架、指示灯、程控器旋钮、温度调节旋钮、脱水转速调节旋钮等构成。前开门式滚筒洗在机械操作盘的左侧还装有洗涤剂盛载盒（洗涤剂盒）。

（1）琴键开关的种类和功能

①"半量洗涤"开关。半量洗涤即 1/2 负载洗涤，洗涤少量衣物时使用。这时以低水位进行洗涤，可以节省水、电和洗涤剂。该开关也称"节能开关"。

②"不脱水"开关。程序运行完成后，若不能及时取出衣物，按下此键，则最后一次漂

洗完成后，洗衣机在排水之后将不进行脱水，这样衣物不易起皱。

③"冷热洗选择"开关。该开关可选择加热洗涤或常温洗涤，进行常温洗涤时可节省90%的用电量。

④"启动/停机"开关。该开关用于接通或切断洗衣机的电源，也称"电源开关"。

⑤"高水位"开关。洗涤的衣物较多时，接下此键后进行高水位洗涤，从而得到满意的洗涤效果。

⑥"免排水"开关。洗涤不吸水的衣物（如丝绸制品）时，在程序运行完成后若不能及时取出衣物，按下此键，则最后一次漂洗完成后洗衣机将不进行排水和脱水运转，衣物浸泡在水中，可以防止衣物起皱。

⑦"加热功率调节"开关。该开关可对加热功率进行调节，选择不同的加热功率。

（2）调节旋钮的种类和作用

① 温度调节旋钮。旋转温度调节旋钮，可对洗涤液温度进行调节，调节范围从常温到95℃。

② 脱水转速调节旋钮。高档的洗衣机由串激电动机驱动，并且操作盘上设有脱水转速调节旋钮。旋转脱水转速调节旋钮，可对脱水转速进行调节。

③ 程控器旋钮。程控器旋钮装在程控器的主轴上，和分水凸轮装配在一起，并一起顺时针方向旋转。旋钮用来选择和指示程序，分水凸轮用来控制分水联动机构，使自来水按程序自动进行分配，即将洗涤剂盛载盘不同格内的不同洗涤剂和添加剂冲入盛水筒内。控制器旋钮不可逆时针方向旋转。

2）电脑式滚筒洗衣机的控制面板

电脑式滚筒洗衣机的控制面板如图11-6所示。其特点是：采用电脑板进行控制；大多采用轻触式按键开关，也有既采用轻触式按键开关，又采用机械式转换开关的；采用数码管或液晶屏（LCD）显示洗涤、漂洗、脱水、烘干和预约剩余时间，洗涤、漂洗次数，水温以及故障代码等，有的还同时采用了指示灯，指示洗衣机的工作状态。

数码管　门锁指示灯　程序选择键　　液晶屏（LCD）　　程序选择旋钮

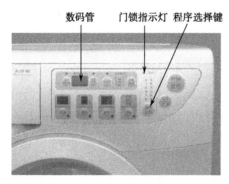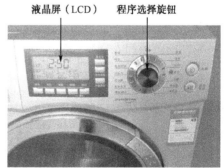

图11-6　电脑式滚筒洗衣机的控制面板

（1）按键的种类和作用

① 预洗键。对较脏的衣物，可以使用预洗功能，让洗涤更好。

② 水位键。用户可以根据衣物的多少手动调整洗涤和漂洗的水量，或者让洗衣机的自动称重功能自行调节洗涤水位。

③ 温度键。用户可以根据需要进行水温选择。

④ 转速键。用于调节洗衣机脱水的转速，连续按该键，可以显示相应的转速。

⑤ 预约键。用于预约洗衣，连续按该键，可在0～24小时间切换，预约时间表示从"××"小时后开始洗衣。

⑥ 中途添衣键。用于洗涤过程中添加衣物。按下该键后，洗衣机将会暂停洗衣过程，自动解锁，用户添加完衣物关好门后，按"启动/暂停"键继续洗涤。

⑦ 雾态洗键。用于选择雾态洗功能。

⑧ 启动/暂停键。该键具有启动与暂停的功能，连续按该键，洗衣机即在启动—暂停间切换。

⑨ 电源键。该键对电源进行开关。

（2）程序选择旋钮（或按键）

根据用户不同的需要，选择不同的洗涤程序，有助于更干净、更有效地洗涤衣物。

滚筒洗衣机的程序选择，有的采用机械旋转式程序选择开关，有的采用按键开关，前者是将程序选择旋钮转至不同挡位，选择不同的洗涤程序，后者是连续按该键，选择不同的洗涤程序。不同的机型，洗涤程序略有差异。如海尔太阳钻XQG50-HDB1000型滚筒洗衣机，采用程序选择按键，预设的洗涤程序有标准、习惯、快洗、夜间、大物、轻柔几种。又如小天鹅TG70-1201LPD（S）型滚筒洗衣机，采用程序选择旋钮开关，预设的洗涤程序有：漂洗+脱水、高温自洁、活性酶、混合洗、有色织物、内衣、童装、棉麻、快洗、大件、化纤、羊毛、丝绸、单洗涤、单脱水。

2. 衣物投放入口

前开门式滚筒洗衣机的衣物投入口在洗衣机的前侧，故又称前门，由玻璃视孔、门内环、门外环、门手柄、门手柄按钮、门手柄弹簧、按钮弹簧、门手柄抓钩、门手柄销等组成，如图11-7所示。

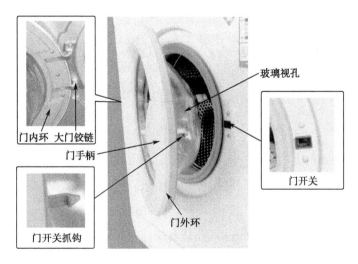

图11-7 衣物投放入口

玻璃视孔由耐热硼酸盐玻璃制成。门内环是前门的骨架，通过螺钉将外箱体上的大门铰链与前门紧固在一起。门外环扣在门内环的外面，起到加固和装饰整机的作用。门手柄通过门手柄弹簧将其压在门内环上。门手柄按钮装在门手柄的方孔内,按钮内装有按钮弹簧,打开前门时须按下门手柄按钮,并向外扳动门手柄。门手柄抓钩是门手柄销与门手柄穿在一起,在自由状态下,抓钩钩住箱体,同时压下箱体上的门开关,使洗衣机的前门密封起来。扳动门手柄后,抓钩脱离箱体,断开门开关,打开前门,电源也同时被切断。由此可知,前门有控制电源开关、密封洗涤液和装饰作用。

▷任务三 认识洗涤脱水系统

洗涤脱水系统主要由内筒(滚筒)、外筒(盛水筒)、内筒叉形架、主轴、外筒叉形架、轴承等组成。

▷ 1. 内筒

内筒又称滚筒,是滚筒洗衣机的重要部件。滚筒式全自动洗衣机的洗涤、漂洗、脱水(包括烘干)等过程都在内筒中进行,故其结构对整个洗涤效果有着极大的影响。前开门式滚筒全自动洗衣机的内筒结构如图 11-8 所示,主要由内筒圆筒、内筒前盖和内筒后盖组成。

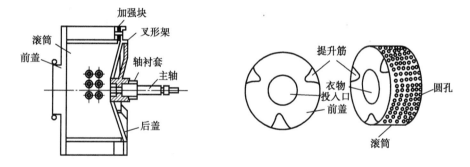

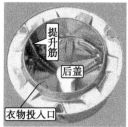

图 11-8　内筒结构

内筒圆筒一般用厚度为 0.5mm 的不锈钢板卷制成筒形,筒壁上布满直径约为 5mm 的圆形小孔,孔与孔之间的距离约为 20mm,孔是自筒内向外冲制而成的,孔的翻边向外,内壁光滑,这样可以避免在洗涤过程中损伤衣物。内筒圆筒的筒壁上沿直径方向安装有 3 条凸筋,称为提升筋。当内筒旋转时,提升筋带动衣物在筒内翻滚;当衣物与内筒圆筒的筒壁接触时,筒壁像搓衣板一样对衣物进行揉搓,而且衣物不断地被提升和抛落,从而达到洗净的目的。提升筋的高度一般为 85～95mm,其横截面为等边三角形或两底角为 50°～70°的等腰三角形,顶角处以大圆角圆滑过渡,避免在洗涤过程中损伤衣物。提升筋采用薄不锈钢板经弯制成形后,焊接或铆接在内筒圆筒的筒壁上,或者提升筋与内筒圆筒为一体式结构,在加工内筒圆筒时一齐加工成形。

内筒衣物投入口设在内筒的前侧,故内筒前盖中心开有大圆孔,孔径约为300mm,衣物从此孔装入。为了避免在洗涤过程中损伤衣物,孔的翻边也由内向外。与内筒前盖相对的后侧面称为内筒后盖,一般用厚度为1.5mm的不锈钢板制成,内筒后盖上有经冲压而成的加强筋,可与内筒叉形架相配合,从而使内筒具有较大的强度和刚度。由于前开门式的内筒仅靠一个悬臂支撑,内筒在运转中容易引起振动。为了使负荷重心靠近支撑位置及减小悬臂的长度,可将内筒和外筒的受力端盖制成盆形,这样可增加刚度,改善受力情况。

2. 内筒叉形架

内筒叉形架由叉形架、主轴和轴衬套组成,其结构如图11-9所示,三者在压铸模内被铸成一体。内筒叉形架与内筒铆接在一起,支撑内筒。内筒和内筒叉形架安装在外筒内,内筒叉形架的主轴通过轴承与外筒叉形架的轴承座配合。主轴上安装有大皮带轮,电动机通过皮带驱动大皮带轮,从而带动内筒运转。

3. 外筒

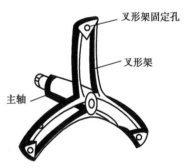

图11-9 内筒叉形架

外筒又称盛水筒,它的主要作用是盛放洗涤液和对电动机、配重块、减振器、加热器、温度控制器等部件起支撑作用。外筒由外筒筒体、外筒后盖、外筒前盖、外筒密封圈、外筒扣紧环等组成,如图 11-10所示。

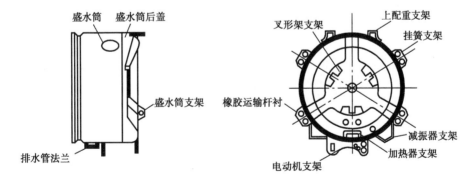

图11-10 外筒结构

滚筒式全自动洗衣机的一些重要电气部件,一般都安装在外筒筒体下面,故对外筒的最基本要求是不能漏水,否则会影响电气部件的安全性能。外筒筒体大都采用不锈钢板或钢板经搪瓷处理加工而成,也有采用聚丙烯塑料注塑成形的,有很好的耐酸碱性。外筒筒体的外周焊接有若干个支架,分别将电动机、外筒叉形架、上配重块、挂簧、减振器、运输杆等零部件固定在外筒上。外筒的后盖上开有孔,使内筒主轴从外筒后盖的中心孔穿过,还可通过孔安装加热器。外筒通过4只(或两只)挂簧和两只(或3只)减振器与外箱体连接在一起。

减振器由弹簧组成，它使得外筒与外箱体之间成为柔性连接，这样在洗衣机工作时，外筒的振动会被减振器吸收，从而不使振动传递到外箱体上。外筒与各零部件的连接如图 11-11 所示。

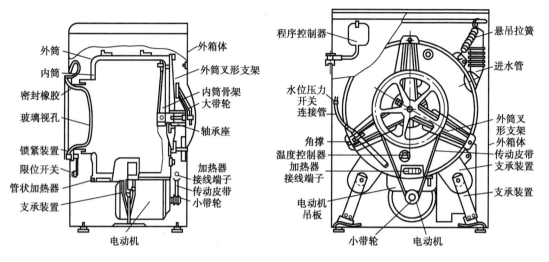

图 11-11　外筒与各零部件的连接

外筒前盖上焊接有支架，用以安装前配重块。内筒装入外筒后，外筒前盖将外筒筒体盖住。外筒筒体与外筒前盖之间装有外筒密封圈，外筒扣紧环将外筒筒体和外筒前盖扣成一体。在紧固扣紧环时，应使内筒前盖的衣物投入口与外筒前盖的圆孔同心，使得内筒前盖的口沿与外筒前盖的口沿之间的间隙均匀。外筒上还装有门密封圈，门密封圈的一端装有紧固螺栓的钢丝卡圈，它与外筒前盖紧固在一起，另一端装有松紧弹簧的钢丝卡圈，它卡在外箱体的前面板上，这样使得外筒里盛放的洗涤液不会漏出来。门密封圈在连接外箱体一端的内圈中有一唇口，当洗衣机的前门关严后，前门上的透明碗与唇口紧密贴合，起着水封的作用。门密封圈上开有流水的小孔，安装门密封圈时，此孔应向下，这样可使门密封圈的水流到外筒内而不积存。

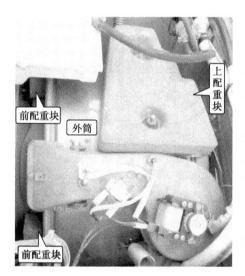

图 11-12　配重块的安装位置

外筒上固定有上配重块和前配重块，配重块由混凝土或铸铁制成，如图 11-12 所示。上配重块为长方形结构，固定在外筒的上方；前配重块是圆环结构，固定在外筒前盖上。加配重块是滚筒式洗衣机的一个特点，其作用有两个：一是增加外筒的重量，这样可以减少由于在洗涤时衣物的偏心而产生的振动，以保持相对的稳定；二是增强外筒平衡性，这一点是针对前开门式滚筒式洗衣机而言的。从上述的内筒结构可以知道，前开门式滚筒式洗衣机的内筒仅靠一个悬臂支撑，在进行洗涤运转时衣物不可能完全平衡，从而将产生振动。为了抑制这种振动的发生，外筒前盖上加装有前配重块，使得外筒的重心保持在转轴和中心平面的交点上，从而抑制振动，降低运转时的噪声。

4. 外筒叉形架

外筒叉形架用铝合金压铸而成,它使用螺栓紧固在外筒的后盖上,其结构如图 11-13 所示。外筒叉形架的中央开有轴承座,轴承座内装有两个轴承和油封,内筒的主轴通过轴承与外筒叉形架的轴承座配合,这样就把外筒和内筒连接起来,成为一个整体,内筒可以在外筒内旋转。外筒叉形架的作用就是通过轴承、主轴和内筒叉形架对内筒起到支撑作用,保证内筒的洗涤工作能在外筒内顺利进行。在外筒叉形架与外筒之间还装有水封,以防漏水。为了在外筒的内底部安装加热器,装配时内筒的轴心要高出外筒轴心 10mm,这样内筒外圆与外筒内壁之间的间隙,下部比上部大 20mm。

图 11-13　外筒叉形架和轴承座

任务四　认识传动系统

传动系统主要由电动机、小皮带轮、大皮带轮、电容器和传动皮带等组成,其结构如图 11-14 所示。

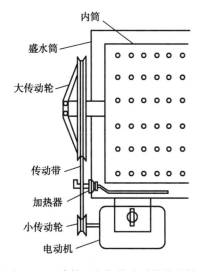

图 11-14　滚筒洗衣机传动系统的结构

1. 电动机

因滚筒式全自动洗衣机中没有离合器,所以不能像波轮式全自动洗衣机那样通过离合器进行洗涤转速和脱水转速的切换。为了低速运转进行洗涤、漂洗,高速运转进行脱水,只有通过对电动机的转速进行调节才能执行这些功能。现在的滚筒式全自动洗衣机使用的电动机有两种:一种是电容运转式电动机,这种电动机只有一个或两个脱水转速,不能进行无级调速,而且洗衣机的脱水转速较低,一般为 400~800r/min;另一种是串激电动机,它通过控制系统可进行无级调速,而且洗衣机的最高脱水转速可达到 1200r/min,主要用于高档洗衣机。

1)电容运转式双速电动机

(1)双速电动机的结构特点

双速电动机的结构如图 11-15 所示,定子铁芯采用外压式叠装,机壳为低碳薄钢板,两端为铝合金压铸端盖,转子两端内装有塑料风扇,定子绕组在嵌线时,由于 12 极(或 16 极)绕组跨距小、端部短,故嵌放在定子槽的底层,2 极绕组嵌放在定子槽的上层。在定子绕组中装有热保护器,当电动机发生堵转或温升过高时,能自动断电,从而保护电动机不被损坏。

这种电动机结构紧凑、体积小、重量轻,具有良好的启动特性,启动转矩大,有良好的运转性能,过载能力强,但由于采用双速设计,故电动机的效率和功率因数较低。

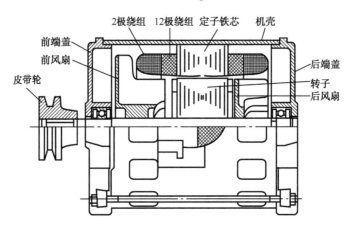

图 11-15 双速电动机结构

（2）双速电动机的工作原理

滚筒式全自动洗衣机在进行洗涤、漂洗运转时与进行脱水运转时的转速和功率相差较大，故不采用抽头调速和变极调速，而是在定子铁芯内同时嵌放两套绕组，即 2 极高速绕组和 12 极（或 16 极）低速绕组，从而实现脱水时的高速运转和洗涤、漂洗时的低速运转。

2 极绕组用于脱水，脱水时电动机单向旋转，主、副绕组有着明显的区别。主绕组的线径粗、匝数少、直流电阻小，副绕组的线径细、匝数多、直流电阻大，主副绕组均采用正弦绕组，以便削弱高次谐波，改善磁场波形。

12 极绕组用于洗涤、漂洗，在洗涤、漂洗时电动机做正、反向旋转。12 极绕组由主绕组、副绕组和公共绕组组成，因电动机在正、反向运转时有相同的技术指标，故主、副绕组的结构完全相同，即有相同的线径、匝数、节距和绕组形式。电容器分别串联在主、副绕组上，从而使电动机改变旋转方向，实现正、反向旋转。

双速电动机的接线图如图 11-16 所示，12 极绕组的公共绕组的一端与 2 极绕组的主、副绕组的公共端相连，成为双速电动机的公共引出线，公共电容器通过控制器触点分别串联到 2 极的副绕组和 12 极的副绕组，然后再与各自的主绕组并联。触点可以通过控制器实现自动转换，当接通 12 极绕组时，电动机低速运转，从而实现洗涤和漂洗功能，当接通 2 极绕组时，电动机高速旋转，从而实现脱水功能。这两种转速是相互锁定的，2 极和 12 极不可同时通电工作。

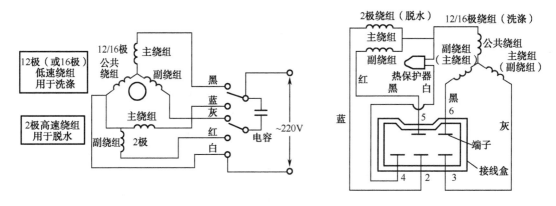

图 11-16 双速电动机的接线图

电动机轴上的小皮带轮的直径与内筒主轴上的大皮带轮的直径之比为 1:7，洗衣机在洗涤和漂洗时电动机的额定转速约为 470r/min，那么，内筒的转速为 67r/min，洗衣机脱水时电动机的额定转速为 2800r/min。那么，内筒的转速为 400r/min。

　　为了改善衣物的漂洗和脱水效果，也就是减少脱水后的含水率，必须提高洗衣机的脱水转速。为了同时满足洗涤和脱水的要求，可以通过使用 2/16 极双速电动机及增大电动机轴上小皮带轮的直径来实现。增大小皮带轮的直径，将小皮带轮的直径与大皮带轮的直径的比值调整为 1：5.1，这样脱水和洗涤时内筒的转速都相应地提高。为了保持洗涤时内筒的转速仍为 67r/min，则可以将 12 极绕组调整为 16 极绕组，从而降低电动机低速运转时的同步转速。16 极绕组时电动机的同步转速为 375r/min，这时的额定转速为 350r/min，经过皮带减速后，内筒的洗涤转速为 68r/min，与 12 极绕组时的转速大致相同。而此时的内筒脱水转速则相应地提高到 550r/min。

　　（3）双速电动机故障检修

　　双速电动机的常见故障主要有电动机不转、转速慢、噪声大等。

　　① 电动机不转。滚筒洗衣机出现双速电动机不转故障时，在排除程控器、电动机线排、电容器故障后，可确定为双速电动机本身的故障。

　　双速电动机有两组绕组：一组为洗涤绕组，采用 12 极或 16 极绕组形式；另一组是脱水绕组，采用 2 极绕组形式。可以用万用表或兆欧表对其绕组进行测量、检查，如检查绕组或线圈间是否短接，是否对地短路，如图 11-17 所示。同时也要检查转子端环、鼠笼条是否断裂、轴承是否损坏等。如果双速电动机的绕组烧坏，重绕绕组比较麻烦，最好更换新电动机。

　　小鸭牌滚筒洗衣机双速电动机（接线图参见图 11-16），端子 4 为双速电动机的公共引出线，洗涤绕组 3-4 和 6-4 之间的电阻值基本相同，都

图 11-17　用万用表测双速电动机绕组的电阻值

为 63Ω 左右，脱水绕组的主绕组 2-4 之间的阻值约为 11Ω，副绕组 5-4 之间的电阻值约 36Ω。

　　② 电动机启动困难，启动后转速变慢。该故障的原因是电动机轴承损坏，定子绕组局部短路，转子鼠笼条或端环断裂。

　　③ 电动机噪声大。电动机的定子铁芯与转子铁芯相蹭或电动机轴弯曲变形、窜动量大等现象均会引起电动机噪声大，需要更换新电动机。电动机的轴承点蚀破坏，与轴摩擦产生噪声，可调换相同型号的电动机轴承。

　　2）串激电动机

　　串激电动机又称单相串励电动机，它是交直流两用的，所以又称交直流两用串励电动机。串激电动机具有转速高、效率高、体积小、重量轻、启动电流低、启动转矩大、过载能力强、调速方便等特点。近来高档的滚筒式全自动洗衣机开始采用串激电动机作为驱动电动机，同时采用控制系统对电动机的转速进行控制，从而实现无级变速、分级恒速、准确控制的运转特性。

　　（1）单相串激电动机的结构

　　单相串激电动机由定子、转子（电枢）、电刷、机座、轴承等组成，如图 11-18 所示。定

子由铁芯和励磁绕组组成。铁芯用 0.5mm 厚的硅钢片冲压制成双凸极形冲片叠压而成，励磁绕组用高强度漆包线绕制成集中绕组（即线圈），嵌入铁芯后再进行浸漆绝缘处理。转子（电枢）是串激电动机的转动部件。它的铁芯由硅钢片叠压而成，上面有槽，槽中嵌有线圈。铁芯紧压在转轴上，转轴的一端压装着一只换向器（整流子），它的作用是把电流从电刷传导到槽内的线圈中。电枢中每个线圈的首端和尾端都有引线，引线与换向器有规律地连接。换向器是由许多铜片围成的一个圆柱体，铜片称为换向片，各换向片间用云母片绝缘。换向片做成楔形，各铜片两端下面有 V 形缺口。制造时用注塑的方法将换向片和云母片紧密连接在一起。

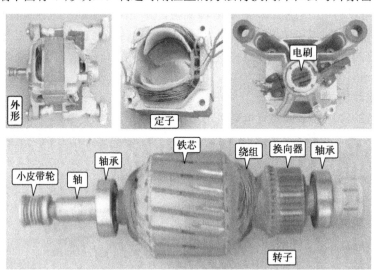

图 11-18　单相串激电动机的结构

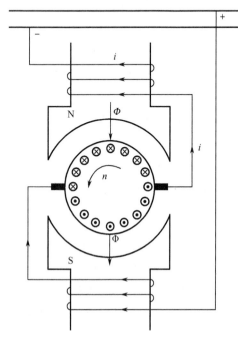

图 11-19　单相串激电动机原理图

励磁绕组和电枢绕组通过电刷串联起来。电刷由 DS 型电化石墨制成，具有良好的导电性能。电刷装在刷握（电刷架）中，刷握由电刷架、电刷座和弹簧等组成，电刷在刷握中能自由滑动，保持有适当的间隙，并能保证准确地与换向器接触。

（2）单相串激电动机的工作原理

单相串激电动机的工作原理如图 11-19 所示。单相串激电动机的定子绕组（励磁绕组）与电枢绕组采用串联连接，采用较多的是电枢绕组串在两只定子绕组的中间。两者通入的电流完全一样。当电流方向改变时，在励磁绕组产生的磁场方向变化的同时，电枢绕组电流也反向，使电枢绕组受到的转矩方向不变。

（3）单相串激电动机的调速及改变转向

在滚筒洗衣机上，是通过电子调速板来调节串激电动机的电压进而调整转速的。电子调速板与单相串激式电动机配合可实现无级调速。电子调速板控制串激式电动机的工作状态，即控制电动机在洗涤、漂洗、脱水时输出不同的转速。

采用电子调速系统可使电动机在负载变化、电压波动的情况下将转速自动调整到预先设定的转速，大大优于单相异步双速电动机的性能，从而保证了洗衣机的性能指标。

串激式电动机的转向与电流方向无关。要改变它旋转的方向，只有通过改变励磁绕组与电枢绕组串联的极性来实现。

单相串激式电动机绝对不允许空载运行，因为空载运行时电动机转速非常高，可能产生"飞车"事故，损坏电动机，甚至造成人身伤害事故。在滚筒洗衣机中，经电子调速板的稳速作用，电动机可以空载运行。

（4）单相串激电动机常见故障检修

单相串激电动机常见故障分为机械和电气两方面。机械方面的故障主要有电枢与定子铁芯相擦、振动大和轴承过热等。电气方面的故障，常见的有换向器与电刷间产生严重火花，其次是绕组短路、断路及通地等。

① 机械故障。

电枢与定子铁芯相擦。由于电动机气隙较大，一般不易发生相擦的故障。产生电枢与定子铁芯相擦的原因有：主磁极或换向极固定螺栓松动、主磁极或换向极铁芯产生位移造成电枢与定子铁芯相擦，只要把相应的紧固螺栓拧紧故障就可以消除；电动机的端盖止口、机座止口磨损变形或端盖轴承孔磨损，造成定子铁芯与电枢不同心以致相擦，一般只要修制端盖或机座止口或将端盖轴承孔镶套就可解决；电枢上某些物体如箍紧带钢丝或尼龙、槽楔、绝缘垫层等松动甩脱引起相擦，重新扎紧后就可解决。

电动机振动。这种故障的原因是电动机的电枢动平衡没有达到要求。由于转轴弯曲，组装时气隙不均匀，轴承损坏及定子和电枢不同心也能产生振动。

轴承过热。轴承过热的原因有：电动机振动或同心度不良都易使轴承过热；轴承内润滑脂过多或过少也能引起轴承过热，因此通常在轴承座内加入的润滑脂以占其空间的 1/2～1/3；轴承座要定期清洗、检查和添加润滑脂；轴承的滚珠磨损也会引起轴承过热，这些伴有特殊噪声。所有的机械故障都必然伴有异常的噪声，根据噪声的部位、特征可以大致确定故障的所在。

② 电气故障。

换向器与电刷间出现严重火花。在电动机运行正常时，电刷与换向器之间的火花呈淡蓝色，微弱而细密，电刷运行稳定，无过热现象，换向器表面光亮平滑，在与电刷接触的圆周表面上形成褐色的晶莹发亮的氧化层薄膜，这层薄膜有利于换向器，并能减少换向器的磨损。当电动机在有故障的情况下运行时，电刷与换向器之间将出现不正常的火花，故障轻微时火花一般呈红色，并且较为明亮，会造成电刷灼伤，换向器表面发黑出现灼痕，而当故障较严重时将产生剧烈火花甚至发生环火，这时火花从电刷下部向外喷射，色泽呈红绿色，这是电刷碎屑及换向器的铜质在高温下形成的，在这种强烈火花下一般总伴有较强的噪声，必须立即停机检修，否则电动机将很快烧坏。

电枢绕组故障。当电枢绕组断路或短路时也会出现严重火花甚至形成环火。特别是个别绕组与换向器连接部位脱焊或虚焊造成电枢绕组断路，这时的火花长而猛，每当电刷经过断路点的换向片时火花更为光亮，并且在换向器的有断路的两换向片间出现烧毁的黑点，这些是电枢绕组断路的特征。电枢绕组短路，除产生强烈火花外，还会引起电枢绕组短路的元件过热。

滚筒洗衣机使用的电容器的工作电压为450V，电容容量为14μF、16μF、20μF，分别与不同的双速电动机配合使用。

图 11-20　滚筒洗衣机的电容器

2. 电容器

电容器主要用于电容运转式双速电动机，与波轮式全自动洗衣机所采用的相同，如图 11-20 所示。它利用控制器分别接入 2 极绕组或 12 极（16 极）绕组，从而实现电动机的高、低速连转。

电容器在使用过程中，容量会因电容器老化而降低，从而引起电动机转矩小，启动无力。若测得电容容量小于额定值的 5%，应更换电容器。

3. 皮带轮和皮带

滚筒式洗衣机的动力是这样传递的：电动机运转，带动电动机轴上的小皮带轮运转，经过皮带带动内筒主轴上的大皮带轮运转，从而带动内筒运转。大、小皮带轮均采用铝合金压铸而成，具有强度大、重量轻、使用寿命长等特点。大皮带轮固定在从外筒叉形架中伸出的内筒主轴上，小皮带轮固定在电动机的轴上。在紧固大皮带轮的螺钉上安装了止退垫圈，以防止大皮带轮在运转时松动。

双速电动机使用三角皮带传递动力，大小皮带轮为单槽式 V 带轮结构。串激式电动机使用多楔皮带传递动力，大皮带轮为平带轮结构，小皮带轮为多槽式 V 带轮结构，如图 11-21 所示。

（a）双速电动机的皮带和皮带轮

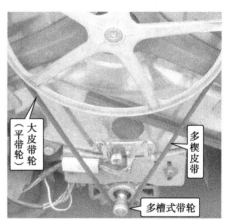

（b）串激式电动机的皮带和皮带轮

图 11-21　滚筒洗衣机的皮带和皮带轮

▶任务五　认识进水、排水系统

进水、排水系统由进水系统和排水系统两部分构成。

1. 进水系统

进水系统由进水管、进水阀（进水电磁阀）、内进水管、洗涤剂盒、回旋进水管等组成。图 11-22 是一种有代表性的电脑控制式滚动筒洗衣机的进水系统实物图。

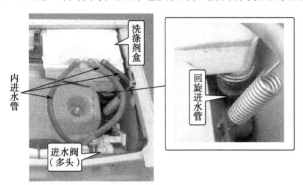

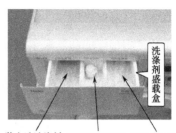

图 11-22　电脑控制式滚动筒洗衣机的进水系统实物图

1）进水管、内进水管、回旋进水管

进水管由每端带有紧固螺纹管接头的橡胶管制成，耐腐蚀、耐老化、耐高水压。一端与洗衣机上的进水阀连接，另一端与自来水龙头连接。

内进水管是由普通橡胶制成的，是连接进水阀与洗涤剂盒的进水通道。采用机械式程控器的机型通常只有一根内进水管，采用电脑控制式的机型有两或三根内进水管。

回旋进水管用耐酸碱橡胶制成，是连接洗涤剂盒出水口与外筒进水口的橡胶管，洗涤剂盒中的水和洗涤剂，通过它进入外筒。

2）进水阀（进水电磁阀）

（1）滚筒洗衣机进水阀（进水电磁阀）的结构特点

进水阀由电磁线圈、壳体、阀芯及安装板组成。当电磁线圈上加上 220V、50Hz 电压时，其周围产生电磁场，从而牵引阀芯动作，打开阀门，开始进水；当线圈上没有电压时，阀芯会在弹簧的作用下，将阀门关上，停止进水。

进水阀有单头、双头和多头之分，如图 11-23 所示。单头进水阀用于普通滚筒洗衣机，如小鸭圣吉奥 XQG50-156N、海尔丽达 XQG50-92 等。双头进水阀用于采用电子配水的滚筒洗衣机或具有烘干功能的机械式滚筒洗衣机（一只阀上带有限流器）。多头电磁阀（主要是三头电磁阀）主要用于带有热水进水的、具有烘干功能或采用电子配水的滚筒洗衣机，如海尔太阳钻 XQG50-HDB1000。

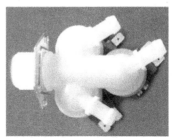

　　　（a）单头进水阀　　　　　　　　（b）双头进水阀　　　　　　　　（c）多头进水阀

图 11-23　滚筒洗衣机常用的三种进水电磁阀

（2）进水阀（进水电磁阀）的常见故障

进水阀（进水电磁阀）坏会出现洗衣机不进水或没通电就进水的现象。

判断进水阀好坏的方法有以下几种。

① 直接外接 220V 交流电给进水阀供电，若不能进水，则进水阀已坏。洗衣机没有通电就进水，也是进水阀坏了。

② 为进水阀通电、断电，若不能听到阀芯吸合、释放所发出的"咔嗒"的声音，则说明电磁阀的线圈损坏或阀芯未工作。

③ 电阻测量法。电阻测量法如图 11-24 所示。

用万用表的电阻挡（20kΩ）测量电磁阀线圈的直流电阻。如果测得电阻值为无穷大或较小（正常直流电阻为4kΩ左右），则说明电磁阀已损坏。

不同型号的进水电磁阀，它的线圈电阻值可能不相同，正常时一般为 3.5～5kΩ。

图 11-24　电阻测量法检查进水电磁阀的方法

④ 电压测量法。打开洗衣机上盖，将洗衣机程序控制器调至进水程序上，测量进水阀两端子的电压。如果接线端子有电压，电压在 180V 以上，而进水电磁阀不工作，则说明进水电磁阀已损坏；如果没有万用表，也可将程序控制器调至进水程序上，将洗衣机接通电源，用手去触摸洗衣机外箱体上的电磁阀进水口。如果手有颤动感，则说明进水电磁阀电路完好，否则为损坏，应更换。

3）洗涤剂盒

洗涤剂盒由洗涤剂盒上盖、洗涤剂盒骨架、洗涤剂盛载盒等组成。洗涤剂盒上盖上安装有分水槽和喷嘴。当自来水流入洗涤剂盒上盖时，根据程序指令，自来水经喷嘴喷到指定的水槽内，水由该水槽中的水孔流入洗涤剂盛载盒内，再进入外筒。洗涤剂盛载盒由三格（或四格）组成。

采用机械式程控器的机型，其洗涤剂盒还有分水机构，如图 11-25 所示。分水机构是连接洗涤剂盒和程控器的机构，它的一端与洗涤盒上盖的喷嘴柄相连，另一端与程控器的分水凸轮相连。当洗衣机工作时，程控器动作，分水凸轮控制分水联动机构，将自来水根据程序要求自动进行进水分配。

▶2. 排水系统

排水系统由排水管、排水泵、过滤器等构成，如图 11-26 所示。

1）排水波纹管、过滤器、排水管

排水波纹管的一端安装在外筒（盛水筒）的底部，用压板压紧，以防止漏水，另一端与过滤器相连。过滤器一端与排水波纹管相连，另一端与排水泵连接管相连，其作用是过滤洗涤液中的线屑、毛发及小的杂物，避免堵塞管道和损坏排水泵。过滤器须定期清理。排水泵一端与排水泵连接管相连，另一端与排水管相连。滚筒式洗衣机一般为上排水方式，这就需要利用排水泵进行排水。排水管的一端与排水泵相连，另一端挂在水池等较高的地方，它由耐酸碱、耐老化、耐高温、抗弯折的材料制成。

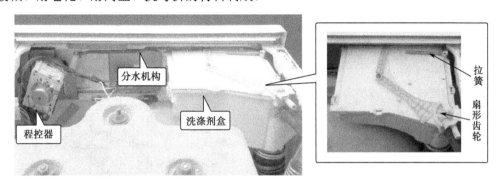

图 11-25 洗涤剂盒的分水机构

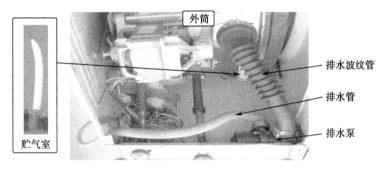

图 11-26 排水系统主要元器件安装位置

2）排水泵

（1）排水泵的结构与工作原理

滚筒式全自动洗衣机大多采用上排水，这种排水方式是由排水泵来实现的，且不设排水阀门。滚筒洗衣机使用的排水泵有永磁排水泵和单相罩极式排水泵两种，扬程一般在 1.5m 左右，排水量约为 24L/min，输入功率为 90W 和 22W。永磁排水泵如图 11-27 所示。

国内生产的排水泵有多种，其结构也不尽相同。排水泵由电动机、泵体、叶轮、风叶等组成。图 11-28 是一种单相罩极式排水泵结构图。排水泵的动力源是开启式罩极电动机。在电动机的带动下，高速旋转的

图 11-27 永磁排水泵实物图

叶轮将水加压上排。排水泵电动机内装有过热保护器，当排水泵堵转温升过高或出现异常时，过热保护器就动作，电路自动切断，停止对排水泵线圈供电。待温度下降后，过热保护器又自动接通，排水泵继续工作。因而排水泵有较好的耐热性能和安全性能。

排水泵通常安装在洗衣机箱体的底部，它的进水口通过软管与过滤器连接，排水口与排水管连接。为了防止漏水，连接处用胶贴粘牢密封。排水泵安装位置如图 11-29 所示。

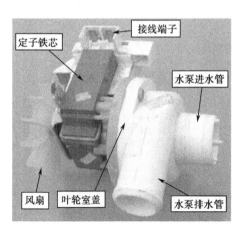

图 11-28　单相罩极式排水泵的结构示意图

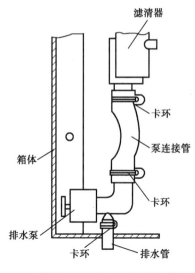

图 11-29　滚筒洗衣机排水泵安装位置示意图

（2）排水泵的常见故障

排水泵常见故障是排水泵不排水、排水泵噪声太、排水泵漏水。

① 排水泵不排水。造成故障的原因是排水泵插线虚接或插线掉、排水泵风扇被异物缠绕、排水泵内有异物、单相罩极电动机线圈断。先检查一下排水泵线路，看排水泵插线是否到位，排水泵的叶轮片有无异物缠绕，如有异物缠绕，去掉异物即可。若仍不正常，用万用表的电阻挡测量排水泵电动机线圈的直流电阻，如图 11-30 所示。

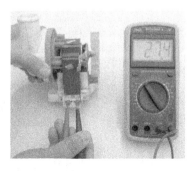

用万用表的电阻挡测量排水泵电动机线圈的直流电阻。单相罩极式排水泵线圈阻值在30Ω左右，永磁排水泵线圈阻值在190Ω左右。如果测得阻值很大则可能线圈断开；如测得阻值很小，则可能是线圈匝间短路或接线短路，须更换线圈或整个排水泵。

图 11-30　测量排水泵电动机线圈直流电阻的方法

用万用表检查所用交流电源电压，有时由于所用电源电压过低也会引起不排水的现象发生。

② 排水泵噪声大。造成故障的原因是排水泵风扇被异物缠绕、排水泵内有异物等。检查时，卸下排水泵，转动排水泵风扇，看风扇转动流不流畅。如转动较紧，应打开排水泵，看叶轮室内有无异物，有异物取出即可。如排水泵已坏，应更换。

③ 排水泵漏水。排水泵漏水，应检查是接头处漏水还是泵体漏水。如果是接头处漏水，则拆下重新装一遍并用卡环在接头处卡紧。如果是泵体漏水，可能是排水泵叶轮室螺钉松动，可以用十字螺丝刀紧固叶轮室盖螺钉，若仍漏水，则应拆开泵体，更换里面的密封圈即可。如果是泵体外壳变形严重或有裂缝，则须更换新的排水泵。

任务六　认识加热系统

因滚筒式洗衣机的洗净率比较低，为了提高洗涤效果，一般采用延长洗涤时间或提高洗涤液温度的方法进行补偿。由于延长洗涤时间后会使衣物的磨损率上升，滚筒式洗衣机一般采用提高洗涤液温度的方法来提高洗净比，因而洗衣机中装有提高洗涤液温度的加热系统。加热系统由加热器、温控器、调温器等组成。

1. 加热器

滚筒洗衣机的加热器有洗涤加热器和烘干加热器之分，这里重点介绍洗涤加热器，烘干加热器在烘干系统中介绍。

1）加热器的结构

加热器为管状，也称电热管，它的外形及结构如图 11-31 所示。加热管是在金属管内放入电热丝，并在间隙中填充绝缘填料，再经外管压缩成形、表面处理和加引出棒等工艺处理后加工而成。电热丝密封于金属管内，这样有效地防止了电热丝的氧化。这种加热器具有热效率高、机械强度好、结构简单、安生可靠、使用寿命长等优点。

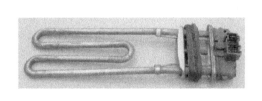
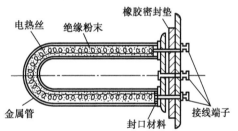

图 11-31　洗涤加热器的外形和结构

因加热器浸没在洗涤液中，所以加热器的外管由不锈铜制成，电热丝由镍铬合金和铁铬铝合金制成，绝缘填料为结晶氧化镁粉末。

加热器安装在外筒（盛水筒）内的底部，位于内筒和外筒之间，如图 11-32 所示。安装时应将加热管略靠近外筒，这样可以防止内筒在高速脱水甩干时因振动而与加热管碰擦。加热器的固定板用螺钉固定连接在外筒的侧盖上，并在连接处用橡胶垫密封，防止洗涤液渗漏。加热器的功率一般为1700W、2000W，这就要求用户的电度表的容量要大一些。有的机型装有加热功率调节开关，可对加热功率进行选择，一般采用双管或三管加热（有两根或三根电热管工作）。当选择低功率加热时，便使用一根电热管工作，即使用高阻值的电热丝，这样可减少电度表的容量，但将延长加热时间。当选择高功率加热时，两根或三根电热管一起工作，这时高阻值和低阻值的电热丝同时加热，缩短了加热时间，也就缩短了整个洗涤过程的时间。

2）加热器的常见故障

（1）加热管处渗漏水

这种故障是因加热管涂胶不均匀或紧固不到位造成的。维修措施：

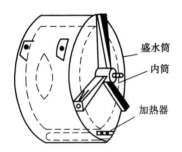

盛水筒

内筒

加热器

图 11-32　洗涤加热器的安装位置

① 拆下加热管，在橡胶密封垫处涂一层 309 胶；

② 重新紧固加热管螺母。

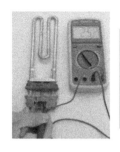

> 用万用表电阻挡测加热管的两接线端子，若阻值为无穷大或零，则说明加热管坏，重新更换加热管即可。
>
> 正常时，加热管的阻值应为二十多至三十多欧姆，具体阻值与加热管的功率大小有关。

图 11-33　加热管的检测

（2）加热管不加热

检修这种故障时，首先应检查加热器的接线端子有无锈蚀和松动现象，若有，修复或更换；若正常，用万用表电阻挡测加热管的两接线端子，判断加热管是否损坏，如图 11-33 所示。若加热管已损坏，重新更换加热管即可。

（3）加热管绝缘不良（漏电）

将数字万用表置于 200MΩ 挡或将指针万用表置于 R×10k 挡，一根表笔接加热器的接线端子，另一根表笔接加热器的金属管（外壳），其阻值都为无穷大，说明加热管是好的，若阻值＜20MΩ，则说明加热管绝缘不好，换加热管即可。

2. 温控器

1）温控器的结构和工作原理

温控器的主要作用是对洗涤液的温度进行控制，温控器又称温度继电器。温控器有定值型（又叫恒温器）和可调型（又叫调温器）两种。根据感温材料的不同，又有双金属片温控器、磁性温控器、感温剂温控器等多种。

滚筒式全自动洗衣机使用的温控器主要有以下两种。

（1）金属膨胀式温控器

金属膨胀式温控器的工作原理是利用不同的金属其膨胀系数不同，将两层或几层不同的金属片贴合在一起，在一定的温度下，使热能转变为机械能，以控制电路的通断。冲制成具有一定挠度的双金属片元件受热到设定温度时，双金属片急速反向弯曲，由凸形突变成凹形，从而推动瓷柱使触点断开，切断电路。当温度下降到设定值以下时，双金属片又急速恢复原状，重新接通电路。

这种温控器的温度设定值是不可调节的，故又称定值式温控器（又叫恒温器）。滚筒洗衣机常用的恒温器如图 11-34 所示。

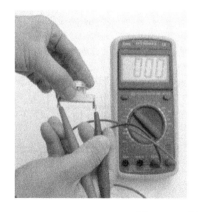

金属膨胀式温控器实物

双金属片型温控器未受热时，用万用表的R×1挡测它的接线端子间的阻值，若阻值为无穷大，则说明它已开路，而当它检测的温度达到标称后阻值不为无穷大，仍然为0，则说明它内部的触点粘连。

图 11-34　恒温器

有的洗衣机为了对洗涤液的温度上下限进行控制，采用盘形双温温控器，其结构如图11-35 所示。一组为常开触点，当洗涤液被加热到第一档温度（约为 40℃）时，这组触点闭合，洗衣机开始洗涤。另一组为常闭触点，当洗涤液被加热到第二档温度（约为 60℃）时，常闭触点断开，切断加热器的电路，停止加热。双温温控器为了区别低温与高温触点，通常在高温触点插片旁有红点标记。

盘形双温温控器实物

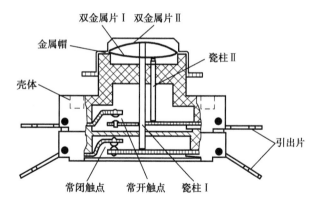

图 11-35　盘形双温温控器结构示意图

（2）感温剂温控器

感温剂温控器的工作原理是利用感温剂（如液体）温度不同时，体积的膨胀也不同，将膨胀系数大、沸点高、凝固点低且黏度低的液体充满感温元件和毛细管内，当温度变化时，液体的体积发生变化，从而引起波纹管产生位移来接通或断开触点。由于液体的体积膨胀系数为线性，所以这种温控器的温度是可以进行线性调节的，故又称线性可调式温控器（又叫调温器），它具有耐热温度高、温度调节范围广、切换温差小等特点。现在，洗涤液温度调节范围可由常温到 95℃的滚筒式全自动洗衣机就采用这种温控器。

图 11-36 是感温剂调温器实物及其结构示意图，它主要由感温头、毛细管、波纹管、调温螺杆（温度调节轴）、动静触点组成。金属感温头一般放在外筒底部，与外筒中的洗涤液接触，毛细管与外筒应密封好、不漏水。温控器上的转轴是温控器调节轴，通过它可以改变加热温度高低。

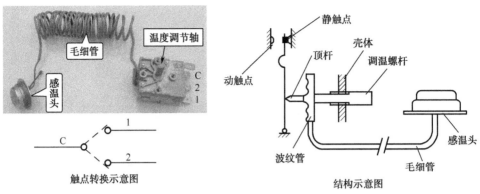

图 11-36　感温剂调温器实物图、结构示意图和触点转换简化图

这种温控器有 3 个接线柱，分别是 C、2、1 接线柱。转动温度调节轴，使触片位于 1 的位置，洗衣机按设置程序加热，随温度升高，毛细管中的液体温度升高并膨胀，当加热到一定温度时，由于液体胀力作用，使温控器内部感温腔中的传动膜动作，触片 C 与触片 1 闭合，洗衣机停止加热并进入洗涤程序。转动温度调节轴，使触片位于 2 的位置，洗衣机加热，毛细管中的液体温度升高而膨胀，须加热到更高温度时，才能使触片 C 与触片 2 闭合，洗衣机停止加热进入洗涤程序。此时可调温控器旋钮（它安装在温度调节轴上）指示的温度就是水加热的温度。

 提示

滚筒式全自动洗衣机中，洗涤加热系统有温控器，烘干系统也有温控器。洗涤加热系统中的温控器一般放在外筒底部，金属感温头与外筒中的洗涤液接触，温控器与外筒应密封好、不漏水。

2）温控器的常见故障

温控器异常不仅会产生不能加热的故障，而且会产生加热温度高或温度不正常的故障。

温控器的触点在某温度下的通断情况是否正确，是判断洗衣机加热故障是否由控制器故障造成的关键。

恒温器故障原因多是双金属片老化，使动作温度偏移。调温器故障原因大多为膨胀液体发生泄漏。检查时，用万用表电阻挡测量恒温器和调温器触点的闭合和断开情况，如通断状态不正确则应更换新件。

调温器好坏的简单判别方法是：在室温下转动温度调节旋钮，大约在室温 20～30℃调温器刻度盘也在 20℃～30℃听到"啪"的一声，表明调温器触点动作温度大致合格。如果听不到"啪"的一声或动作点显示刻度与室温差别很大，则表示调温器无动作零点或动作点漂移，需要更换新的调温器。

调温器在室温下旋钮指示零点时 C-2 通，C-1 断开，如图 11-37 所示。旋动旋钮触点动作后应 C-2 断开，C-1 接通。

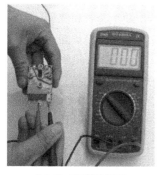  

（a）C、2两触片相通　　　　　（b）C、1两触片断开　　　　　（c）2、1两触片不通

图 11-37　调温器的检测方法（在室温下旋钮指示零点时）

任务七　认识烘干系统

1. 烘干系统的结构和工作原理

1）烘干系统的结构

烘干系统是具有烘干功能的滚筒洗衣机所特有的。烘干系统由烘干加热室、鼓风机、冷凝器三大部分构成，如图 11-38 所示。另外，采用电动程控器的滚筒洗衣机，其烘干系统中还有烘干定时器，它用于设定烘干时间。

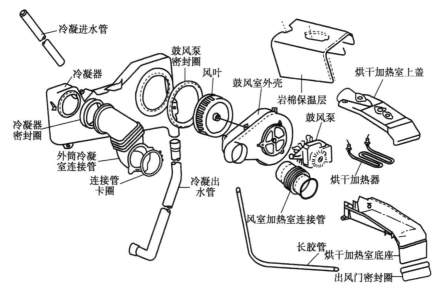

图 11-38　烘干系统构成示意图

（1）烘干加热室部分

它由加热室上盖、加热室底座、烘干加热器、烘干温控器、岩棉保温层等构成。烘干加热室固定在外筒的上面。

① 加热室上盖、加热室底座用铝合金压铸而成，它们之间安装烘干加热器，加热室前方有一长孔，它通过密封圈和尼龙捆扎带与门密封圈相连，烘干热风从这里进入内筒。

② 烘干加热器安装在外筒风道上，用两个金属螺母将其固定在加热室中，用于加热由鼓风机吹入的空气。烘干加热器的结构与洗涤加热器相同，但外壳采用不锈钢材料，所以，烘干加热器耐温高，可干烧使用。烘干加热器的功率一般为1200W（或1000W）。

③ 烘干温控器均安装在烘干加热室上方。烘干温控器可分为烘干单温温控器（单温继电器）和烘干双温温控器（双温继电器）两种。烘干单温温控器有一对常闭触点，断开温度为135℃，它在烘干时起保护作用。如果烘干双温温控器损坏，烘干单温温控器可以保证烘干温度不会过高而损坏衣物。其上有一个金属柱，当触点断开后，不会自动复位，须打开上盖按一下金属柱，手动复位后，才能恢复烘干功能。烘干双温温控器有两对常闭触点，断开温度分别为90℃和135℃。通过对定时器的选择，分别用来控制低温烘干和高温烘干。

④ 岩棉保温层。用它包裹烘干加热室，可减少热散失。

（2）鼓风机部分

鼓风机安装在箱体的右后部。由风室加热室连接管、鼓风泵、鼓风室、风叶、风叶锁紧螺母、鼓风室密封圈组成。其作用是将干燥的热空气吹进内筒中，形成循环气流。

① 鼓风室。由鼓风室前壳和鼓风室后壳热合而成，采用聚丙烯材料。前壳上有一大圆孔用来安装风叶，后壳上有小一小孔用来穿过鼓风泵主轴。

② 鼓风泵。鼓风泵的电动机为单相凸极式罩极异步电动机，功率为100W。其作用是驱动风叶转动形成空气流动。

③ 风室加热室连接管由耐酸碱、耐高温橡胶构成。一端连接在鼓风室后壳上的圆孔，另一端和烘干加热室相连。热风通过风室加热室连接管进入加热室，加热后进入内筒。

④ 风叶。由风叶和风叶嵌件组成。风叶用特殊材料制成，经受多次冷热变化后不会变形。风叶嵌件用金属材料加工而成，用以将风叶固定在鼓风泵轴上。

⑤ 风叶锁紧螺母。鼓风泵的伸出轴穿过风叶嵌件由风叶锁紧螺母将它们固定住，使风叶在鼓风室中和鼓风泵轴一同旋转。

（3）冷凝器部分

① 冷凝器。由聚丙烯经吹塑而成，安装在箱体的后上方。靠近箱体的一面有两个圆孔，大圆孔和鼓风泵相连，小圆孔通过外筒冷凝室连接管和外筒相连。在冷凝器下方有一突出圆孔用来安装冷凝出水管。其上方有突出小圆孔为冷凝器的进水口，安装冷凝进水管。

② 外筒冷凝室连接管。由耐高温橡胶制成，形状为 Z 字形。它一端和冷凝器连接，另一端则与外筒上的出风口通过卡环紧紧连在一起。

③ 冷凝器进水口塞。安装在冷凝器的进水口处，它起到分散水流的作用，使进入冷凝室中的自来水和饱和水蒸气充分接触，最大限度地起到冷凝作用。

④ 冷凝进水管。由普通橡胶制成。一端安装在烘干进水阀上，另一端和冷凝器的进水口相连。

⑤ 冷凝出水管。由耐酸碱橡胶制成。一端安装在冷凝器下方的孔上，另一端与过滤器相连，冷凝器的水通过它流到过滤器中。

（4）烘干定时器

烘干定时器在洗衣机中设定烘干运行时间，还起到选择烘干温度的作用。定时器按其驱动动力不同可分为两类：一类为机械式，用发条作为驱动动力；另一类是电动式，以同步微型电动机作为动力。

烘干定时器的工作原理和电动式程序控制器相同。同步微型电动机经减速机构减速带动转轴转动，转轴带动凸轮机构控制触点开关的闭合，实现控制功能。

采用电脑板控制的滚筒洗衣干衣机，烘干定时和烘干温度的设定是通过操作烘干按键来完成的。

2）烘干原理

图 11-39 是烘干原理示意图。鼓风机鼓出的风通过烘干加热室加热，热风由门密封圈开口处进入内筒，温度升高后，筒内的饱和水蒸气通过外筒冷凝室连接管进入冷凝器，遇到自来水后迅速进行冷凝，冷凝后的热水经过滤器，由排水泵排出。

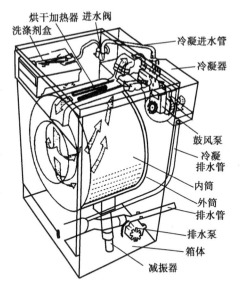

图 11-39　烘干原理示意图

2. 烘干系统的常见故障

1）鼓风泵的检修

（1）不鼓风

当出现不鼓风时，首先检查鼓风泵安装的扇叶是否同鼓风室磨擦，造成卡住或噪声大。再检查鼓风扇叶与鼓风泵轴连接的是否有轴转现象，如果是上述原因则重新调整装配一遍或更换鼓风扇叶。

检查鼓风泵的绕组是否短路或断路，用万用表电阻挡测其绕组阻值，如图 11-40（b）所示。阻值应在 53Ω 左右。如测得阻值太大或太小，则可能是绕组断路或短路。绕组断路时可拆开绕组上盖，检查是否由于热保护器动作后不复位。如是热保护器断开，则更换热保护器，否则更换线圈或鼓风泵。

（a）测烘干加热管的电阻

（b）测鼓风机线圈的电阻

（c）检查烘干温控器是否接通

图 11-40　烘干系统主要部件的检测方法

（2）鼓风泵噪声大

鼓风泵噪声大可能由于鼓风泵轴承损坏，或转子铁芯表面损伤，或降温风叶与壳体摩擦等。

2）烘干定时器的检修

（1）烘干定时器不转

用手旋转转轴，如果转轴旋不动，则是凸轮被弹簧片卡住或齿轮组卡死。须拆开重新安装一遍。如果用手能转动，可用万用表电压挡测量同步电动机两接线端电压，没有电压则为控制部分出问题，须检修程控器及接线。如果测得有电压，则可能是同步电动机坏，用万用表电阻测两接线端电阻，如果阻值无穷大，则是同步电动机线圈坏，须更换新的定时器。

（2）不烘干

出现不烘干现象，很大部分原因是由于烘干定时器触点状态不正确造成的。可手动旋转定时器旋钮，用万用表电阻挡测其触点接通情况，从而判断烘干定时器的好坏。

 **认识支撑系统**

▶▶1. 支撑系统的结构

支撑系统由两根（也有用四根的）减振吊装弹簧、两个（也有用三个的）减振器、外箱体和底脚组成，其结构如图11-41所示。外筒上部装有两根（或四根）减振吊装弹簧，它们将整个运动机构吊装在外箱体的中部（采用四根减振吊装弹簧的则吊装在外箱体的顶角上）。同时，外筒底部装有两个（或三个）减振器，它们将整个运动机构支撑在外箱体的底座上。这样整个运动机构就被悬吊起来，为柔性连接，故洗衣机在工作时具有良好的稳定性和柔韧性，从而减少了工作时产生的振动和噪声。

减振吊装弹簧也叫挂簧，用弹簧钢丝制成，可与不同的减振器配套使用。

盛水筒的底部通过两个（或三个）减振器与箱体底部连接。滚筒洗衣机使用的减振器有弹簧柱塞式减振器和阻尼柱塞式减振器两种。柱塞式减振器由减振套筒、弹簧卡片、

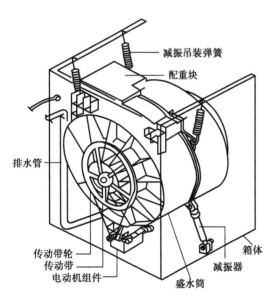

图11-41　滚筒洗衣机支撑系统的结构

橡胶块、减振弹簧等构成，如图11-42所示。减振套筒不仅具有支撑的作用，同时还起到减振作用。

外箱体由箱体、前面板、上盖、后盖等构成，箱体由钢板冲压成形，再经铆接、焊接加工而成。箱体表面进行处理和喷涂，具有良好的耐腐蚀性。

外箱体底部装有底脚，底脚的高度可以调整，保证洗衣机的运行稳定。

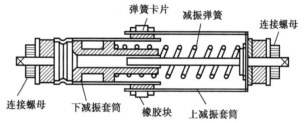

图 11-42 减振器安装位置和它的结构

2. 支撑系统的故障检修

减振吊装弹簧和减振器异常会导致盛水筒和洗涤内筒倾斜，会产生运转噪声大，甚至不能正常运转的故障，通过直观检查就可以确认。

任务九 认识电气控制系统

全自动滚筒式洗衣机的电气系统包括程序控制器、水位控制器（水位开关）、加热器、温度控制器（温控器）、电动门锁、琴键开关、电源开关、滤噪器等控制元件。

加热器、温度控制器（温控器）在前面的内容中已做过介绍，此处不再赘述，这里介绍其他几个控制元件。

1. 程序控制器

洗衣机整个工作过程的控制是由程序控制器来控制实现的。洗衣过程的控制可分为时间控制和条件控制两种。

时间控制是指洗衣机内筒每次进水、加温、正反方向运转洗涤、排水、脱水等程序的编排和时间有关的控制。

条件控制则是指根据洗衣机所处的工作状态满足条件设定后的控制。例如，注水时，水位不到额定水位，条件不具备，则水位开关不动作；加热时，洗涤温度若达不到所设定的温度值，温度条件不具备，温度控制器不动作；由于上述条件不具备，则程控器均不能进入下一程序，洗衣机只有在满足了其他控制元件的特定条件时，方能进入下一程序的工作。

程序控制器简称程控器，它可分为机械式程控器、机电混合式程控器和全电脑控制器三类。

1）机械式程序控制器

（1）机械式程序控制器的结构特点

典型的机械式程控器如图 11-43 所示。机械式程控器由一只 5W、16 极永磁同步电动机（TM）为动力，通过齿轮减速机构，带动一根快轴和一根慢轴运转，快轴和慢轴上均有若干个凸轮，凸轮在旋转过程中控制触点开关中间簧片动作，进而控制触点的接通和断开。程控器每跳动一格，所有的触点变化一次，程控器所有触点的变化组合控制着洗衣机完成工作过程。程控器代码为"T"。

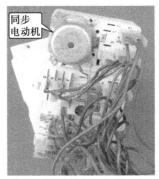
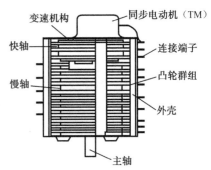

图 11-43　机械式程序控制器外形及其内部结构

（2）机械式程序控制器的常见故障

机械式程序控制器发生故障，会出现洗衣机不能洗涤、不能加热、不能脱水、工作时不按程序运行等现象。

对程控器进行检查的方法如下。

① 检查程控器的接线插头有无松动（假接）或脱落现象。将假接或脱落的导线对照线号重新插好故障即可排除。

② 检查程控器电动机是否运转。程控器电动机不转动，一直停在同一位置上，则说明程控器有质量问题：一是可能程控器凸轮所带动的弹簧片触点接触不好，或凸轮群中的某一凸轮被杂物或毛刺卡住，致使程控器不能转动；二是程控器同步电动机有故障，不能带动快、慢轴工作，也会造成洗衣机不按程序工作。程控器同步电动机检查方法如图 11-44 所示。若是程控器本身质量问题，只能更换程控器。

　　同步电动机的故障现象通常为操作程序控制器后，面板上的程序控制器指针没有步进指示，同时也听不到程序控制器"嘀嗒"的运行声。这种现象是机械式程控器特有的故障表征。它的故障原因主要有两个：同步微型电动机定子绕组烧毁或短路，同步微型电动机转子的永磁体受振而碎裂。

　　对于由第一个原因引起的故障，检修时首先用万用表20kΩ挡测量同步微型电动机定子线圈两端的直流电阻。正常阻值为6kΩ左右。若测得电阻值远离正常值，则故障为定子绕组线圈不良。

图 11-44　测量程控器同步电动机线圈直流电阻的方法

③ 如果程控器转动，仅在某一位置的工作状态不正确，除程控器本身质量问题外。有可能是程控器上线排内部插接线出现松动，此时应切断电源核对程控器各插片连接、内部各导线连接是否准确无误，用万用表的电阻挡测量有关触点间或导线间的通断是否正常，如图11-45 所示。若不是外部连接导线假接或脱落，则是程控器内部的有关触点通断不正常或接触不良（弹性触片是用锡磷青铜或铍青铜制成的，由于材料经多次弯曲后，致使弹性减弱，

項目11 认识滚筒式全自动洗衣机

造成接触压力减小，电路不通或时通时断，触点间打火，拉弧烧焦等）。

 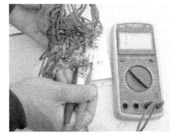

程控器的接线插片很多，检查时先对照洗衣机的接线图，厘清发生故障的程序工作状态下，哪些触片应接通，哪些应断开。

（a）程控器触点接通　　　　　　　　　（b）程控器触点断开

图 11-45　用万用表的电阻挡测量程控器有关导线是否导通或断开的方法

程控器在没有专用设备的情况下不便于自行修理，一般是整体更换程控器。

2）机电混合式程序控制器

机电混合式程控器也采用同步电动机进行驱动，控制大电流器件工作，同时，采用单片机对电动机及其他外围器件进行控制，完成洗衣机工作过程。

3）全电脑控制程控器（电脑板）

（1）全电脑控制程控器（电脑板）的结构特点

全电脑控制程控器也称电脑板，采用单片机对系统所有器件进行控制，同时用数码管或液晶屏显示所有洗衣机运行过程中的相关信息，具有直观、美观、操作方便的特点。

全电脑控制程控器有采用一块印制电路板的，也有采用两块印制电路板的，将单片机和驱动电路分开。

海尔太阳钻 XQG50-HDB1000 型滚筒洗衣机采用了两块电路板，其电脑板安装在控制面板背面，驱动板安装在底部侧面。电脑板与驱动板之间通过排线连接起来。图 11-46 是海尔太阳钻 XQG50-HDB1000 型滚筒洗衣机的电脑板，它主要由单片机（微处理器 CPU 或 MCU）、E^2PROM 存储器、蜂鸣器、轻触式按键、数码管、指示灯（发光二极管）等组成。单片机是电脑板的核心，是滚筒式全自动洗衣机的控制中心，洗衣机的所有工作都是在它的控制下按程序进行的。E^2PROM 存储器是微处理器整体电路中重要的有机组成部分之一。E^2PROM 存储器是一种电可改写可编程只读存储器，其特点是内部的数据可改变，断电后数据不会丢失。E^2PROM 中存储有洗衣机的工作程序（包括厂家编写的程序和用户自己设置的信息）。

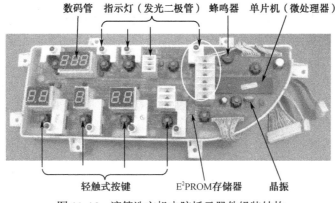

图 11-46　滚筒洗衣机电脑板元器件组装结构

（2）电脑板与外部器件的连接关系

滚筒洗衣机的电脑板与外部器件的连接关系如图11-47所示。从图中可以看出，它和波轮式全自动洗衣机的电脑板差别不大。两者的按键输入电路、微处理器、驱动电路、显示电路、蜂鸣器电路等，其电路结构都基本相同，不同之处是，滚筒洗衣机的检测电路要比波轮式全自动洗衣机复杂得多，它除了有门锁开关检测（相当于波轮式全自动洗衣机的盖开关）、水位检测电路外，还有温度检测电路，对于采用模糊控制技术的滚筒式全自动洗衣机来说，还有混浊度检测、衣质衣量检测电路。由于滚筒洗衣机的负载也比波轮式全自动洗衣机的多，它除有电动机、进水电磁阀外，还有排水泵、（洗涤）加热器，洗衣烘干滚筒洗衣机还有鼓风机、烘干加热器，因此滚筒洗衣机中微处理器输出的控制信号也要比波轮式全自动洗衣机多一些。

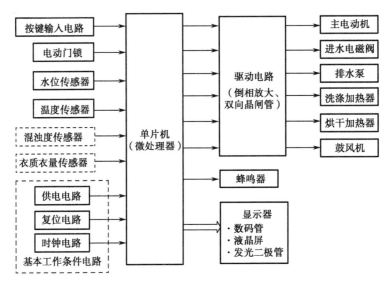

图11-47　滚筒洗衣机电脑板与外部器件的连接关系

（3）电脑板的常见故障

滚筒洗衣机的电脑板损坏，会出现洗衣机不通电、不工作、不进水、不加热、不洗涤、不脱水、不烘干等现象。

当洗衣机出现以上现象时，应区分是电脑板故障还是其他器件故障，区分方法是：首先根据故障现象确定可能的故障原因，每种故障都可能与电脑板插线、电器件（包括传感器和负载）插线或电器件本身有关系。应首先查电器件及其插线的故障，再考虑电脑板的故障，可用万用表对照原理图测量相应插线有无控制信号来判断是否为电脑板故障。由于电脑板工作有条件控制的特点，因此，当出现电脑板无某一控制信号输出时，就不能判定为电脑板一定损坏，若它控制的必要条件不具备，也无相应的控制信号输出。只有在负载正常、发出控制信号的条件具备情况下，才可判断是电脑板的故障导致的无某一控制信号输出。

对于电脑板的故障，通常采用整体更换电脑板的办法进行维修。更换电脑板须注意以下几个问题。

① 首先应确保主电动机、进水电磁阀、排水泵、加热器、鼓风机等负载无短路或漏电故障。若有故障应先修好，否则有可能继续烧毁电脑板。

② 因电脑板上的高低压之间没有隔离（为热底板），检修时应注意安全。

③ 板上供给 CPU 的+5V 端一般都与 220V 相线（指板上的交流 220V 输入端）直接连通。检修时应特别注意，低压电压切不可与板外有任何漏电发生，否则将可能烧毁 CPU。

④ 板上输入、输出接口分高压和低压，切不可混淆。

2. 水位传感器（水位开关）

1）水位开关的结构和工作原理

水位传感器又称水位开关或水位压力开关，主要功能是控制水位。滚筒洗衣机的水位开关分为两种：机械式水位开关和电子式水位开关，如图 11-48 所示。采用机械式程控器及机电一体程控器的滚筒洗衣机，所使用的水位开关均为机械式水位开关。全电脑控制的滚筒洗衣机，其使用的水位开关为电子式水位开关。

（a）机械式水位开关　　（b）电子式水位开关

图 11-48　滚筒洗衣机的水位开关

水位开关安装在洗衣机的上部，固定在壳体上。水位开关的气室口用密封的橡胶管连通贮气室，再通过排水波纹管连通到外筒底部，形成一个贮气连通器。

（1）机械式水位开关

机械式水位开关通过内部气囊内空气的变化来改变开关的状态。当水注入洗衣机时，水位开关上连接的气管内的空气被封闭压缩，随着水位的提高，空气会被进一步压缩，压强会增大。当达到一定的值后，水位开关的常闭触点会被顶开，常开点会闭合，切断进水。洗衣机会自动进入洗涤程序。而一旦水位下降，如排水，封闭的空气压强减小，常闭触点会重新接通，常开触点断开。

 提示

滚筒洗衣机中有两个或三个水位挡位，可以由一个水位开关来控制。这种水位开关有两对或三对动触点，可控制洗衣机有两种或三种进水量。当洗涤衣物比较少时选择低水位，则用水量可以节省，并且节省加热时所需的电能。在洗衣机中由 1/2 节能键进行选择。

（2）电子式水位开关

电子式水位开关与微电脑式程控器配合，在检测到水位上升或下降时，水位开关就会产生一定频率的脉冲，微电脑式程控器的单片机会将该频率的脉冲进行放大、处理，从而检测当前的水位是否达到设定水位。检测并判断后，洗衣机将进行下一工作环节。

2）水位开关的常见故障

压力开关常见故障是洗衣机进水量过多或过少，或洗衣机进水不止，洗衣机边洗边进水等。

（1）故障原因分析

洗衣机进水量的控制是由水位压力开关控制的，出现上述故障多是压力开关及连接压力开关的软管等引起的。

（2）故障检修

① 连接外筒至泵软管的集气阀或外筒至泵软管堵塞会造成压力开关不受内桶水位的高低的影响，进水不止，水位压力开关也不动作，洗衣机也不洗涤。此时应卸下软管清除堵塞物，重新装好即可。

② 水位压力开关漏气，或连接水位开关的贮气通路漏气，也能造成洗衣机进水不止或边洗边进水，严重的会造成从分配器盒往外溢水。若采用的是机械式水位开关，可用万用表的欧姆挡测量水位开关的常闭触点、常开触点引出的插片（对照电气原理图），如图 11-49 所示。若在充满水的情况下，常闭触点仍接通，则是水位开关漏气或软管破、漏气，软管堵等原因造成的，应检查贮气管路管破、夹子夹不紧的情况，进行修复或换压力开关。也可以把整个贮气系统拆下（包括水位开关）放在水中，从软管一端充气，看有无气泡，有气泡则表明某处漏气，修复即可。

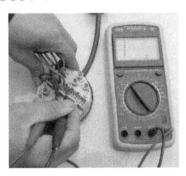 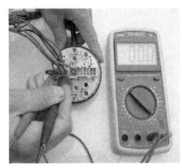

图 11-49　机械式水位开关的检测方法

3. 门开关

1）门开关的结构

滚筒式全自动洗衣机的门开关固定在洗衣机前门右侧的箱体内，作用是洗衣机工作时门自锁、机门打不开，保证洗衣机洗涤和甩干时不致伤人。滚筒式全自动洗衣机所采用的门开关有以下两种形式。

（1）普通微动开关（触点式微动开关）

1995 年前生产的滚筒洗衣机多采用普通微动开关，这是一种触点式微动电源开关，它安装在洗衣机前门（观察门）右侧的箱体上，串联在电源电路中，能控制和保护洗衣机。当洗衣机的机门关闭好后，门手柄抓钩压下门开关的触点，接通洗衣机的电源。当洗衣机的机门打开或未关闭好时，门开关的触点断开，切断洗衣机的电源。洗衣机在工作过程中，如果机门被打开，则门开关动作，切断电源，使洗衣机停止运转，从而保护使用者的安全。微动开关结构如图 11-50 所示。

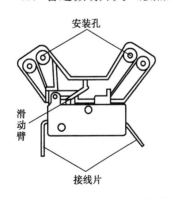

图 11-50　普通微动开关示意图

（2）电动门锁（微延时）

1995 年之后生产的滚筒洗衣机多采用电动门锁。电动门锁也叫电子式门开关、电子门锁或微延时，它同样固定在前门右侧的箱体内，串联在电源电路中，能控制和保护洗衣机。

滚筒洗衣机多采用电磁式微延时开关，其外形和结构如图 11-51 所示。

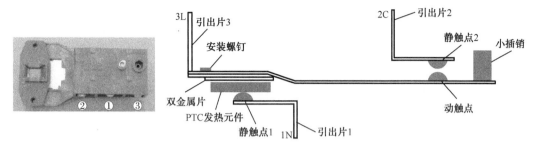

图 11-51　电子式门开关的外形和结构示意图

当洗衣机的机门关闭好后，门手柄抓钩推动活动板，接通电源，这时电子式门开关内的 PTC 发热元件通电发热，温度急剧升高，进入高电阻状态。双金属片由于受热变形向上顶起，推动动触片，使动触点与静触点 2 接通，同时动触片上的小插销也向上移动，并插入固定板与活动板的小方孔内，使洗衣机的机门关闭而不能打开。

PTC 发热元件是一种正温度系数的热效电阻，当 PTC 元件通电后温度上升到某点（居里点）时，电阻率会成千上万倍地增加。当切断电源时，PTC 发热元件从高阻状态恢复到低阻状态需 2min 左右的时间，这时 PTC 元件温度降低，双金属片恢复原来的形状，动触点与静触点 2 断开，塑料小插销复位，活动板活动自如，机门手柄抓钩复位，机门才可安全打开。

 提示

　由于 PTC 元件由高阻状态到低阻状态需 2min，故洗衣机断电或程序结束后 2min 后方能打开机门，而且不能洗衣机刚停电或停止工作就拉观察窗门把手，这样扳容易把门把手拉断。

前开门式滚筒洗衣机的门开关还设有水位联动机构，以防止机内有可见水位时开口溢水。

2）门开关的故障检修

（1）普通门微动开关

① 门开关位移。将机门关好，扳动门手柄，若能听到微动开关动作的"乒乓"声，说明开关完好。若听不到"乒乓"声，则说明门开关可能位移或损坏。

微动开关位移，可用十字螺丝刀拆下门开关固定架上的螺钉，门开关可左右移动一定的距离，以调整前门手柄抓钩与门开关的相对位置。然后关闭玻璃视孔门，如果能听到门开关触点接通和断开的声音，即表示移动位置合适，再将螺钉紧固即可。

② 门开关损坏。机门关好后，用电阻检查法检查有关接点间的通断，若不通，则是门微动开关损坏。打开洗衣机玻璃视孔门，用螺丝刀从外箱体圆孔窗与异型橡胶密封圈之间的夹缝中挑出装有弹簧的钢丝圈，将密封圈拆下，再用螺丝刀将门开关塑料架紧固螺钉拆下，即可从外箱体内侧取出门开关进行更换。

（2）电动门锁

电动门锁常见故障有两种：一种是不通电，另一种是断电长时间后打不开门。

① 不通电。

可能是门开关安装不到位，把紧固门开关的两个螺钉拧松后，门开关可左右移动一定的距离，以调整前门手柄抓钩与门开关的相对位置。如还不能解决，则检查接线端子是否接触良好，可拆下门封，松开门开关固定螺钉从前门处掏出来检查。同时检查电动门锁的滑片拨动是否灵活，固定小弹簧是否起作用，还应检查塑料销是否被卡住，开机后测量门锁端子是否有电。

② 断电长时间后打不开门。

断电后，可能由于塑料销被卡死或 PTC 片过热使塑料元件受热变形，滑片不能复位，从而造成打不开前门。这时，用手拍打门把手位置，靠振动使塑料销复位。如果还打不开，可打开上盖，从前配重块右侧伸手进去，压迫塑料销复位，打开机门后更换新的电动门锁。

4. 琴键开关

琴键开关是采用电动式程控器的滚筒洗衣机进行功能选择的开关，主要用于控制洗衣机各种功能动作的切换和开关，其外形如图 11-52 所示。

琴键开关的按键有三个或四个，分别对不同功能和动作进行切换和开关。琴键开关控制的功能主要有半量洗涤、不脱水、电源通断、加热功率选择等。琴键开关的每个按键的结构和工作原理与波轮式全自动洗衣机的电源开关（不带自断开功能）基本相同。

图 11-52　琴键式开关

5. 电源开关

有的滚筒式全自动洗衣机的电源开关是与琴键开关分开单独安装的，这样具有自动断电功能，安全性能更好。滚筒式全自动洗衣机的电源开关与波轮式全自动洗衣机的电源开关在结构、功能和工作原理上基本相同。

6. 滤噪器

滚筒式洗衣机的电源电路中装有滤噪器（也叫滤波器），其作用是防止使用洗衣机时对电网的污染，减少对其他家用电器的干扰。其外形和电原理如图 11-53 所示。

滤噪器是由电阻和电容组成的滤波电路，它并联在电源电路中，可将洗衣机工作时产生的高次谐波吸收掉，通过接地线接入大地，从而减少对电网的污染。因滤噪器的接地线与外箱体相连接，交流电可通过电容器，故在使用时将有很小的漏电电流。

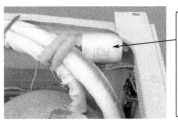
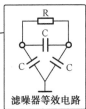

图 11-53　滤噪器

思考练习11

1. 填空题

（1）滚筒式全自动洗衣机由_____系统、_____系统、_____系统、_____系统、_____系统、_____系统和_____系统等组成。

（2）滚筒式全自动洗衣机的洗涤电动机可分为_____和_____两种。

（3）滚筒式全自动洗衣机大多采用_____排水方式，由_____来实现。

（4）滚筒式全自动洗衣机使用的温控器主要有_____、_____两种。

（5）滚筒式洗衣机的烘干系统主要由_____、_____、_____三大部分组成。

（6）滚筒式洗衣机的支撑系统主要由_____、_____、_____以及_____等组成。

2. 判断题

（1）双速电动机在定子铁芯内同时嵌放两套绕组，2极高速绕组用于脱水，12极（或16极）绕低速绕组用于洗涤、漂洗。　　　　　　　　　　　　　　　　　　　　（　　）

（2）滚筒式全自动洗衣机的进水阀有单头、双头、多头之分。　　　　　（　　）

（3）在滚筒式洗衣机上，是通过电子调速板来调节双速电动机的电压进而调整转速的。（　　）

（4）双速电动机和串激式电动机都使用三角皮带传递动力。　　　　　（　　）

（5）滚筒式全自动洗衣机在断电或程序结束后就能打开机门。　　　　（　　）

（6）有的滚筒式洗衣机采用电磁式门开关，其中的发热元件为PTC器件。（　　）

3. 简答题

（1）简述电动门锁的工作原理。

（2）简述滚筒式洗衣机的烘干原理。

滚筒式全自动洗衣机的电路分析 和故障检修

【项目目标】

1. 理解采用电动式程控器的滚筒式全自动洗衣机电路的工作原理，理解常见故障产生的原因，掌握常见故障检修思路。

2. 理解电脑控制式滚筒式全自动洗衣机电路的工作原理，理解常见故障产生的原因，掌握常见故障检修思路。

任务一 采用电动程控器的滚筒式全自动 洗衣机电路分析和故障检修

下面以小鸭牌 XQG50-156 型滚筒式全自动洗衣机的电路为例，剖析采用电动式程序控制器的滚筒式全自动洗衣机电路，同时介绍常见故障的检修方法。

1. 电路分析

小鸭牌 XQG50-156 型滚筒式全自动洗衣机采用 9171 型扁型程控器，采用双速电动机。该机电路接线图如图 12-1 所示，电路原理图如图 12-2 所示。

1）供电电路

洗衣机电源插头插入插座后，接线板 ML 通电。关好洗衣机前门，接下电源开关 S1，电动门锁的 L 和 N 两端得电，门锁内的 PTC 陶瓷片得电发热，加热双金属片变形后将塑料挡块顶住，从而锁住门把手，使前门在通电的情况下不能打开，必须在断电大约两分钟后方可打开。同时，电动门锁 BL 内的开关导通，指示灯 HL 亮，主电路接通。其供电电路图如图 12-3 所示。

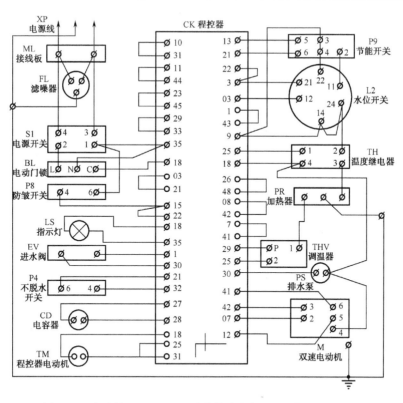

图 12-1　小鸭牌 XQG50-156 型滚筒式全自动洗衣机电路接线图

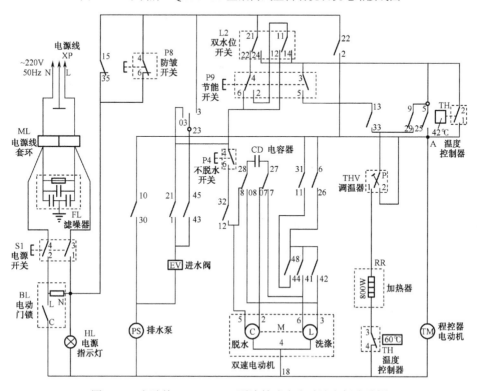

图 12-2　小鸭牌 XQG50-156 型滚筒式全自动洗衣机电路图

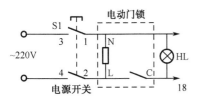

图 12-3 供电电路

2）供水电路

（1）预注水电路

当洗衣机执行预注水程序时，程序控制器的触点 22-2、03-23、45-43 同时接通。电流由电源经水位开关 L2 的常闭触点 21-22（高水位），节能开关 P9 的触点 4-6，程序控制器的触点 22-2、03-23、45-43 接通进水电磁阀 EV、排水泵 PS，到节点 18 形成供电回路。进水电磁阀 EV 得电工作，接通水源给洗衣机供水。

触点 45-43 的接通和断开是受程序控制器的快轴控制的，所以预注水时电磁进水阀工作 30s、停 30s，处于间歇进水状态。同时，电流由电源经程序控制器的触点 22-2 给程序控制器电动机 TM 供电，推动程序控制器旋转 2min 后，洗衣机进入注水洗涤程序。在该程序中，注水时间和注水量不受水位开关 L2 控制。其工作电路图如图 12-4 所示。

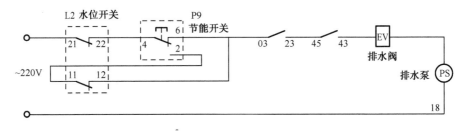

图 12-4 预注水电路

（2）注水电路

洗衣机进入注水+洗涤程序后，程序控制器触点 21-1 接通，此时电流由电源经水位开关 L2 的常闭触点 21-22、节能开关 P9 的触点 4-6、进水阀 EV、排水泵 PS 到节点 18 形成给水回路。进水电磁阀 EV 得电工作。连续给洗衣机供水直至达到预定水位，然后水位开关 L2 的常闭触点 21-22 断开，切断给水回路。常开触点 21-24 接通洗涤电路，洗衣机进入洗涤程序。

（3）过进水（又称强制进水）电路

在漂洗程序时，为了使洗衣机漂洗效果更好，编排了强制进水程序。此时，在洗衣机额定水位的基础之上，由程序控制器直接控制电磁进水阀进水，其方式为间歇进水，不受水位开关的控制、洗衣机边进水边洗涤。进水时间一般为 2min。

过进水电路工作时，程序控制器触点 3-23、45-43 接通。电流由电源经程控器触点 3-23、45-43、进水阀 EV、排水泵 PS 到节点 18 形成供水回路。由于受程控器的触点 45-43 的控制，其工作方式仍是进水 30s、停 30s 的间歇进水方式。其工作电路见图 12-5。

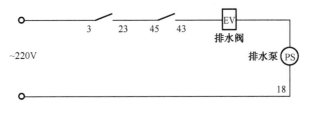

图 12-5 过进水电路

由以上各供水电路可以看出，每种供水回路都要经排水泵 PS 形成串联回路。但是，在进水电磁阀 EV 工作的过程中，排水泵 PS 是不工作的。这是由于进水电磁阀的直流电阻（3.5～5kΩ）远大于排水泵的直流电阻（大约为 28Ω 或 200Ω）。所以，当进水电磁阀得电工作时，排水泵上的电压降很小，排水泵不能够启动，同时也不会影响进水电磁阀的工作，那为什么要将排水泵与电磁阀串联在同一个电路中呢？因为这样构成了进水和排水互锁电路，避免洗衣机因排水泵损坏而进水阀工作持续进水。

 提示与引导

由于排水泵与进水阀串联，因此，排水泵线圈有开路故障，会引起不能进水故障。

3）洗涤加热电路

XQG50-156 型全自动滚筒洗衣机的加热程序分为静止加热和边加热边洗涤两种程序。

（1）静止加热程序

洗衣机进入静止加热程序后，如果调温器选择了加热温度而且该温度低于 42℃，此时温度控制器 TH 的 42℃ 常开触点不起作用，电流经调温器常开触点 P-1 和加热器 RR 对洗涤液加热，直至洗涤液温度达到设定值后，调温器 THV 的触电 P-1 断开，切断加热电路，触点 P-2 动作接通程序控制器电动机 TM，使其得电旋转，洗衣机进入洗涤状态。若调温器选择温度高于 42℃，则加热器把水温加热到 42℃ 时，温控器常开触点 TH 在 42℃ 动作，接通程序控制器电动机 TM 使其得电旋转，洗衣机进入洗涤状态。因为调温器触点 P-1 没有动作，加热电路继续得电，所以，此时洗衣机边加热边洗涤。

 提示与引导

在以上两种加热程序中，程控器电动机 TM 未得电前，整个洗衣机处于停滞状态，所以该两种加热程序称为静止加热程序。

① 调温器选择的温度低于 42℃。此时，电流由电源经水位开关 L2 的触点 21-24、程控器触点 9-29、调温器的触点 P-1、加热器 RR、温控器 TH60℃ 触点到节点 18 形成加热回路。水温达到设定温度后，调温器触点 THV P-1 断开，切断加热电路，P-2 动作接通程控器电动机 TM。电流由电源经水位开关 L2 的触点 21-24、程序控制器触点 9-29、调温器触点 P-2、程控器电动机 TM 到节点 18，形成供电回路。其工作电路如图 12-6 所示。

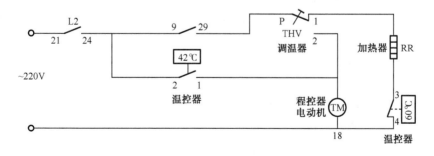

图 12-6　加热电路

② 调温器选择温度高于 42℃。其加热电路参见图 12-6，温控器触点 TH42℃ 动作后，电流由电源经水位开关 L2 的触点 21-24、温控器触点 TH42℃、程控器电动机 TM 到节电 18，

形成供电回路。TM 得电旋转控制洗衣机边加热边洗涤。

（2）加热洗涤电路

洗衣机进入加热洗涤程序后，程序控制器触点 5-25、6-26、27-7、28-08、31-11、13-33 接通。其加热电路为：电流由电源经水位开关 L2 的触点 21-24、节能开关 P9 的触点 3-5、程序控制器触点 13-33、调温器 THV 触电 P-1、加热器 RR、温控器触点 TH60℃到节点 18 形成加热电路。待水温达到设定温度后，调温器触点 P-1 断开，切断加热电路，或水温超过 60℃后，温控器常闭触点 TH60℃断开，切断加热回路。由于电源经程序控制器的触点 5-25 直接给同步电动机 TM 供电，不受温控器和调温器控制。所以，洗衣机边加热边洗涤，该程序叫加热洗涤程序。其工作电路如图 12-7 所示。

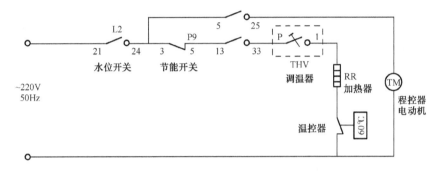

图 12-7　加热洗涤电路

4）洗涤电路

洗涤电路的工作电路如图 12-8 所示。洗衣机进水达到预定水位后，水位开关的触点动作：常开触点接通，常闭触点断开，洗衣机进水程序结束，进入洗涤程序。此时，水位开关 L2 的触点 21-22 断开，21-24 接通，11-12 断开，11-14 接通。程序控制器触点 5-25、6-26、48-41（或 42）、7-27、08-28 接通。电流由电源经水位开关 L2 的触点 21-24（高水位），程序控制器触点 5-25、6-26、48-41（或 42）、7-27、电容器 CD、触点 08-28、双速电动机洗涤绕组 L、节点 18 形成供电回路。在程序控制器快轴的控制下，正、反向旋转（48-41，48-42 交替接通）实现标准洗涤。其洗涤方式为正转 7.5s（48-41 接通），停 7.5s，反转 7.5s（48-42 接通），停 7.5s，如此为一个周期反复循环，实现洗衣机的正反转洗涤。当洗衣机进入轻柔洗涤程序时，程序控制器触点 31-11 接通，6-26 断开，此时，电动机洗涤绕组是否得电受程序控制器的触点 48-44 和 48-41（或 42）的联合控制。其通断状态为：通 4s、断 11s。这样，在轻柔洗涤时，洗衣机洗 4s，停 11s。

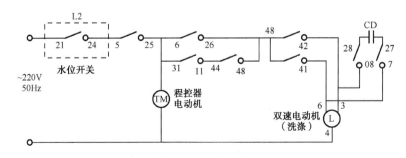

图 12-8　洗涤电路

由以上加热电路和洗涤电路可以看出，洗衣机必须在水位开关 L2 的常开触点闭合后才能进行加热或洗涤，洗衣机电路这样设计的目的：一是避免洗衣机在无水的情况下，加热器工作，损坏洗衣机和用户的衣物；二是防止洗衣机在无水的情况下正、反向洗涤，磨损用户的衣物。

5）排水电路

洗衣机洗涤结束后，程序控制器触点 22-2、10-30 接通，电流由电源经程序控制器触点 22-2、10-30、排水泵 PS 到节点 18 形成排水回路。排水泵 PS 得电工作，将洗涤液排出机外。同时，程控器电动机 TM 通过触点 22-2 得电，使程序控制器继续控制洗衣机正、反转将衣物摆匀。其工作电路如图 12-9 所示。

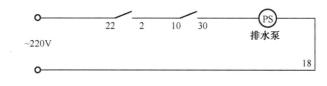

图 12-9　排水电路

6）脱水电路

排水结束后，洗衣机水位开关 L2 的常闭触点复位。此时，触点 11-12、21-22 接通，11-13、21-23 断开，程序控制器触点 27-07、8-28、32-12 同时接通。电流由电源经水位开关 L2 的触点 21-22（高水位）或 11-12（低水位），节能开关 P9 的触点 4-6，不脱水开关 P4 的触点 4-6，程序控制器的触点 32-12、8-28、27-07，电容器 CD 接通电动机脱水绕组，经节点 18 形成洗衣机脱水电路。电动机作高速旋转带动洗衣机内筒对衣物进行脱水。同时，排水电路一直保持接通，即整个脱水过程中，排水泵一直向洗衣机外排水，有效地保障了残液的及时排出，直到程序控制器触点 22-2、32-12、10-30 等断开，洗衣机停止工作，其工作电路如图 12-10 所示。

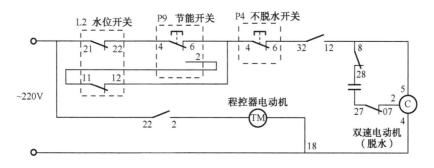

图 12-10　脱水电路

7）程序控制器运转电路

程序控制器的动力源是同步电动机 TM，同步电动机 TM 的一端接节点 A，另一端接节 18，只要 A 点有电，同步电动机 TM 就得电带动程序控制器运转。A 点有电，可以通过程序控制器触点 5-25 或 22-2 提供，此时，洗衣机处于定时工作状态。也可以通过水位开关 L2 的触点 21-24（或 11-14），温控器触点 TH42℃这一路来提供，此时，洗衣机的工作状态受进水量和水温的控制。具体哪一条线路给同步电动机 TM 供电，要由程序控制器的程序编排来决定。

8）冷热洗涤转换电路

XQG50-156 型洗衣机的冷、热水洗涤是通过调温器 THV 来控制的。当调温器旋钮指向雪花点时（即不选择加热温度），调温器触点 P-2 接通，电流由电源经水位开关 L2 的常开触点 21-24，程控器触点 9-29（或 13-33），调温器 THV 的触点 P-2 接通同步电动机 TM 到节点 18，接通程序控制器运转电路，使洗衣机工作。由于调温器 THV 的触点 P-1 断开，切断了整个加热电路，所以此时工作电路为冷水洗涤电路。当调温器选择了加热温度时，调温器触点 P-1 接通，P-2 断开，电流由电源经水位开关触点 21-24，程控器触点 9-29（或节能开关 P9 的触点 3-5，程序控制器触点 13-33），调温器 THV 的触点 P-1，加热器 RR，温控器触点 TH60℃，到节点 18 形成回路，构成加热或加热洗涤电路。

9）节能电路

XQG50-156 型全自动滚筒洗衣机有高、低两种水位选择，它是由 1/2 节能开关 P9 来控制的。当选用高水位时，P9 处于释放状态，电流经水位开关 L2 的常闭触点 21-22、节能开关 P9 的常闭触点 6-4、程序控制器触点 21-1、进水电磁阀 EV、排水泵 PS 到节点 18，形成供水电路。洗衣机持续进水至水位开关 L2 常闭触点 21-22 动作断开，切断供水电路。由于水位开关 L2 的触点 21-22 动作压力要大于其触点 11-12 的动作压力。所以，受触点 21-22 控制的水位相对较高，称为高水位。当洗涤衣物少于 2.5kg 时，可选用低水位，此时，按下节能开关 P9，其常闭触点 4-6、3-5 断开，常开触点 4-2 闭合，电流由电源经水位开关 L2 的触点 21-22、节能开关 P9 的触点 4-2，水位开关 L2 的触点 11-12、程序控制器的触点 21-1、进水电磁阀 EV、排水泵 PS 到节点 18 形成供水回路。洗衣机持续进水至水位开关触点 11-12 动作，切断进水电路为止。若用户在使用低水位功能时，同时又选择了加热洗涤，由于节能开关的常闭触点 3-5 断开，使程序控制器的触点 13-33 所连接的加热电路断开。所以，只有程序控制器触点 9-29 接通时，洗衣机才加热，触点 13-33 接通时洗衣机并不加热，因此，1/2 节能键既节水又节电。

10）防皱功能

XQG50-156 型全自动滚筒洗衣机设置有防皱功能。当用户使用弱洗涤程序洗涤不吸水织物（如丝绸制品）时，程序完成后，不能及时取出衣物，按下防皱键，最后一次漂洗完成后，将不排水，不脱水，衣物浸泡在水中，可防止衣物皱褶。取衣物时先抬起此键，洗衣机会继续排水和脱水。

当程序控制器旋钮指向刻度盘上的 11 时，程序控制器触点 35-15 接通。此时即使按下防皱键 P8，电路仍一样畅通，洗衣机可以继续工作。当洗衣机工作至 17.1 时，程序控制器触点 35-15 断开，如果这时防皱键 P8 已按下，则洗衣机的整个供电电路被切断，除电源指示灯仍有电流流通外，其余供电电路全部被切断。所以，洗衣机将不洗涤、不排水、不脱水，保持静止状态，从而达到防皱的目的。当用户将防皱键抬起后，洗衣机电路重新接通，继续工作至程序结束。由于程序控制器触点 15-35 在标准洗涤时是不通的，整个供电电路要靠防皱开关 P8 来连接。所以，在标准洗涤时，防皱开关不能按下。否则，洗衣机将停止一切工作。

11）不脱水功能

不脱水功能的作用是当用户按下不脱水键后，洗衣机将不脱水，这样可使衣物不容易起皱褶。

在洗衣机的脱水电路中，串联有不脱水开关 P4，如图 12-10 所示。当不脱水开关 P4 被按下后，脱水电路被切断，洗衣机不能够对衣物进行脱水。但同步电动机 TM 仍通过程序控制器触点 22-2 得电工作。使程序控制器继续控制洗衣机进入下一个工作程序，直至触点 22-2 断开，洗衣机停止工作。

2. 常见故障检修

XQG50-156 型全自动滚筒洗衣机常见故障及检修方法见表 12-1。

表 12-1　XQG50-156 型全自动滚筒洗衣机常见故障及检修方法

故障现象	可能原因	检修方法
通电指示灯不亮，整机也无反应	① 电源开关 S1 损坏 ② 门开关 BL 损坏	切断电源后，用万用表 R×1 挡分别检测电源开关和门开关
洗衣机不进水	① 水龙头未打开或接头处溅水 ② 水压过低 ③ 进水阀口堵塞 ④ 进水阀线路脱落或接触不良 ⑤ 进水阀损坏。测量进水阀线圈电阻，正常时应为 4.3kΩ 左右 ⑥ 洗衣机门没关好 ⑦ 门锁损坏 ⑧ 程控器损坏 ⑨ 水位开关 L2 损坏 ⑩ 节能开关 P9 损坏 ⑪ 排水泵 PS 损坏。排水泵与进水阀串联，排水泵损坏后会使进水阀不工作	① 水龙头打开或重装 ② 调小水龙头或加装减压阀 ③ 清理进水口 ④ 检修引线 ⑤ 更换进水阀 ⑥ 重新开关洗衣机门 ⑦ 更换门锁 ⑧ 测程控器 03、23 和 45、43 插片不通，更换或检修程控器 ⑨ 检测 L2 触点 21、22 不通，更换水位开关 ⑩ 更换节能开关 ⑪ 更换或检修排水泵
不能加热，其他功能正常	① 温度控制器 TH 损坏 ② 调温器 THV 损坏 ③ 加热器 RR 损坏 ④ 节能开关 P9 损坏 ⑤ 水位开关损坏 ⑥ 程控器损坏	① 更换温度控制器 ② 测调温器 P、1 触点不通，更换调温器 ③ 用万用表 R×1 挡检测加热器（800W）阻值，正常值约 60Ω ④ 更换或检修节能开关 ⑤ 测水位开关 21、24 触点不通，更换或检修水位开关 ⑥ 测程控器 9、29 插片不通，更换程控器
不能洗涤	① 双速电动机连接导线脱落 ② 电动机或电容损坏 ③ 水位开关触点接触不良 ④ 温度控制器、加热器故障，不能转入洗涤程序 ⑤ 程控器触点未接通或相关连接导线松脱	① 重新连接好导线 ② 检修或更换电动机，更换同规格电容器 ③ 测水位开关 21、24 触点不通，检修或更换水位开关 ④ 检查或更换温度控制器、加热器 ⑤ 修理或更换程控器
不能排水	① 程控器损坏 ② 排水泵损坏、线路脱落或接触不良	① 测程控器 22、2 和 10、30 插片不通，更换程控器 ② 检修或更换排水泵。排水泵线圈开路会出现不能进水故障（排水泵与进水阀串联）

续表

故障现象	可 能 原 因	检 修 方 法
不脱水	① 水位开关故障，不能复位进入脱水程序 ② 不脱水开关触点未接通或相关连接导线松脱 ③ 程控器的触点 8-28、12-32 未接通或相关连接导线松脱 ④ 电动机或相关连接导线松脱	① 修理或更换水位开关 ② 修理或更换不脱水开关 ③ 修理或更换程控器，排除故障 ④ 重新插接接线，检修或更换电动机

任务二　电脑控制式滚筒洗衣机电路分析

下面以海尔 XQG50-BS708A/808A 型全自动滚筒式洗衣机的电路为例，剖析采用电脑程序控制器的滚筒式全自动洗衣机电路，同时介绍常见故障的检修方法。

1. 电路分析

海尔 XQG50-BS708A/808A 型全自动滚筒洗衣机电路主要由电源电路、微处理器控制系统电路、进水电路、加热电路、洗涤电路、排水电路、脱水电路、各辅助功能所对应的电器控制电路等构成。

1）电源电路

该机电源电路采用以电源后膜块 IC7（TNY264P）为核心构成的开关电源，电路图如图 12-11 所示。

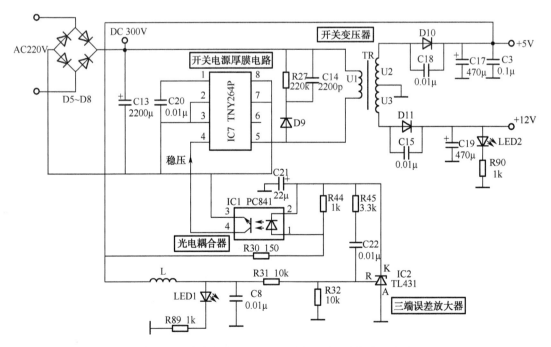

图 12-11　海尔 XQG-BS808A 型全自动洗衣机电源电路

TNY264P 是开关电源厚膜电路，它内含一个耐压 700V 的开关管（大功率场效应管）和开关电源控制器。控制电路无须外接定时元件就可以产生振荡脉冲，不仅简化了电路结构，而且提高了开关电源的稳定性、可靠性。TNY264P 的工作电压是 230VAC±15% 时，输出功率为 5.5W。其控制方式不同于传统的 PWM 型开关电源，采用简单的开/关控制输出电压，其瞬态响应时间比传统的 PWM 型要快，而且具有线电压欠电压保护功能。TNY264P 的引脚功能和维修参考数据见表 12-2。

表 12-2　TNY264P 的引脚功能和维修数据

引　脚	符　号	功　能	电压（V）
①	BP	旁路	0.8
②	S	MOSFET 源极	0
③	S	MOSFET 源极	00
④	EN/UV	稳压控制	5.8
⑤	D	MOSFET 漏极	305
⑥	NC	空脚	0
⑦	S	MOSFET 源极	0
⑧	S	MOSFET 源极	0

220V 交流电经 D5～D8 桥式整流，C13 滤波产生 300V 左右的直流电压。该电压经开关变压器 TR 的一次绕组（U1 绕组）加到 IC7（TNY264P）的⑤脚，不仅为内部开关管（大功率场效应管）的 D 极提供电源，而且使其内部的控制电路开始工作。控制电路工作后，产生激励脉冲，驱动内部开关管工作于开关状态，在 TR 的各个绕组产生感应电压。

开关电源开始工作后，开关变压器 TR 的二次侧的 U2 绕组产生的感应电压，经 D10 整流，C17、C3 滤波，得到 +5V 电压。该电压除为微处理器电路供电外，还为稳压电路提供取样电压以及为指示灯 LED1 供电，使 LED1 发光，表明电源电路已工作。TR 的二次侧的 U3 绕组产生的感应电压，经 D11 整流、C19 滤波，得到 +12V 电压，该电压不仅送往负载驱动电路中的继电器，而且为指示灯 LED2 和限流电流 R90 供电，使 LED2 发光，表明电源电路已工作。

稳压控制电路由三端误差放大器 IC2、光电耦合器 IC1、芯片 IC7 等组成。当开关电源由于某种原因（如市电电压升高或负载变轻等）引起输出电压升高时，+5V 输出端电压经 R30 为光电耦合器 IC1 的①脚输入的电压也升高，同时，该电压经取样电阻 R31、R32 分压后加到三端误差放大器 IC2 的 R 端的电压也升高（会超过 2.5V），经三端误差放大器 IC2 放大后使光耦合器 IC1 的②脚电位下降，于是 IC1 内的发光二极管因导通电压升高而发光强度增大，则 IC1 内的光敏管受光增强而导通加强，将 IC7 的④脚电位拉低，经 IC7 内的控制电路处理后，开关管的导通时间缩短，其二次侧绕组感应电压降低，输出端电压下降到规定值。当输出电压下降时，稳压控制过程与上述相反。

R27、C14、D9 组成尖峰脉冲吸收电路，可将开关管关断时在开关变压器 TR 一次绕组产生的尖峰电压限定在安全范围内。

2）微处理器控制系统电路

微处理器控制系统电路是由微处理器 IC6（ATMEGA16C）、七反相器 IC3（ULN2003）、移相寄存器 IC4（HC164）为核心构成的，如图 12-12 所示。

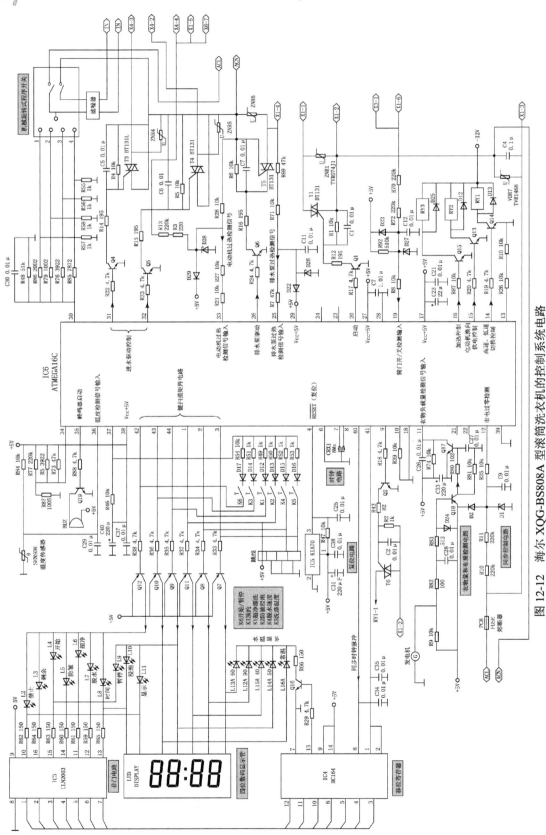

图 12-12　海尔 XQG-BS808A 型滚筒洗衣机的控制系统电路

（1）微处理器 ATMEGA16C 简介

ATMEGA16C 是一片 8 位单片机，其内部 ROM 中固化了预定程序。工作时，微处理器对各功能键进行扫描处理，根据功能键设置情况输出相应的控制信号。ATMEGA16C 引脚功能见表 12-3。

表 12-3　微处理器 ATMEGA16C 的引脚功能

脚　位	功　　能	脚　位	功　　能
①	键扫描脉冲信号输出	㉕	排水泵电动机过热检测信号输入
②	键扫描脉冲信号输出	㉖	排水泵供电控制信号输出
③	键扫描脉冲信号输出	㉗	5V 供电
④	复位信号输入（低电平有效）	㉘	接地
⑤	空脚	㉙	5V 供电
⑥	接地	㉚	程序选择开关控制信号输入
⑦、⑧	振荡器外接晶振	㉛	进水电磁阀 1 控制信号输出
⑨	电动机反转驱动信号输出	㉜	进水电磁阀 2 控制信号输出
⑩	通过电阻接地	㉝	洗涤/脱水电动机过热检测信号输入
⑪	衣物负载量检测信号输入	㉞	参考电压输入
⑫	市电过零检测信号输入	㉟	蜂鸣器驱动信号输出
⑬	通过电阻接地	㊱	加热温度检测信号输入
⑭	电动机换向供电控制信号输出	㊲	操作键信号输入
⑮	高速、低速电动机切换控制信号输出	㊳	5V 供电
⑯	电加热器供电控制信号输出	㊴	接地
⑰	5V 供电	㊵	同步时钟信号输出
⑱	接地	㊶	键扫描脉冲输出
⑲	电源电压检测（用于筒门开/关检测信号输入）	㊷～㊹	键扫描脉冲输出
⑳	启动/门锁定控制信号输出		
㉑～㉔	悬空		

（2）CPU 基本工作条件电路

微处理器是一种大规模数字集成电路，它要正常工作，必须满足三个基本工作条件：电源、复位信号和时钟信号正常。

① +5V 供电。接通电源开关，待电源电路工作后，由它输出的+5V 电压经电容 C37、C40、C7 滤波后，加到微处理器 IC6 的供电端㉗、㉙、㊳脚，为它供电。

② 复位。复位电路由复位芯片 IC5（KIA70）、C25、R47 共同组成。微处理器 IC6 的④脚是复位端，低电平有效。洗衣机每次通电的瞬间，由于电容器两端的电压不能突变，复位电路向 IC6 的④脚送入一个低电平，使 IC6 内的存储器、寄存器等电路清零复位。电容器充电完毕后，IC6 的④脚翻转为高电平，IC6 完成复位并进入正常工作状态。

③ 时钟振荡。微处理器 IC6 得到供电后，芯片内部电路与⑦、⑧脚外接的晶振 CRX1 组成时钟振荡电路产生 8MHz 时钟信号。该信号经分频后协调各部位的工作，并作为 IC6 输

出各种控制信号的基准脉冲源。

　　电源、复位信号和时钟信号正常是微处理器正常工作的前提，缺一不可。否则会导致微处理器不工作，引起洗衣机通电后无反应故障。

　　（3）操作电路

　　该机采用了机械旋转式程序开关，其结构是塑料凸轮与4片金属弹性铜片多重组合，每片弹性铜片外接两只分压电阻，通过不同的组合，使送入单片机 IC6㉚脚的电压值不同。单片机根据输入的电压值来判断选择了哪种程序。C30 为抗干扰滤波电容，可有效减少程序开关旋转时带来的电磁干扰。

　　单片机 IC6 的①～③、㊷～㊹脚为键扫描脉冲输出端，㊲脚为键控输入端。K1～K6 分别为超净漂洗、防皱浸泡、预约、脱水速度、水温及启动键。各操作按键设置在 IC6 键控输入、输出线构成的矩阵电路上。单片机根据输入的键控脉冲可以调用存放在 ROM 中相应程序进行相对应的程序控制，并点亮对应的 LED 指示灯。

　　3）数码显示电路

　　显示部分由 4 位七段数码管和 15 只 LED 构成。显示的数据由单片机的 I/O 口送出，主要用于显示预置时间、剩余时间及错误代码等信息。LED 工作在移位寄存器方式，IC6㊷脚和 IC4⑬外接的 Q12、Q16 是 LED 的扫描开关管。单片机㊵脚输出的同步脉冲送到移位寄存器 HC164 的输入端⑧脚，其并行输出信号送至 IC3（ULN2003），驱动相应的 LED 发光。实际上，LED 显示与键值扫描均通过单片机的串行口①～③、㊷～㊹脚来实现，它可有效地节约单片机硬件资源。4 位数码显示是由单片机的程序控制的动态扫描显示，将 4 个显示缓冲单元的内容依次取出，并转换成显示字符，每位显示 1ms 左右。4 位依次显示一遍后转入键扫描程序。若无键动作，继续执行显示程序。

　　ULN2003 是一个非门电路，主要作用是放大驱动电流。利用 ULN2003 与 MCU 相连，可驱动 LED。

　　4）蜂鸣器电路

　　蜂鸣器电路由微处理器 IC6、蜂鸣器、三极管 Q19 等元件构成。

　　当程序结束或需要报警时，微处理器 IC6㉟脚输出蜂鸣器驱动信号，该信号经 R88 限流，再经 Q19 倒相放大后，就可以驱动蜂鸣器 BUZ 鸣叫，实现提醒和报警功能。

　　5）同步控制电路

　　为了保证双向晶闸管（双向可控硅）不致在导通瞬间过电流损坏，该机设置了由单片机 IC6⑫脚，外接元件 R10、R11、C9、R25 构成的同步控制电路。

　　市电电压经 R10、R11 限流，D1 稳压，C9 滤波后，加到 IC6 的⑫脚。单片机对输入⑫脚的信号检测后，输出双向晶闸管驱动信号，确保双向晶闸管在市电的过零点处导通，从而避免了双向晶闸管在导通瞬间过电流损坏，实现了双向晶闸管导通的同步控制。

　　D2 是钳位二极管，以免 D1 异常，导致 C9 升高，当 C9 两端电压达到 5.4V 时，D2 导通，将 C9 两端电压钳位到 5.4V，以免 IC6 的⑫脚输入电压过高而损坏。

6）检测电路

（1）温度检测电路

该电路由单片机的㊱脚、外接电阻 R84 及温度传感器组成。按下温控键 K5，单片机⑯脚输出高电平，Q15 导通，继电器 RY3 吸合，加热器得电工作（图 12-12、图 12-13），加热后最高水温可达 60℃。温度传感器会将感应到的水温反馈给单片机，单片机则发出相应的控制指令控制加热器的通断。

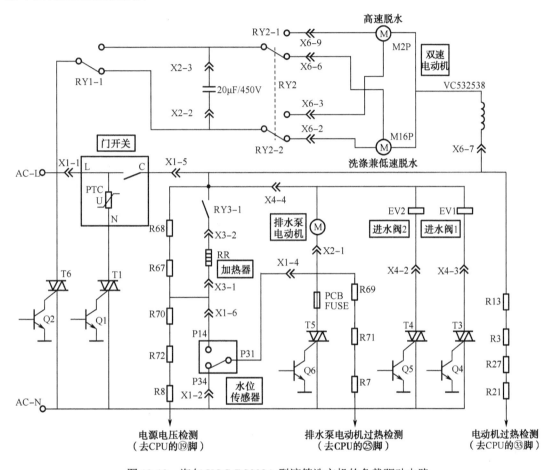

图 12-13　海尔 XQG-BS808A 型滚筒洗衣机的负载驱动电路

（2）水位检测电路

该电路由水位传感器来完成。水位传感器是一种气压式水位开关，开关中有两组触头，其动作分别对应两个水位值。P14 与 P31 为低水位开关，P34 与 P31 为高水位开关。

（3）门盖检测电路

门盖检测是由门开关来完成的，这种门开关与传统的机械式开关有所不同，它是一个电动延迟门锁，由 PTC 的特性来决定开关的通断。当关闭筒门，电动门锁内的触点接通，不仅为电动机、电磁阀供电，而且经 R68、R67、R70、R72 限流，D27 稳压后，再通过 R8 加到单片机 IC6 的⑲脚。只有 IC6 的⑲脚输入检测信号后，才能执行启动等操作信号。按下启动开关后，单片机首先调用 ROM 中的预置程序，若在规定的时间内门开关内的 L、C 点未被接通，单片机即发出报警信号，并通过显示屏显示 Err1 的故障代码，表明该机的筒门未关好。

关闭筒门后，按启动/暂停键 K6，使单片机 IC6 的㊲脚输入启动键扫描信号后，IC6 从⑳脚输出启动（门锁）信号，该信号经 R17 限流，再经 Q1 倒相放大，触发双向晶闸管 T1 导通，为门锁内的热敏电阻（PTC 元件）供电，使热敏电阻快速发热，为双金属片加热，使它变形抬起，将门锁住。

（4）布量和布质检测电路

该机采用了模糊控制，在洗涤之前要进行布量（衣物量）、布质检测。在一定水位的前提下，布量、布质不同，它产生的旋转阻力就不同。为了测出衣物量、布质，先加入一定的水，并让电动机转动，突然切断电源，由于惯性作用，电动机会维持短时间旋转。此时电动机处于发电机状态，会产生一定感应电势并逐渐衰减到零。由于衰减速率与旋转阻力有一定的线性关系，取出电动机绕组上产生的感应电势，并对其进行处理后送入单片机。当惯性不同时，发电状态维持时间不同，单片机得到的信号的时间长短不同。经过几次测量就可以判断出衣物的旋转阻力，通过模糊推理得出布量及布质。

半注水完成后，单片机 IC6⑨脚输出驱动脉冲，使 Q2、T6 导通 0.3s，截止 0.4s，并反复多次（电动机反转），再停机 0.5s，进行洗涤物负载量检测。之后，单片机⑭脚输出高电平，Q14 导通，RY1 吸合（电动机正转）。Q2、T6 再导通 0.3s，截止 0.4s，并反复多次后停机。在这一过程中，由于水位为定值，而不同的布量、布料所产生的旋转阻力不同，所以可以利用与电动机同轴的 G（相当于发电机）产生的脉冲电压，通过 R82、R83 限流，经 Q18 倒相放大，从 Q18 的 c 极输出的信号经 R80 限流，送到 Q17 的 b 极，由它倒相放大后，送给 IC6 的⑪脚供检测译码。当衣物量较小时，M16P 依靠惯性旋转的时间较短，IC6 的⑪脚输入的脉冲个数较少；衣物量较大时，M16P 依靠惯性旋转的时间较长，IC6 的⑪脚输入的脉冲个数较多。IC6 根据⑪脚输入的脉冲个数多少就可以判断所洗衣物量的多少。

完成衣物量的检测后，开始检测布质。布质检测包括两方面：一是确认所洗衣物是棉质还是化纤的，二是确认棉质衣物较软还是较硬。

和检测衣物量一样，布质检测也是利用电动机作惯性运转，再利用 Q17、Q18 放大后，为微处理器 IC6 的⑪脚提供检测脉冲数。该脉冲数与洗衣物量的脉冲数进行相减，根据两者的差值判断布质。当差值大时，说明衣物的棉质成分大；当差值小时，说明衣物的化纤成分大。

确认是棉质衣物后，再测量水位。若水位下降较少，说明衣物较软；反之，若下降多，则说明衣物较硬。IC6 确认布质后，从而可以选择合适的洗涤方式。

由于进行了正向、停机、反向的衣物量、布质检测，单片机㉛脚再次输出高电平，Q4、T3 导通，电磁阀 EV1 再次打开，洗衣机根据洗涤物的多少进行二次注水。从而控制进水电磁阀 EV1 根据需要再次注水。

（5）电动机过热检测电路

电动机过热检测电路由单片机 IC6、电动机、电动机电流检测电路组成。

洗涤/脱水电动机 M16P、M2P 运转正常时，通过 R13、R3 限流产生的取样信号也正常，该信号经 R27 和 R21 加到微处理器 IC6 的㉝脚，被 IC6 识别后，输出控制信号使该机正常工作。一旦洗涤/脱水电动机因堵转等原因过热后，IC6 的㉝脚输入的电压达到保护值，被 IC6 识别后，确认洗涤/脱水电动机过热，输出控制信号使该机停止工作，并控制显示屏显示 Err7 的故障代码，表明该机进入洗涤/脱水电动机过热保护状态。

另外，排水泵电动机运转异常时，取样电压通过 R69、R71 限流，经 R7 为 IC6 的㉕脚输入的电压达到保护值，被 IC6 识别后，确认排水泵电动机过热，也会控制该机进入电动机过热保护状态。

稳压管 D28、D26 和二极管 D29、D22 用于保护，以免取样电压过高导致 IC6 过压损坏。

7）进水电路

进水电路由水位传感器、单片机 IC6、进水阀 EV1 及其供电电路构成。

按启动/暂停键 K6，当单片机检测到门锁自动锁住后，单片机 IC6 开始识别水位检测信号，若 IC6 识别到水位较低，其㉛脚输出高电平，Q4、T3 导通，进水电磁阀 EV1 的线圈供电，使它的阀门打开，洗衣机开始半注水。半注水完成后，单片机就会切断㉛脚输出的触发信号，使双向晶闸管 T3 关断，EV1 的线圈失去供电，它的阀门关闭，停止进水，并进入衣物量和布质检测程序。

若进水阀、进水管路或水位传感器电路异常，不能在 4min 内为 IC6 提供水到位的检测信号，IC6 会控制该机进入进水超时保护状态，同时控制蜂鸣器鸣叫，显示屏显示 Err5 的故障代码，提醒用户该机发生进水超时的故障。

若进水阀、进水管路或水位传感器电路异常，导致 IC6 在设置时间接收到超过正常水位的检测信号，被 IC6 检测后控制蜂鸣器鸣叫，显示屏显示 Err8 的故障代码，提醒用户该机出现超水位（溢水）的故障。

8）洗涤加热电路

如果用户选择加热洗涤，则洗衣机完成布量、布质的检测和再次进水后，进入加热程序。此时，单片机 IC6㉖脚输出高电平控制信号，使 Q15 导通，为继电器 RY3 的线圈供电，使 RY3 的触点吸合，为加热器供电，加热器开始加热。当水温升高到设置值，被温度传感器（负温度系数热敏电阻）SENSOR 检测后，它的阻值减小，5V 电压经 R84 与它取样后产生的电压减小，输入 IC6 的㊱脚的电压减小，IC6 将该电压转换成单片机可以识别的信号（一般经 A/D 转换），与内部存储器存储的不同温度对应的电压值比较后，就可以识别出水温高低，确认水温达到设定值后，使㉖脚输出的信号变为低电平，Q15 截止，RY3 内的触点释放，加热器停止加热。

如果 IC6 的㊱脚不能接收到正常的温度检测信号，则 IC6 会判断出温度传感器异常，同时控制蜂鸣器鸣叫，显示屏显示 Err3 的故障代码，提醒用户该机出现温度传感器异常故障。

另外，如果 IC6 的㊱脚不能接收到正常的温度检测信号，还会判断加热温度异常，控制显示屏显示 Err4 的故障代码，提醒用户该机出现加热温度异常故障。

9）洗涤电路

洗涤电路由微处理器、双速电动机、电动机运转电容、电动机供电电路构成。

如果用户选择不加热洗涤，该机完成衣物量、布质的检测和再次进水后就进入洗涤程序；如果用户选择加热洗涤，当洗涤液温度达到设定值后进入洗涤程序。单片机 IC6 第一路从㉕脚输出的控制信号为低电平，倒相放大器 Q13 截止，继电器 RY2 内部的动触点接常闭触点，电动机 M16P 被接入 RY1 的供电线路内；第二路从⑨脚输出高电平为 8s、低电平为 10s 的触发信号，该信号经 R18 限流，Q2 倒相放大，使双向晶闸管 T6 按该周期为继电器 RY1 的动触点供电，也就是 T6 导通期间，M16P 可以运转，而 T6 截止期间 M16P 停转；第三路从⑭脚交替输出高电平、低电平信号。⑭脚输出的信号为低电平时 Q14 截止，RY1 的动触点接常闭触点，M16P 在运行电容的配合下反向运转；⑭脚输出的信号为高电平时 Q14 导通，RY1 的动触点接常开触点，M16P 在运行电容的配合下正向运转。这样，在 IC6 的控制下电动机 M16P 按正转、停止、反转的周期运转，从而完成洗涤衣物的功能。

10）排水电路

排水电路由水位开关、微处理器 IC6、排水泵、双向晶闸管 T5 等元件构成。

洗涤结束后，IC6 控制该机进入排水状态，它的㉖脚输出高电平的驱动信号，使 Q6、T5 导通，为排水泵的电动机供电，排水泵得电开始排水，使水位逐渐下降。当水位下降到一半位置，被水位传感器检测后告知 IC6，IC6 判断排水正常，IC6 继续输出排水触发信号，使排水泵继续排水。

11）脱水电路

该机脱水采用了高速、低速交替进行的工作方式。低速脱水实际上是洗涤电动机 M16P 在单向运转，高速脱水时，单片机 IC6⑮脚输出高电平，使 Q13 导通，RY2 吸合，脱水电动机 M2P 运行。

最后一次洗涤结束后，在排水的同时，微处理器 IC6 第一路控制⑭脚输出低电平电压，继电器 RY1 的动触点接常开触点，为电动机单向供电；第二路控制⑨脚输出连续的触发信号，使双向晶闸管 T6 始终为 RY1 的动触点供电；第三路控制⑮脚交替输出高电平、低电平控制信号，该信号经 Q13 倒相放大后，使继电器 RY2 的动触点交替接常开触点、常闭触点，也就交替为低速电动机 M16P 和高速电动机 M2P 供电，使它们轮流单向运转，高质量地完成脱水任务。

脱水时，若衣物偏向一边分布不均匀，微处理器控制正反向各转动一次进行不平衡修正。该机脱水速度可在 400～700r/min 调整，通过脱水速度按键 K4 进行设置，实际上是调用固化在单片机中的程序，用以改变 T6 的导通角从而实现不同的转速。

12）柔顺剂添加电路

柔顺剂添加电路由微处理器、进水电磁阀 EV2、EV2 的供电电路、电动机及其供电电路构成。

需要为衣物添加柔顺剂或软化剂，则在脱水结束后，单片机 IC6 的㉜脚输出高电平，使 Q5、T4 导通，进水电磁阀 EV2 的线圈得电，阀门打开，自来水将柔顺剂或软化剂冲入桶内。随后，IC6⑨脚输出间断性的高电平，使 T6 间断性地为 RY1 的动触点供电。同时，IC6⑭脚交替输出高电平、低电平，使 Q14 交替导通、截止，继电器 RY1 的动触点交替接常开触点、常闭触点，从而使电动机 M16P 按正转、停止、反转方式运行几个周期，使衣物均匀地侵入柔顺剂或软化剂。

13）漂洗电路

当衣物浸入柔顺剂或软化剂后则需要对其进行漂洗。该机的漂洗电路由微处理器、水位开关、进水电磁阀 EV1、EV1 的供电电路、电动机及其供电电路构成。

需要漂洗时，单片机 IC6㉛脚输出高电平，如上所述，进水电磁阀 EV1 打开阀门注水，使水位逐渐升高。达到需要水位后，水位传感器将检测信号送给 IC6 进行识别，IC6 确认后停止㉛脚的高电平输出，使进水结束。随后，控制⑨脚和⑭脚输出控制信号，使洗涤电动机 M16P 按正转、停止、反转的周期漂洗，经几分钟漂洗后，IC6 输出控制信号再次排水和脱水。

2. 常见故障检修

1）故障代码

为了便于生产和维修，该机设置了故障自我检测功能。当被保护的电路或系统异常，被单片机 IC1 检测后，通过显示屏显示故障代码，提醒该机进入保护状态和故障原因。故障代码与故障原因见表 12-4。

表 12-4　海尔 XQG-BS808A 型滚筒式全自动洗衣机故障代码

故障代码	故 障 原 因	备　　注
Err1	机门未关	查机门、电动门锁、电动门锁供电电路、CPU
Err2	排水超时（4min 内水未排净）	查排水管、排水泵、排水泵供电电路、CPU
Err3	温度传感器故障	查温度传感器、阻抗信号/电压信号变换电路、CPU
Err4	洗涤液加热故障	查加热器、加热器供电电路、CPU
Err5	进水故障	查进水管路、进水阀、进水阀供电电路、CPU
Err7	电动机过热故障	查电动机运转电容、电动机供电电路、电动机、CPU
Err8	超水位故障	排水后重新运行

2）故障检修思路及检测要点

（1）开关电源维修

开关稳压电源正常是该滚筒洗衣机正常工作的先决条件。该机电源部分设置有指示灯 LED1、LED2，分别接在+5V、+12V 电压输出端，用于指示这两个电压输出是否正常。维修时，可根据指示灯是否点亮来大致判断故障所在。若电源指示灯不亮，通常应先测量 C13（2200μF）两端是否有 300V 左右直流电压，若无或异常，故障在市电输入、整流滤波电路，若该电压正常，可通过检测开关电源厚膜块 IC7（TNY264P）①、④、⑤脚电压和电阻值来判断故障。在 IC7 正常的情况下，较多见的是④脚反馈电路中的 IC1 和 IC2 损坏。

（2）洗衣机不能启动

当该机出现不能启动时，在开关稳压电源正常的前提下，应重点检查单片机 IC6（ATMEGA16C）正常工作的三个条件：一是检查⑰、㉗、㉙、㊳脚的+5V 供电是否正常、稳定；二是检查⑦、⑧脚外接的时钟晶振 CRX1（8MHz）是否损坏，若有示波器，可测量⑦、⑧脚是否有正常的时钟信号波形，若无示波器，当怀疑晶振有问题时，可用相同频率的晶振进行替换检查；三是检查④脚外接的复位电路 IC5（KIA70）及其外围元件是否正常，在复位电路中，除 IC5 外，C25（0.01μF）发生故障的情况较多。

（3）数码管显示故障代码 Err2

故障代码 Err2 表示排水超时，说明排水系统有问题。实际维修中发现，有时显示 Err2 为类似的故障代码，并不能代表真正意义上的故障信息。根据维修经验，若故障仅有不能排水一项时，代码 Err2 与实际故障相对应，若在不能排水的同时还伴随其他故障，则故障代码 Err2 所代表的意义与实际故障有差异。通常应重点检查 Q6、T5、T6、Q13、RY1、Q1、T1 等。检修时，应根据故障具体表现形式有所侧重。

（4）数码管显示故障代码 Err5

故障代码 Err5 表示进水超时，说明进水系统有问题，应检查 Q4、Q5、T3、T4 和进水电磁阀 EV1 和 EV2。检修时应注意两点：一是进水电磁阀是故障多发部位，通常是水中杂质导致电磁阀堵塞或卡住，这种故障大多容易修复，只要拆卸修理时小心谨慎即可；二是要特别注意检查接插件 X4-2、X4-3 是否存在松动、脱焊、接触不良等问题。

（5）程控程序异常或错乱

程序选择开关控制信号是从单片机 IC6㉚脚输入，该脚外接电阻分压电路，选择的程序不同，该脚输入的电压不同，单片机根据输入的电压高低执行相应的控制。通常，若程序异常只表现在某项程序异常或失效，则故障多半是对应的部分的分压电阻阻值发生变化所致；若所有程序均错乱或异常，故障除涉及时钟振荡电路、复位电路外，还涉及程序选择开关抗干扰滤波电容 C30（0.01μF）。若以上元件均正常，一般为单片机本身损坏或不良。

3）故障检修实例

例1：接通电源无反应，LED1、LED2 指示灯均不亮。

分析检修：LED1、LED2 指示灯均不亮，故障在开关稳压电源电路的可能性较大。拆机，测量 C13（2200μF）两端电压约 302V，说明市电整流滤波电路正常。测电源厚膜块 IC7（TNY264）⑤脚电压约为 304V，正常；测①脚无电压，正常应为 0.75V 左右；测④脚电压为 0V，正常应在 5.5～5.8V。根据测量结果分析，有可能是稳压电路出现故障，对较容易损坏的光电耦合器 IC1（PC841）进行替换检查，故障仍然存在。查 IC7 外围其他相关元件均未损坏。进一步测 IC7 各脚在路电阻，发现各脚对地电阻均有不同程度的增加。怀疑 IC7 内部损坏或开路，用同规格元件更换后通电，LED1、LED2 指示灯点亮，故障排除。

例2：程控设置错乱，数码管显示的剩余时间数字跳变，无法进入正常工作程序。

分析检修：根据故障现象，怀疑 CPU 工作三条件不具备或不稳定，最大可能是时钟振荡电路异常。测 CPU 供电并检查复位电路未见异常；用优质 8.0MHz 晶振代换 CRX1 后试机，故障依旧。对该机电路仔细分析后认为，程序错乱还可能是 CPU㉚脚的程序选择开关控制信号输入电路出问题。拆下程序选择开关，小心拆开细查，未见异常，装好后复原，再查程序选择开关①～④脚外接的分压电路。程序选择开关各脚所接分压电阻的阻值不同，选择程序时各脚的输入电压也不同，若某一电阻变值或异常，最多只是某一程序异常，一般不会令所有程序错乱，从显示数字跳变分析，可能是程序选择开关控制信号输入电路印制线有裂纹，接触不良，或电路漏电而出现输入的电压不稳的现象。经检查，未见走线断裂现象；拆下抗干扰滤波电容 C30（0.01μF）测量，发现其明显漏电。用同规格贴片电容更换 C30 后，故障排除。由于抗干扰滤波电容 C30 漏电，使加到 CPU㉚脚的电压随漏电量的大小而发生变化，从而导致程序错乱。

例3：洗涤过程正常，不排水，显示故障代码 Err2。

分析检修：根据故障代码看，显然故障在排水通道或控制系统。拆机，测排水泵线圈的直流电阻约为 155Ω，正常。该机的排水过程是：进入排水程序后，CPU㉖脚输出控制信号，Q6、T5 同时导通，排水泵得电工作。试将 T5 短路，排水正常，说明不排水的原因是 T5 未导通。查该控制电路的 R16、R24、Q6，发现 Q6 c、e 极开路损坏。用同规格贴片晶体管更换后试机，排水恢复正常。由于 Q6 开路损坏，T5 失去触发信号而不能导通，导致出现不能排水故障。

例4：开机 LED1、LED2 均点亮，不能启动工作。

分析检修：测开关稳压电源+5V、+12V 两组输出电压均正常稳定，表明电源无异常。测主芯片 IC6（ATMEGA16C）⑰、㉗、㉙、㊳脚+5V 供电正常；用示波器测 CRX1（8.0MHz）两端（IC6⑦、⑧脚）有正常的波形；查复位电路 IC5（KIA70）及其外围元件，发现电容 C25（0.01μF）完全失容。C25 失容，导致 CPU 不能清零复位，无法进入正常工作状态。更换 C25 后试机，故障排除。

例 5：有时在洗涤中电动机转速时快时慢，极不稳定；有时在脱水时除电动机转动时快时慢外，常常保护性停机。

分析检修：询问用户，此机已使用多年。该故障具有随机性特征，旧机常常会发生类似故障，其原因大多是生锈导致接触不良。重点检查与之相关的 X6 插件，发现其确已生锈发绿。将其引脚逐一刮净，并用无水酒精擦拭处理好，做好防水处理后复原，通电试机，工作恢复正常。提示：对于接触不良性质的故障，应重点检查相关接插件。这些部位常常是同类故障的多发地。

例 6：蜂鸣器长响不停。

分析检修：蜂鸣器在常态时处于截止状态，只有需要报警时，IC6㉟输出高电平，Q19 导通，蜂鸣器才得电鸣叫。检查控制管 Q19，发现其 c、e 极已击穿短路。将其更换后，故障排除。

思考练习 12

1. 小鸭牌 XQG50-156 型全自动滚筒式洗衣机的供水电路中为什么要将排水泵与进水阀串联在同一电路？

2. 结合图 12-2、图 12-8、图 12-9 所示的电路，分析小鸭牌 XQG50-156 型全自动滚筒式洗衣机的洗涤电路和脱水电路。

3. 结合图 12-12 和图 12-13 所示的电路，分析海尔 XQG-BS808A 型滚筒洗衣机的进水电路、洗涤加热电路、洗涤电路、排水电路。

滚筒式全自动洗衣机的拆装及主要器件的检测

【项目目标】

1. 能正确拆装滚筒式全自动洗衣机，为学习滚筒式全自动洗衣机的维修做准备。
2. 学会检测双速电动机、排水泵、加热器、温控器等器件。

任务一 滚筒式全自动洗衣机的拆装

滚筒式全自动洗衣机的结构较复杂，有关拆装滚筒式洗衣机时的注意事项与波轮式全自动洗衣机相同。

下面主要以海尔太阳钻 XQG50-HDB1000 型滚筒式全自动洗衣机为例，介绍电脑控制式滚筒洗衣机的拆装方法，同时兼顾介绍其他型号电脑控制式滚筒洗衣机和机械控制式滚筒洗衣机的拆装方法。

1. 上盖板的拆装

滚筒式全自动洗衣机的水位开关、进水电磁阀、电脑板（或电动程控器）、烘干系统等器件都安装在上盖板的下面。检修、拆换以上部件时，都需要先拆下上盖板。

上盖板拆卸方法是：用十字螺丝刀拆下上盖后面的两颗螺钉，即可取下上盖板，如图 13-1 所示。

图 13-1　滚筒洗衣机上盖板的拆卸

2．程控器的拆装

1）电脑板的拆装

先用十字螺丝刀拆下固定电脑板的螺钉［图 13-2（a）］，再从操作盘上拆下电脑板，最后将电脑板与其他元器件连接的接插件取下［图13-2（b）］，就能将电脑板脱离机器。

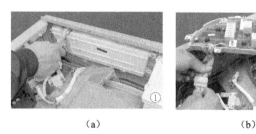

（a）　　　　　　　　　　　　（b）

图 13-2　电脑板的拆卸

方法与技巧

取下电脑板的接插件前要逐个记下连接导线的连接位置，若为组合接插件式的连接，可在接、插件两者对应位置用笔做好记号；若为单根线连接方式，则在拆开每一个接头时，就应在连接的两根线上贴上胶布并编好号，或涂上颜色标记。

2）机械式程控器的拆装

对于采用机械式程控器的滚筒洗衣机，程控器的拆装方法如下。

（1）拆卸

① 将程控器旋钮指针顺时针旋转到"停止"位置，向外侧拆下程控器旋钮，如图 13-3（a）所示。

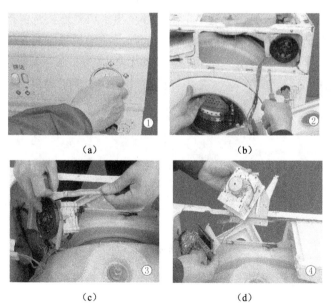

（a）　　　　　　　　　　　　（b）

（c）　　　　　　　　　　　　（d）

图 13-3　机械式程控器的拆卸

② 用十字螺丝刀拆下上盖前面的两个螺钉，取下上盖。

③ 拉出洗涤剂盒抽屉（洗涤剂盛载盘）后，拆下操作盘。

④ 松开程控器导线的捆扎线。

⑤ 用十字螺丝刀拆下安装程控器的螺钉，从安装架上拆下程控器，如图 13-3（b）所示。

⑥ 将程控器与分水杠杆臂分离，如图 13-3（c）所示。

⑦ 取下程控器连接导线的排插，如图 13-3（d）所示。

（2）安装

① 调换程控器后，应按照程控器的编号重新将导线连接在程控器上，或者按电路接线图或电路插线表连接导线，且要对照电路接线图或电路插线表进行检查，以保证导线的正确连接。

② 安装程控器时，接拆卸的相反顺序进行。在安装程控器旋钮时，用左手推动分水杠杆臂，使分水杠杆臂弯钩离开安装孔，用右手将程控器旋钮推入安装孔，并且将旋钮指针对准程控器"停止"位置。

③ 整理程控器导线，用绑扎线扎好，固定在外箱体上。

3. 进水阀、水位传感器（水位开关）、电容器、滤噪器的拆装

进水阀、水位开关、电容器、滤噪器的拆装均应在取下上盖的基础上进行。

1）进水阀的拆装

① 用十字螺丝刀拆下外箱体后侧右上方处固定进水阀的螺钉，如图 13-4（a）所示。

② 拔下进水阀的连接导线，并记下接插件连接位置（双头、三头进水阀，分别有两个、三个电磁阀线圈，要正确记下），如图 13-4（b）所示。

③ 用一字螺丝刀将进水电磁阀出水口连接的水管卡圈紧固螺栓旋松，如图 13-4（c）所示。

④ 从进水阀上拆下内进水管，如图 13-4（d）所示，这样就可将进水阀从洗衣机上拆下来。对于双头、三头进水阀，要记下进水电磁阀哪个出水口是连接洗涤剂盒内进水管的，哪个出水口是连接烘干系统冷凝进水管的，以便安装时参考，正确安装。如果安装时接反，可能造成洗衣机不从洗涤剂盒进水，而是从冷凝器处进水。

   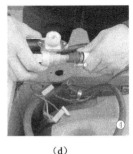

（a）　　　　　　　　（b）　　　　　　　　（c）　　　　　　　　（d）

图 13-4　进水阀的拆卸

调换进水阀后将导线正确连接到新的进水阀上，重新将进水阀安装到外箱体上。

2）水位传感器（水位开关）的拆装

① 用十字螺丝刀拆下外箱体前侧右上方处固定水位传感器（水位开关）的固定螺钉，

如图 13-5（a）所示，将水位传感器及其连接的导气软管从外箱体上拆下来。

② 松开导线，拔下水位传感器连接导线的插件，如图 13-5（b）所示。

③ 用鱼尾钳将固定橡胶导气软管的钢丝搭扣解开，如图 13-5（c）所示。

④ 拔下水位传感器上的导气软管，如图 13-5（d）所示，便可将水位传感器卸下。

⑤ 然后将导线和导气软管正确连接到新的部件上，按与拆卸相反的顺序将它们安装到外箱体上。

  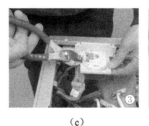 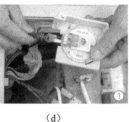

| （a） | （b） | （c） | （d） |

图 13-5 水位传感器（水位开关）的拆卸

3）滤噪器的拆装

① 用十字螺丝刀拆下外箱体后侧左上方处滤噪器的连接板的螺钉，就可将滤噪器及连接的导线从外箱体上拆下来，如图 13-6（a）所示。

② 松开导线，拔下滤噪器连接导线的插件，就可将滤噪器拆下来，如图 13-6（b）所示。

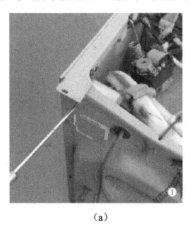 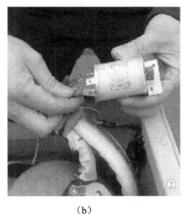

| （a） | （b） |

图 13-6 滤噪器的拆卸

4）电容器的拆装

采用双速电动机的洗衣机有电动机的电容器，而采用串激式电动机的洗衣机没有这个电容器。

① 用十字螺丝刀拆下外箱体后侧右上方处电容器的连接板的螺钉，就可将电容器及连接的导线从外箱体上拆下来，如图 13-7（a）所示。

② 松开导线，拔下电容器连接导线的插件，对电容器进行放电后就可将电容器拆下来，如图 13-7（b）所示。

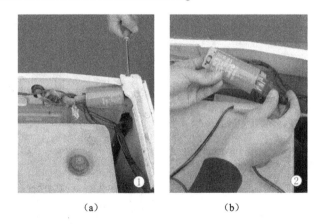

（a）　　　　　　　　　　（b）

图 13-7　电容器的拆卸

4. 洗涤剂盒、回旋进水管的拆装

1）洗涤剂盒的拆装

① 尽量向外拉出洗涤剂盒抽屉（洗涤剂盛载盘），用一字螺丝刀压下抽屉内的卡爪，取出抽屉，如图 13-8（a）所示。

② 用十字螺丝刀拆下固定洗涤剂盒的三颗螺钉，如图 13-8（b）所示。

③ 拆下洗衣机的上盖后，用鱼尾钳将固定内进水管的钢丝搭扣解开，如图 13-8（c）所示。

④ 从洗涤剂盒上拆下内进水管，如图 13-8（d）所示。

⑤ 取下上配重块，如图 13-8（e）所示。

⑥ 拆下操作板后，用鱼尾钳将固定回旋进水管的钢丝搭扣解开，取下回旋进水管后，这样就可将洗涤剂盒从洗衣机上拆下来，如图 13-8（f）所示。

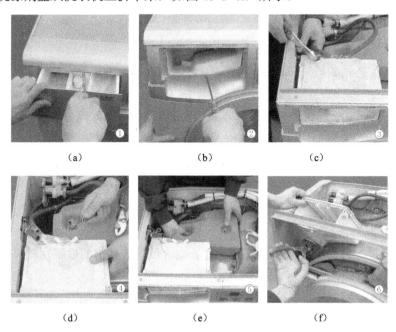

（a）　　　　　　　　　　（b）　　　　　　　　　　（c）

（d）　　　　　　　　　　（e）　　　　　　　　　　（f）

图 13-8　洗涤剂盒的拆卸

⑦ 安装洗涤剂盒时，先将外筒上的回旋进水管套上一个钢丝搭扣，装到洗涤盒的管接头上，然后将洗涤剂盒从外箱体内安装到操作盘上，将洗涤剂盒前面的下边缘卡到操作盘方框的下边缘上，再用螺丝刀将洗涤剂盒固定在外箱体上。

⑧ 将内进水管和回气管各套上一个钢丝搭扣后，将内进水管、回气长胶管套在洗涤剂盒的管接头上。最后把洗涤剂盒抽屉推入。

2）回旋进水管的拆装

① 拆下洗涤剂盒后，用鱼尾钳将回旋进水管连接处的固定搭扣解开，从洗涤剂盒上拆下回旋进水管，如图 13-9（a）所示

② 从外筒上拆下回旋进水管的另一端，这样就可以拆下回旋进水管，如图 13-9（b）～图 13-9（e）所示。

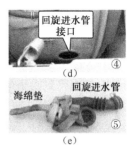

| （a） | （b） | （c） | （d）④ |
| | | | （e）⑤ |

图 13-9　回旋进水管的拆卸

③ 安装时按拆卸相反的顺序进行。安装时在外筒与回旋进水管连接处要均匀涂敷一层胶水，然后将回旋进水管安装在外筒上。注意将海棉条垫好，防止回旋进水管的管部与外筒紧贴着。

④ 将洗涤剂盒安装到洗衣机上。

5. 操作盘的拆装

① 拆下洗衣机上盖。

② 拆下电脑板/机械式程控器。

③ 拆下洗涤剂盒。

④ 用十字螺丝刀拆下固定操作盘（也叫操作板）的螺钉，如图 13-10（a）所示。

⑤ 向上提操作盘，使操作盘的下边缘凸出部分从箱体前面板的安装孔内脱出，拆下操作盘，如图 13-10（b）所示。

| （a） | （b） |

图 13-10　操作盘的拆卸

6. 门密封圈、门开关的拆装

1）门密封圈的拆装

① 打开洗衣机前门，用十字螺丝刀拆下固定门封密圈（也叫异型橡胶密封圈）外端夹缝中装的钢丝卡圈一端的螺钉，如图 13-11（a）所示。

② 用一字螺丝刀挑出钢丝卡圈，如图 13-11（b）所示。

③ 将门密封圈外端从外箱体上拆下来，如图 13-11（c）所示。

④ 取下外筒上紧固烘干加热室的螺栓，如图 13-11（d）所示。

⑤ 拆下控制面板，找到外筒前盖处紧固门密封圈的钢丝卡圈上的螺栓，并找到门密封圈与烘干加热室出风口之间连接的橡胶捆扎带，如图 13-11（e）所示。

⑥ 用一字螺丝刀将橡胶捆扎带轻轻挑起一侧后，然后用手将橡胶捆扎带拨到烘干加热室出风口，如图 13-11（f）所示。

⑦ 松开紧固门密封圈与外筒的装有紧固螺栓的钢丝卡圈上的螺栓，取下钢丝卡圈，如图 13-11（g）所示。

⑧ 将门密封圈里端从外筒上拆下来，这样就可拆下门密封圈，如图 13-11（h）和图 13-11（i）所示。拆到烘干加热室出风口处那段时，应一手将加热室出风口轻轻提起，另一手将门密封圈从加热室出风口与外筒前盖之间的缝隙之间拿出来。

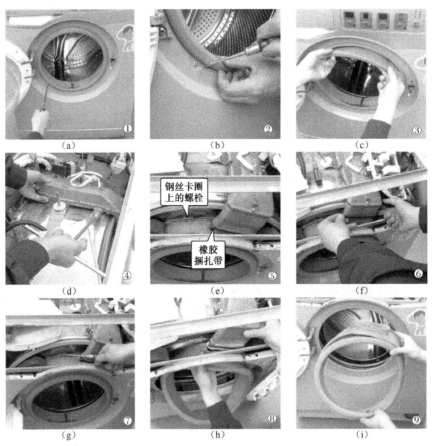

图 13-11　门密封圈的拆卸

⑨ 安装的顺序与拆卸相反。安装门密封圈时要注意：应将门密封圈上的箭头标记对准洗衣机上方，使门密封圈上的回水孔对准前面板的"凹"标记处，将门密封圈内端卡在外筒前盖的孔的槽中，套上装有紧固螺栓的钢丝卡圈，使螺栓的位置在右侧，拧紧螺栓。将门密封圈的烘干出风口套在烘干加热室出风口子上，然后用橡胶捆扎带捆紧。将门密封圈外端扣在外箱体的前面框孔的槽中，将钢丝卡圈嵌入门密封圈的夹缝中，最后将固定钢丝卡圈端部的螺钉上好。

2）门开关的拆装

① 打开洗衣机前门，拆下密封圈（异形橡胶密封圈）夹缝中的钢丝卡圈，如图 13-12（a）所示。

② 将门密封圈外端从外箱体上拆下来。

③ 用十字螺丝刀拆下门开关固定架上的螺钉，如图 13-12（b）所示。

④ 取出门开关，如图 13-12（c）所示。

⑤ 调换门开关时，先将导线连接到门开关上，将门开关固定到门开关固定架上，然后关闭前门，用手扳动门手柄和按钮，是否听到门微动开关接通和断开的动作声音，若有则说明门开关安装位置合适，否则应将门开关固定架向左移动一点位置，直至门开关动作正常。

⑥ 将门密封圈外端扣在外箱体前面板孔的槽中，将钢丝卡圈嵌入门密封圈的夹缝中。

（a）

（b）

（c）

图 13-12　门开关的拆卸

7. 传动系统的拆装

1）传动皮带和大皮带轮的拆装

① 用十字螺丝刀拆下洗衣机后盖板上的螺钉，拆下后盖板。

② 将螺丝刀插入皮带和大皮带轮之间，转动大皮带轮，即可拆下传动皮带，如图 13-13 所示。

③ 一手固定住大皮带轮，另一手拿大小合适的内六角扳手拆下紧固大皮带轮的螺拴，拆下大皮带轮，如图 13-14 所示。

④ 安装时按与拆卸相反的顺序进行。在安装皮带时，要对皮带的张力进行调整，对皮带张力的测量方法与前述的波轮式全自动洗衣机相同。

图 13-13　传动皮带的拆卸

图 13-14　大皮带轮的拆卸

2）电动机的拆装

① 拆下洗衣机的后盖板。

② 松开导线的绑扎线，放松导线束，从电动机上拨下与其相连接的导线，如图 13-15（a）所示。

③ 拆下皮带，将洗衣机侧放在软垫上。

④ 用专用套筒或活动扳手拆下紧固电动机的螺母，拉出安装电动机用的螺杆，如图 13-15（b）和图 13-15（c）所示。

⑤ 拆下连接电动机的接地线，如图 13-15（d）所示。

⑥ 拆下电动机，如图 13-15（e）所示。要注意保护好电动机上盖的塑料薄膜，它起防水作用。

⑦ 安装时按与拆卸相反的顺序进行。在安装电动机时，要注意安装电动机时所用的轴套、衬套、螺杆以及防水塑料薄膜的安装。

⑧ 连接好接地线，将导线正确连接到电动机上，再对导线束进行整理绑扎，然后安装皮带，并对皮带的张力进行调整。

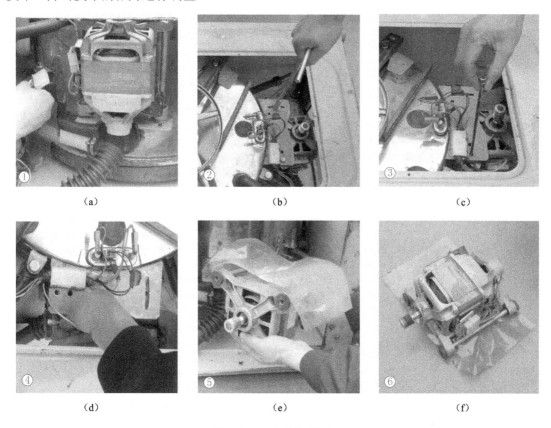

图 13-15 电动机的拆卸

▶8. 加热器、温度传感器、温控器的拆装

1）加热器的拆装

① 打开洗衣机的后盖。

② 拔下（洗涤）加热器、温度传感器（负温度系数热敏电阻）上的导线，如图 13-16（a）所示。

③ 旋松固定加热器的螺母，如图 13-16（b）所示。

④ 用一字螺丝刀插进外筒与加热器之间的缝隙，从四周撬松加热器，将加热器的橡胶密封圈撬出外筒，如图 13-16（c）所示。

⑤ 从外筒上拉出加热器以及温度传感器，如图 13-16（d）所示。

⑥ 安装加热器时，在加热器橡胶密封圈周围以及外筒上的加热器安装孔边缘均匀涂敷一层胶水，再将加热器穿入外筒的长孔中，并使加热器穿入外筒内壁上的加热器支架，拧紧固定加热器的螺母。安装好后，旋转内筒，如果听到内筒与加热器相擦的响声，说明加热器没有安装到位，应重新安装好。

⑦ 正确连接导线，装上后盖板。

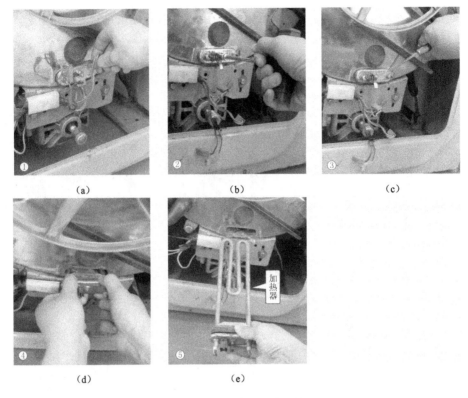

图 13-16　洗涤加热器的拆卸

2）温度传感器的拆装

电脑式滚筒洗衣机大多采用温度传感器（负温度系数热敏电阻）检测洗涤液温度，反馈给单片机，单片机根据程序要求来控制加热管的工作。洗衣机出现不加热、加热异常故障时，需要对温度传感器进行检查、更换。温度传感器的拆装方法如下。

① 打开洗衣机的后盖。

② 拔下温度传感器（负温度系数热敏电阻）上的导线，如图 13-17（a）所示。

③ 用一字螺丝刀轻轻撬松温度传感器，从加热器上的温度传感器衬内取出温度传感器，如图 13-17（b）所示。

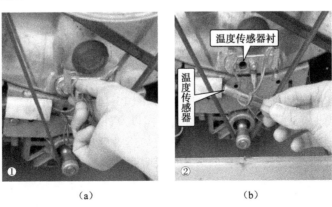

图 13-17　温度传感器的拆卸

④ 安装温度传感器时，在温度传感器衬内均匀涂敷一层胶水，将温度传感器旋入温度传感器衬内。

📖 **方法与技巧**

如果只是检查、更换温度传感器，可不拆传动皮带和加热器，只拆温度传感器即可。

3）调温器、恒温器的拆装

采用电动式程控器的滚筒洗衣机采用调温器和恒温器对洗涤液的温度进行控制。

（1）调温器的拆装

① 取下调温器的旋钮，如图 13-18（a）和图 13-18（b）所示。

② 打开洗衣机的上盖后，拔下调温器连接的导线，从控制板上拆下调温器，如图 13-18（c）所示。

③ 打开洗衣机的后盖后，用一字螺丝刀轻轻撬松调温器的感温头，从外筒上的感温头衬内取出感温头，如图 13-18（d）所示。

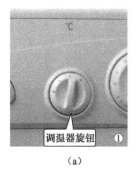

（a）　　　　　　　　（b）　　　　　　　　（c）　　　　　　　　（d）

图 13-18　调温器和恒温器的拆卸

（2）恒温器的拆装

① 拔下恒温器上的导线。

② 用一字螺丝刀轻轻撬松恒温器，从外筒上的恒温器衬内取出恒温器，如图 13-18（d）所示。

📖 **方法与技巧**

安装调温器的感温头和恒温器时，在感温头和恒温器衬内均匀涂敷一层胶水，将感温头和恒温器旋入衬内。

▶ **9. 排水泵的拆装**

① 打开洗衣机前面下部的过滤器门，拆下紧固排水泵的螺钉，如图 13-19（a）所示。

② 拆下后盖板，将洗衣机侧放在软垫上，拔下排水泵上的导线，如图 13-19（b）所示。

③ 从洗衣机的底部拿出排水泵及其连接着的排水管、波纹管，如图 13-19（c）所示。

④ 松开与排水泵相连的排水管和波纹管的卡圈，拔下排水管和波纹管，拆下排水泵，如图 13-19（d）～图 13-19（f）所示。

⑤ 安装的顺序与拆卸时相反。

⑥ 正确连接排水泵的导线，安装后盖板。

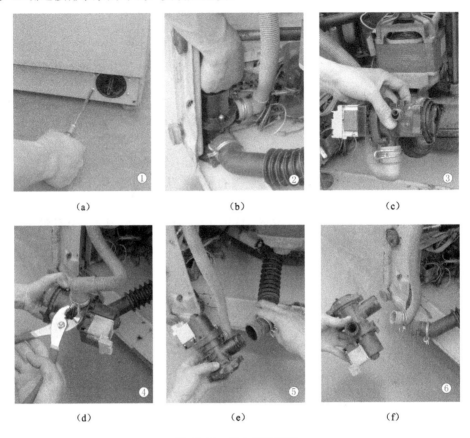

图 13-19　排水泵的拆卸

▶10. 烘干系统的拆装

1）烘干加热室的拆装

在更换烘干加热器、鼓风机时，都需要拆开烘干加热室，如图 13-20（a）所示。

① 取下烘干加热器、恒温器、鼓风机的导线，如图 13-20（b）所示。

② 用一字螺丝刀撬开加热室上盖与底座之间的卡子，如图 13-20（c）所示。

③ 拆下加热室上盖与底座之间的螺钉，如图 13-20（d）所示。

④ 松开加热室与洗涤剂盒相连的回气管的卡圈，拔下回气管，如图 13-20（e）所示。

⑤ 将烘干加热室上盖及其上面安装的烘干加热器、鼓风机与加热室底座分离开来，就可看到内部的烘干加热器和鼓风机的风叶，可进一步拆卸烘干加热器、鼓风机，如图 13-20（f）所示。

⑥ 安装的顺序与拆卸相反。安装时，要将加热室上盖与底座之间的橡胶垫圈安装好。

📖 **方法与技巧**

为方便拆卸烘干加热室，通常应先拆下上配重块。

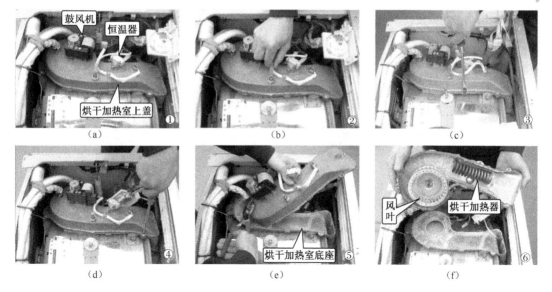

图 13-20　烘干加热室的拆卸

2）烘干冷凝器的拆装

拆卸烘干冷凝器通常需要将外筒和烘干冷凝器整个大件从外箱中取出后进行。

① 取下紧固烘干冷凝器的螺帽，如图 13-21（a）所示。

② 用一字螺丝刀撬松安装在外筒下部的冷凝出水管下端口，就可将冷凝室和冷凝出水管一起取下来了，如图 13-21（b）所示。

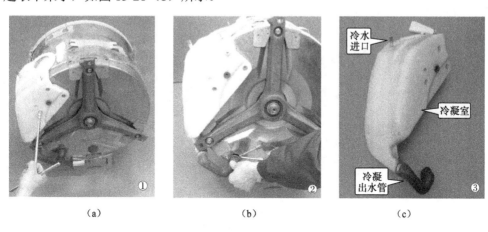

图 13-21　烘干冷凝器的拆卸

▶ 11. 运动机构的拆装

1）运动机构整体的拆装

① 打开上盖，拆下进水阀、水位传感器、洗涤剂盒、上配重块、滤噪器、烘干加热室、烘干加热器和烘干鼓风机等，如图 13-22（a）所示。

② 从外箱体上拆下门密封圈前端。

③ 拆下后盖后，将洗衣机侧放在软垫上，拆下皮带、电动机、排水泵上与外箱体相连

接的紧固件，松开排水管与排水泵之间的卡环，从排水泵上拆下排水管、波纹管。

④ 拆下外筒底部与减振器连接的螺栓，如图 13-22（b）所示。

⑤ 用力将外筒上的两根吊簧从滑块上取下，提着吊簧将整个运动机构从外箱体中取出来。

（a）

（b）

图 13-22　运动机构整体的拆卸

2）前配重块、外筒前盖的拆装

① 用扳手旋松外筒前盖上固定前配重块的螺母，即可拆下前配重块，如图 12-23（a）所示。

② 松开紧固门密封圈与外筒的装有紧固螺栓的钢丝卡圈上的螺栓，取下钢丝卡圈，即可拆下门密封圈，如图 13-23（b）所示。

③ 旋松紧固外筒前盖的大卡环上的螺钉，如图 13-23（c）所示。拆下大卡环，拆下外筒前盖，露出内筒，如图 13-23（d）所示。

（a）

（b）

（c）

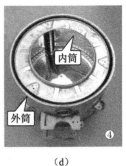

（d）

图 13-23　前配重块和外筒前盖的拆卸

3）外筒叉形架的拆装

① 拆下外筒叉形架与外筒紧固的螺栓，如图 13-24（a）所示。

② 用橡胶锤或木锤敲击外筒叉形架与内筒主轴的连接处，使内筒主轴从外筒叉形架的轴孔中脱离出来，向上拔出外筒叉形架的同时转动外筒叉形架，这样就可拆下外筒叉形架。外筒如图 13-24（b）所示，外筒叉形架如图 13-24（c）所示。

③ 安装外筒叉形架前，先将密封圈装入外筒后盖的中心孔内，孔口须卡入密封圈内，密封圈的唇面面向外筒叉形架。

④ 安装外筒叉形架时，外筒叉形架上有箭头标记的分支垂直向上安装，同时转动内筒

轴，使内筒轴灵活运转。

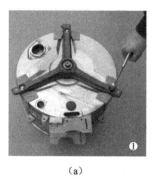
（a）

（b）

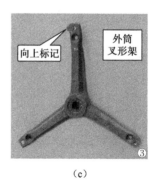
（c）

图 13-24　外筒叉形架的拆卸

4）内筒叉形架的拆装

旋松内筒后盖上紧固内筒叉形架的螺钉，拆下内筒叉形架。有些滚筒洗衣的内筒叉形架与内筒之间采用铆钉连接，不方便拆卸，如图 13-25 所示。

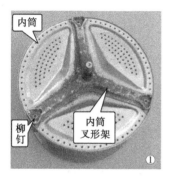

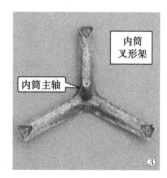

图 13-25　内筒和内筒叉形架

> ## 任务二　滚筒式全自动洗衣机主要器件的检测

滚筒式全自动洗衣机上所用的水位传感器（水位开关）、进水电磁阀，其结构和工作原理都与波轮式全自动洗衣机类似，检测方法也可参照前面介绍的方法进行。加热器、温控器、排水泵、程控器/电脑板的检测方法已经介绍过了，这里只介绍电动机、电子调速板的检测方法。

▶ 1. 电动机的检测

滚筒式全自动洗衣机上所用的电动机，有双速电动机和串激电动机两种，这两种电动机的检测方法不完全相同，下面分别介绍。

1）双速电动机的检测

① 检查双速电动机是否存在机械故障。在断电情况下，用手转动电动机的轴，看能否转动，转动是否灵活。如果不能转动或转动不灵活，说明双速电动机存在机械故障，应首先予以排除。

② 检查双速电动机绕组的电阻。双速电动机，通常有五根引出线。图 13-26 是小鸭牌 XQG50-156 型滚筒洗衣机双速电动机的电气接线图。在五个接线端子中，4 号端子是公共端，3 和 6 是洗涤（低速）绕组中的两个引出端，2 和 5 是脱水（高速）绕组中主、副绕组引出端。用万用表电阻挡检测时，各接线端子都应检测到一定数值的电阻值。如测 3～4 或 6～4 之间，测到的是低速绕组的电阻，正常时为 60Ω 左右，且两个绕组数值基本相等；测 2～4 之间为高速绕组中主绕组的电阻，正常时为 10Ω 左右；测 5～4 之间为高速绕组中副绕组的电阻，正常时为 30Ω 左右。如检测到某两个接线端子之间的阻值为无穷大，说明该线圈断路；如为零或过小，说明线圈短路或局部短路。这些情况都应拆开修理或更换电动机。应注意的是，不同品牌及型号的滚筒洗衣机采用的双速电动机，其接线端子名称、绕组的电阻值可能不会完全相同。

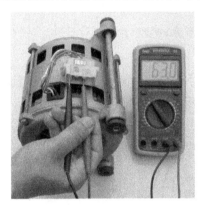
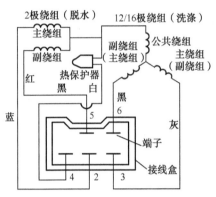

图 13-26　双速电动机检测方法

方法与技巧

如在无图纸说明的情况下，检测双速电动机时，要先找出双速电动机的公共端子，然后分别测量其余四个端子与公共端子之间的阻值。由于公共端一般与电动门锁电路"C"端相连，通过电动门锁再连接到洗衣机的电源开关，再到洗衣机的电源线。找出双速电动机的公共端子的方法是：在没有拆双速电动机连接线的情况下，用数字万用表的蜂鸣挡，一只表笔接电动门锁的引出线，另一只表笔分别触碰双速电动机的五根引出线，当触碰到某一根引出线时，万用表发出蜂鸣声且指示的数字为 0Ω，说明这根线就是双速电动机的公共引出线。

③ 检查双速电动机的绝缘性能。检查电动机的绝缘电阻，可先用万用表的电阻挡（R×1k 或 R×10k）粗测。如任一引线端子与外壳间阻值为 0，说明绕组已通地；如测得阻值为几百 kΩ，说明绝缘不良。为准确判断，可用兆欧表做进一步检查。

2）串激电动机的检测

① 检查串激电动机是否存在机械故障，其检测方法同双速电动机。

② 检查碳刷有无磨损。如果发现碳刷磨损严重，可单独换碳刷。

③ 测量电动机绕组电阻值是否符合要求。图 13-27 是某串激电动机的测量值。应注意的是，不同品牌及型号的滚筒洗衣机采用的串激电动机，其结构不同，因此接线端子的数量、名称、有关端子之间的电阻值也会不完全相同。

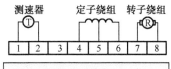

①与②接测速器，阻值约为120Ω；
③脚为空脚；
④、⑤、⑥脚连接接定子绕组，④、⑤脚之间阻值约为1Ω、⑤、⑥脚之间阻值约为1Ω，④、⑥脚之间阻值约为2Ω；
⑦、⑧脚连接转子绕组，阻值约为5Ω。

图 13-27　串激电动机检测方法

　　④ 检查电动机的绝缘性能。用 500V 兆欧表测量电动机与外壳之间绝缘电阻的方法是：将串激电动机的定子绕组和转子绕组的端子接在一起，并接到兆欧表的 L 接线端子上，电动机的外壳接到兆欧表的 E 接线端子上，以约 120 r/min 的转速匀速摇动摇柄，表针所指的读数便是绝缘电阻，如图 13-28 所示。当绝缘电阻小于 3MΩ 时，表明绕组受潮，须做干燥处理。

图 13-28　用兆欧表测量串激电动机的绝缘电阻

▶2. 电子调速板的检测

1）电子调速板的结构和工作原理

　　电子调速板也叫电子调速模块，它的控制原理框图如图 13-29 所示。调速器是由电动程控器触点构成的开关调速器。电子调速板由电动机速度控制集成电路、电阻、电容、双向晶闸管等组成。串激电动机由转子电枢绕组、定子励磁绕组、热保护器、测速发电机组成。其中，测速发电机由电动机的转子带动同速转动。

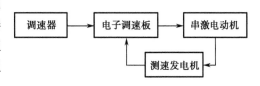

图 13-29　电子调速模块控制原理示意图

　　调速板与外接的调速器、单相串激电动机（或双速电动机）、测速发电机一起形成一个闭环控制系统，实现调速目的。电子调速板送给串激电动机的电压通过程控器的通断来调节。由调速器对调速板设定一个脱水转速，调速板输送到电动机的电压高低由设定的转速所决定。串激电动机带动测速发电机旋转，测速发电机产生一个电压信号反馈给调速板，调速板将反馈信号与基准电压进行比较后，控制电动机的转速稳定。

图 13-30 是以 TDA1085C 为核心构成的电子调速板实物图，它的主要控制功能由集成芯片 TDA1085C 实现。TDA1085C 集成芯片为通用电动机速度控制器。该 IC 芯片与外围电路分别构成速度检测、电压调节、脉冲触发、线性发生器、限流器等电路，与外接的调速器、单相串激电动机（或双速电动机）、测速发电动机一起构成调速系统。

TDA1085C集成芯片为通用电动机速度控制器。TDA1085C 可触发双向晶闸管（双向可控硅），控制其导通角，以此调整电动机速度。交流电源断电、波动或电动机过流，检测装置失效时，TDA1085C均提供保护功能。

图 13-30　以 TDA1085C 为核心构成的电子调速板

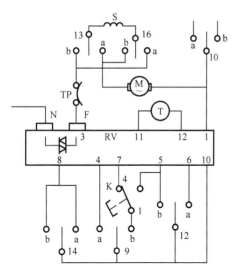

图 13-31　海尔牌滚筒洗衣机电子调速板外接电路

图 13-31 是海尔牌 XQG50-1、XQG50-2 滚筒式全自动洗衣机电子调速板外接电路简化图。电子调速板输送给串励电动机的电压通过程控器触点的通断来调节。调速板共有 11 个端口，1 端接 220V 交流电源，11 和 12 端接串励电动机反馈系统，即测速发电机 T；F 端（即 3 端）接电动机热保护器（PTC 元件）；4、5、6、7、8 端分别串有五个电阻，通过程控器触点开关 9、12、14 的通断将不同的电阻值通过 10 端输送给调速板上的电动机速度控制集成电路，集成电路通过接收到的电阻值来控制 F 端和 N 端间的双向晶闸管的导通角，使通过串励电动机的电压得以改变，电动机的转速随之变化。由于调速用的电阻都是定值电阻，因此电动机的转速也是定值。

电子调速板参数是：输入电压为 187～250V，频率为 50Hz；限流保护器最大电流为（8.5±1.5）A；电动机热保护器断开温度为 150℃，复位温度为 90℃，储存温度为-20～85℃。接线端有防氧化保护。

> **提示与引导**
>
> 　　电子调速板既可用于串激电动机调速，也可用于双速电动机调速。电子调速板外接调速器可实现无级调速。电脑控制式滚筒洗衣机的电动机调速由单片机来完成，单片机存储了对应电动机转速的基准电压。电动机启动后，测速发电机同速运转并通过接线端向单片机输入转速的取样电压。当单片机检测到的取样电压与对应的基准电压相等时，表明电动机转速已达到设定值。电脑板输送给电动机的电压就不再变化。电动机工作在设定的转速上。

2）电子调速板的检测

电子调速板损坏，会造成洗衣机不滚筒、不甩干。

电子调速板的常见故障有：电子模块浸硅胶后，插片处有硅胶，与程控电缆接触不良；电子调速板电子元件烧坏。

检修的方法是：拔下电子调速板，直观检查电子调速板上线路和电子元器件是否有烧坏的痕迹，如有，可更换损坏的元器件，或更换电子调速板。然后检查一下电子模块插片上有无硅胶，如有就用烯料将插片硅胶清除干净，并适当调整插接线的插接端子，使插片与端子能够配合紧密。

若洗衣机换电子调速板后仍不滚筒，应根据线路图检查程控器插头、电子调速板的输出端插接线插接是否正确、是否到位。

▶任务三　滚筒式全自动洗衣机的拆装及主要器件的检测实训

▶1. 实训目的

① 熟悉滚筒式全自动洗衣机的结构，理解主要部件的作用和工作原理。
② 能正确拆卸和安装滚筒式全自动洗衣机的主要部件。
③ 能对滚筒式全自动洗衣机主要部件进行检测，并判断其质量的好坏。

▶2. 主要器材

全班视人数分为若干组。每组的器材：滚筒式全自动洗衣机一台（机械控制式、电脑控制式均可）；进水阀、永磁式排水泵、单相罩极式排水泵、电动门锁、双速电动机、串激电动机、双金属温度控制器（恒温器）、调温器、温度传感器（负温度系数热敏电阻）等常用配件；万用表一只，兆欧表一只，电烙铁一把，螺丝刀、尖嘴钳、各种扳手和套筒等电工工具一套。

▶3. 实训内容和步骤

1）主要控制器件的拆装、检测
① 拆卸上盖板后，观察内部结构，识别内部部件。
② 进水电磁阀的拆装、检测。
拆下进水电磁阀，并用万用表的电阻挡测量进水电磁阀的电阻值，并做记录。
按照拆卸相反的顺序安装好进水电磁阀，并连接好它的电路。
③ 水位传感器的拆装、检测
拆下水位传感器。
对于机械式水位开关进行检查：常态下，用万用表 R×1Ω 挡测量两触点之间的阻值，并做记录。用万用表 R×1Ω 挡监测两触点之间的阻值，用嘴向水位开关气室吹气，当听到水位开关动作的"吧嗒"声时，记录此时的电阻值。

对于电子式水位开关进行检查：用万用表 R×1Ω 挡测量电子式水位开关 3 个引脚之中任两引脚的阻值，并做记录。

④ 门密封圈、电动门锁的拆装。

拆卸门密封圈、电动门锁后，观察电动门锁结构。

⑤ 拆装程控器/电脑板。

观察程控器/电脑板与外部元器件的连接关系。

拆下程控器后，观察程控器的结构，并测量同步电动机两接线端的电阻值。

拆下电脑板后，观察电脑板上元器件组装结构。

2）加热器、温度传感器、温控器的拆装和检测

拆下加热器后，用万用表电阻挡测量加热器两端之间的电阻值，并做记录。

拆下温度传感器后，在常温下测量温度传感器的电阻值，然后用电吹风对其加热，监测其电阻值的变化，并做记录。

拆下双温恒温器后，在常温下用万用表判断出双温恒温器的常开触点和常闭触点，然后用电吹风对其加热，监测其触点转换是否正常。

拆下调温器后，在室温下转动温度调节轴，当转至调温器刻度盘接近室温位置时，是否听到触点转换时发出的轻微"啪"声。如果听不"啪"的一声或动作点显示刻度与室温相差较大，说明调温器已损坏。

3）排水泵的拆装、检测

拆下排水泵后，用万用表电阻挡测量排水泵两接线端之间的电阻值，并做记录。

4）电动机的拆装、检测

① 拆下电动机。

② 电动机的检测。结合电气原理图中所标双速电动机连接导线的颜色（或教师确定的绕组接线关系），识别双速电动机各端子，用万用表电阻挡测量各端子与公共端之间的阻值，分别填入表 13-2 中。用万用表电阻挡或兆欧表测量双速电动机绕组与外壳之间的绝缘电阻，并做记录。

结合电气原理图中所标串激电动机连接导线的颜色（或教师确定的电动机内部结构和接线关系），识别串激电动机各端子，用万用表电阻挡分别测量定子、转子线圈的阻值，速度检测器的阻值，填入表 13-3 中。

4. 实训报告

1）记录测量数据

① 进水电磁阀、水位开关、排水泵、加热器检测记录（表 13-1）。

表 13-1 进水电磁阀、水位开关、排水泵、加热器检测记录

进水电磁阀的电阻/kΩ			排水泵线圈的电阻/Ω	
洗涤加热器的电阻/Ω			烘干加热器的电阻/Ω	
温度传感器在常温下的电阻/Ω			温度传感器在加热后电阻变化情况	
机械式水位开关/Ω	常态下		向水位开关气室吹气时	
电子式水位传感器/Ω				
程控器同步电动机的电阻/Ω				

② 双温恒温器在常温下的常开触点，加热后转换为_____；在常温下的常闭触点，加热后转换为_____。

③ 调温器在常温下，当转轴转到室温附近时_____（有或无）"啪"的响声，说明调温器_____。

④ 电动机的检测记录

双速电动机的检测记录见表 13-2，串激电动机的检测记录见表 13-3。

表 13-2　双速电动机的检测记录

电动机型号	功率	低速绕组电阻/Ω		高速绕组电阻/Ω	
		绕组 1	绕组 1	主绕组	副绕组
绝缘电阻/MΩ					

表 13-3　串激电动机的检测记录

电动机型号	功率	转子绕组电阻/Ω	定子绕组电阻/Ω	测速器电阻/Ω	绝缘电阻/MΩ

2）实训中的问题、收获

将实训过程中遇到的问题、实训中的体会与心得，形成文字材料，填入表 13-4。

表 13-4　实训中的问题、收获

实训人		班级及学号		日期	
实训中遇到的问题					
解决办法					
体会、收获					
实训指导教师评语 及成绩评定					

思考练习 13

1. 简述电动门锁的拆装方法。

2. 简述洗涤加热器的拆装方法。

3. 简述电动机的拆装方法。

滚筒式全自动洗衣机的维修

【项目目标】

1. 理解滚筒式全自动洗衣机常见故障产生的原因。
2. 掌握滚筒式全自动洗衣机的综合性故障检修方法，提高维修技能。

任务一 滚筒式全自动洗衣机常见故障的分析与检修

滚筒式全自动洗衣机的结构比较复杂，自动化程度又高，在使用过程中，难免会出现一些故障。维修滚筒式全自动洗衣机的基本方法与波轮式全自动洗衣机是一样的。滚筒式全自动洗衣机的大多数故障现象也与波轮式全自动洗衣机大致相同。但是，由于滚筒式全自动洗衣机的结构和工作原理与波轮式全自动洗衣机有着较大的区别，所以滚筒式全自动洗衣机产生故障的原因和维修方法与波轮式全自动洗衣机不同。这里主要对滚筒式全自动洗衣机产生故障的原因进行分析，并予以排除。

1. 滚筒式全自动洗衣机的安装、使用方法

用户在使用洗衣机前、维修人员在维修滚筒洗衣机前，都应详细阅读使用说明书，以便正确地使用滚筒洗衣机。

1）安装方法

（1）供电线路的准备

由于滚筒式全自动洗衣机一般具有加热洗涤功能，加热器的功率一般为2kW，所以洗衣机必须使用10A以上的固定供电线路和电源插座，合理选择用户家中供电系统的熔断器（熔丝）以及漏电开关。该供电线路必须直接从电度表引出，中间不可接入其他电器和插座，也不要使用万能插头和接线板。洗衣机使用的插座要可靠接地。

（2）洗衣机运输杆和运输固定板的拆除

滚筒式全自动洗衣机的运动机构是用两根（或四根）弹簧和两个（或三个）弹性支撑减振器悬吊起来的，为了避免与洗衣机的外箱体在运输过程中相互碰撞，一般采用运输杆加以固定，在洗衣机外箱体的后部用两三根运输杆将外筒与外箱体紧固。用户在使用洗衣机前，应将运输杆拆除。运输杆拆除方法如下：

① 打开后盖板，拆下紧固运输杆的三根螺钉，如图14-1（a）所示。

② 抽出三根运输杆，如图 14-1（b）所示。

③ 将洗衣机的附件中的孔塞按入该孔，如图 14-1（c）所示。

④ 把后盖板重新安装好。

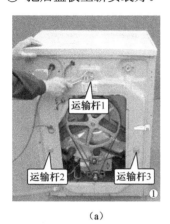  

（a）　　　　　　　　　　　　　　（b）　　　　　　　　　　　　　　（c）

图 14-1　运输杆的拆卸

　　有的滚筒洗衣机除采用运输杆固定外，同时还在洗衣机上盖内外筒上部用运输固定板将外筒与外箱体紧固。用户在使用洗衣机前，应将运输杆和运输固定板拆除。应注意的是，在拆除运输固定板的时候不可将上配重块拆下，否则洗衣机工作时会跳动。拆下的零件要妥善保管，以备以后搬运洗衣机时使用。

　　（3）洗衣机的水平安装

　　为了尽量降低滚筒洗衣机脱水时的振动和噪声，洗衣机必须安装在坚固而平整的地面上。洗衣机如果放置不平（地面倾斜超过 2°）可能引起洗衣机运行不平稳或中途停止。洗衣机的四个底脚之中有一个调整脚，可以用来调节水平。若通过调整还不能水平，可用薄片垫于某脚的下方，直至平稳。

　　洗衣机应安装在通风或排风条件好的地方，若背面靠墙时距离不小于 10cm。洗衣机不宜安装在浴室或非常潮湿以及有爆炸性气体、腐蚀性气体的房间内。若安装在密闭的室内（或浴室、卫生间等地方），要求洗衣机正前方至少有 1.5m 的距离无障碍物，且保持通风良好。

　　（4）装进水管

　　将随机配备的自来水龙头（带有螺纹的水龙头）装到自来水管上，再将随机带的橡胶进水管（中间加橡胶垫圈）拧到水龙头上，另一端（中间加橡胶垫圈）装在洗衣机的进水电磁阀上。

　　（5）排水管的安装

　　滚筒式全自动洗衣机大多采用排水泵进行上排水，故使用时须将排水管挂在水池边沿，排水管管口与洗衣机底部的高度差最大为 1m，最小为 0.6m，如图 14-2 所示。

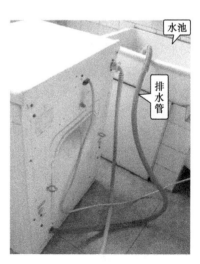

图 14-2　排水管的安装

方法与技巧

　　排水管末端不可浸在水里，以防止虹吸现象的发生。也不能将排水管放置在平地上，否则，洗衣机内的洗涤液便会自动流出机外，洗衣机便不能按程序正常工作。

　　2）使用方法

　　（1）首次洗涤

　　第一次洗涤前，用户需要在没有衣物的情况下完成一次"高温自洁"功能洗涤。操作方法如下。

　　① 插上电源；

　　② 打开洗衣机的供水龙头；

　　③ 把程序选择旋钮调至"高温自洁"；

　　④ 按需要加入适量氯系漂白剂后，按下"启动/暂停"键。

提示与引导

　　"高温自洁"程序是滚筒洗衣机特设的清洗洗衣机内、外桶的程序，采用 95℃高温抑菌，使洗衣更健康。用户可根据需要，定期使用该程序。

　　（2）装入衣物

　　按照说明书介绍的方法，打开机门把要洗的衣物放入洗衣筒内，关好机门。

　　（3）程序选择

　　参照说明书提供的程序说明表，根据衣物的脏净程度选择程序。如果该机采用电脑程序控制器则按动相关轻触按钮选择合适的程序。如果该机采用机械程序控制器，则将洗衣机程序控制器旋钮顺时针旋转（不允许逆时针旋转），指向所需要的程序。

　　（4）冷热洗选择

　　当用户洗涤的衣物不需要加热时，可将调温器旋转指向零位（无调温器的洗衣机可将不加热键按下），此时洗涤时将取消加热功能。如果用户洗涤的衣物需要加热，可转动调温器旋钮指向需要达到的温度值（无调温器的洗衣机应使不加热键处于释放状态）。此时洗衣机将自动加热到设定温度。

　　（5）选择洗衣功能

　　用户可根据洗衣需要，参照说明书，选择洗衣机提供的各种特殊功能。

　　（6）投放洗涤剂、添加剂

　　用户可根据设定程序并参照说明书将洗涤剂和添加剂分别投入洗涤剂盒相应的格内。一般洗衣粉的用量为：预洗每公斤衣物用量 12g 左右，主洗每公斤衣物用量 15g 左右（或按经验及说明书要求加入）。全自动滚筒洗衣机应使用高效低泡或无泡洗衣粉。

　　（7）供水、启动洗衣机

　　打开水龙头，检查各接头有无漏水现象。按下电源开关键，洗衣机开始自动工作，直至程序控制器旋钮走到零为止。另外，洗衣机在整个工作过程中应使水龙头始终保持打开，以保证洗衣机正常工作。

　　（8）取出衣物

　　洗衣机工作完毕后，关闭电源，等待 2min 左右，待电动门锁复位后，打开机门取出衣物。

> **提示与引导**
>
> 若滚筒式全自动洗衣机的机门安装的是电子门锁，由电子门锁的结构和原理可知，在切断电源后，PTC发热元件从高阻状态恢复到低阻状态需2min左右的时间，所以整个洗衣过程完毕后，须切断电源2min后才能开启机门，在此之前不可强行打开机门，否则会损坏洗衣机。

3）维护与保养

① 不要将洗衣机放置在潮湿、不平坦的地方或高台上使用。

② 洗衣机上盖勿放置重物、高温器具等，以免导致盖板及塑料件变形。

③ 不要用水冲洗洗衣机上盖和操作盘，以防触电和损坏电气部件。

④ 洗衣机表面脏污可用软布浸水蘸少量洗衣粉擦挣，切忌用酒精等有机溶剂擦洗，以免损坏塑料部件。

⑤ 应采用高效低泡或无泡洗衣粉。

⑥ 不要将进水管和排水管弯成尖角状，以免妨碍水的正常流动。

⑦ 不要用洗衣机洗涤单件厚重而且吸水多的衣物或单件小衣物，以免甩干时因偏心造成振动过大而损坏洗衣机。

⑧ 洗涤衣物时口袋内的硬币及杂物应取出，有拉链的衣物将拉链拉紧，小件衣物应装入网袋中，然后再放入洗衣机内洗涤。

⑨ 洗衣机在加热洗涤过程中，水温未达到设定温度时，洗衣筒可能会静止不动，这属于正常现象。

⑩ 若在程序运行过程中需要改变已设定的程序，须先关闭电源。对于机械程序控制器，顺时针旋转程序控制器旋钮重新设定所需程序（切不可逆时针旋转），对于电脑程序控制器可按动相关按钮选择需要的程序，然后重新启动洗衣机。

⑪ 洗衣机工作时，电动门锁置位而不能打开机门，不要硬扳门把手，以免损坏手柄或电动门锁。程序完成后，关闭电源。等大约2min待电动门锁复位后方可打开机门。

⑫ 洗涤完毕后，应关闭自来水龙头。洗衣机最好在有地漏的房间内使用。

⑬ 洗衣机门密封圈的凹槽应经常清洗，以防时间久了橡胶被腐蚀。

⑭ 洗衣机进行保养时，必须拔下电源插头，以免触电。

⑮ 洗衣机使用10次至少清洗一次过滤器，操作步骤如下：打开过滤器门，逆时针旋转过滤器旋钮，抽出过滤网，用清水冲洗干净，然后将过滤器装上，顺时针旋紧。

⑯ 如果发现进水时间变长，可能是进水阀过滤网被堵塞，需要对它进行检查和清洁。拧下与电磁阀相连的进水管一端，用工具进行清洁，重新装好后即可恢复正常。

⑰ 洗衣机不使用时，应将前门微开保持通风，以防洗衣机筒内出现异味。洗衣机外不要套塑料袋以免潮气不易排出。

⑱ 洗衣机长期不用时，应拔下电源插头。

▶ 2. 滚筒式全自动洗衣机的用户自检方法

1）滚筒式全自动洗衣机的非故障现象

在分析、检修滚筒式全自动洗衣机的故障前，我们应了解滚筒式全自动洗衣机的非故障现象。

① 用户新购买的洗衣机在第一次使用时，排水管有水流出。这是洗衣机在工厂里进行性能实验后残余的水。

② 不同季节洗衣机的工作时间不同。这是由于不同季节水温不一样所致，滚筒式全自动洗衣机在工作时须对洗涤液进行加热，水温越低，发热时间越长，洗衣机的工作时间也就越长。另外，洗衣机在进行加热，洗涤液未加热到设定温度时，内筒静止不动，直至洗涤液温度上升到设定温度后再运转。

③ 在洗衣过程中看不见洗涤液。这是由于许多洗衣程序的水位低于玻璃视孔所致。

④ 洗衣机通电后没有立即运转。一般而言，在关闭机门，接通电源后，洗衣机会等待30s 后才开始注水。注水到设定水位后，内筒才会旋转进行洗涤。

⑤ 在洗涤过程中停顿一段时间。洗衣机自动进行补水，因洗衣桶中泡沫过多，洗衣机在清除泡沫。

⑥ 水刚排完时，排水泵运行有响声。洗衣机桶内水已排完，但排水泵和管道中仍剩余少量水，排水泵连续运行并抽入空气，此时会有响声出现，这属于正常现象。

⑦ 按下电源开关后，指示灯没有立即亮，而是过几秒后才亮。因电动门锁内触点吸合需要≤5s 的延时时间，这是正常现象，不算故障。

2）滚筒式全自动洗衣机的用户自检方法

用户在使用过程中，偶尔会因使用、操作不当造成洗衣机不能正常工作。实际上在这种情况下，用户可以自行根据使用说明书的内容进行自检，排除这些因使用、操作不当而造成的"故障"。具体内容因产品而异，见表 14-1。

表 14-1　用户自检的有关故障

故 障 状 态	检 查 内 容
洗衣机不工作	①是否停电；②用户家内的熔断器（熔丝）是否断了、漏电开关是否跳闸；③电源插头是否可靠地插入电源插座；④电源开关是否按下，是否按下启动键；⑤机门是否正确关上；⑥程控器旋钮是否指向选择的程序（机械控制式），程序设置是否正常（电脑控制式）
洗衣机进水不停	①排水管是否按要求挂好；②检查排水管与下水道是否密封死（这样会产生虹吸现象）；③检查排水管的固定卡是否脱落
洗衣机不进水	①水龙头是否打开，是否停水；②冬季自来水管和进水管是否冻结；③自来水水压是否过低；④进水管是否弯折或堵塞；⑤进水阀上的过滤网罩是否被污物堵塞；⑥洗衣机机门是否关好
不排水或排水不畅	①排水管是否压扁或弯折，是否被污物堵塞；②冬季排水管是否被冻结；③排水管高度是否离洗衣机底面 0.6～1m；④是否设置了特定程序（如防褶皱）；⑤过滤器是否堵塞
洗衣机工作时有异常噪声	①安装位置是否符合要求；②洗衣机内是否有异物；③拆除运输固定板时是否松动了上配重块
洗衣机工作时振动较大	①运输杆和运输固定板是否拆除；②洗衣机安放是否平稳；③洗衣量是否太少
洗涤剂盛载盒残留洗涤剂	①自来水水压是否过低；②洗涤剂是否注入太多
泡沫过多	①是否使用了不合适的洗涤剂；②洗涤剂是否注入太多
衣物洗涤后不够干净	①是否放入过多的衣物；②是否注入适量的洗涤剂；③是否选择适当的洗衣程序
脱水后衣物仍然是湿的	是否选择适当的洗衣程序
洗衣机漏水	①清理过滤器后，是否重新安装好；②进水管是否正确安装

3. 常见故障及排除

1）洗衣机通电之后启动电源开关，指示灯不亮，洗衣机不工作

这种故障可以从以下几方面分析、检查。

① 电源未接通。如电源熔断器（熔丝）或电源线插头未插好，造成洗衣机没有接通电源，故指示灯不亮。可打开洗衣机上盖，用万用表的电压挡测试电源接线板上的两个接线端子，若无 220V 电压，说明电源线断或插头接触不良，只要换上电源熔断器或插好电源线插头即可消除此故障。

② 指示灯损坏。若电源部分无问题，但指示灯不亮，可测指示灯两根引线的电压，如果指示灯两端电压为 220V，则说明指示灯已损坏；若无电压，说明电源开关线或电动门锁已损坏或连接导线接触不良。

③ 洗衣机门未关好。电动门锁没有动作，洗衣机电路未接通，指示灯不亮，洗衣机不工作。只要将洗衣机门重新关好，洗衣机便会自动接通电源，指示灯亮。

④ 如果洗衣机门已关好，指示灯仍不亮，应检查电动门锁是否移位或损坏，造成门锁不动作。电动门锁移位可用十字螺丝刀将安装在洗衣机外箱体门右侧内的电动门锁的固定螺钉松动，将电动门锁安装架向左稍作移动，然后紧固安装支架螺钉即可。

如果门锁损坏，则应更换电动门锁。更换时，打开洗衣机门，用一字螺丝刀挑出异形橡胶密封圈夹缝中的钢丝卡环，将密封圈脱下，推入内筒，卸下电动门锁安装架的螺钉，取出电动门锁，换上新的重新安装好即可。

⑤ 电源开关损坏，电源不能接通，指示灯不亮，洗衣机不能工作。用万用表电阻挡测量电源开关两对触点。按下开关，触点应接通；断开开关，触点应断开。否则，电源开关损坏，应更换电源开关，并按原接线颜色重新装好。电源开关检查如图 14-3 所示。

⑥ 洗衣机供电回路导线接触不良。在使用过程中，由于振动或其他原因造成的洗衣机导线假接，表面上看似乎导线接触完好，实际上只有导线的塑料护套连接，内部金属导体已松脱。可用万用表对各导线一一进行测量，找出导线断点和插头松脱处，连接即可。

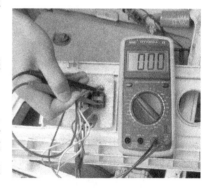

图 14-3　电源开关检查方法

2）指示灯亮，但洗衣机不进水或进水缓慢

电脑控制式滚筒洗衣机不进水或进水缓慢，在规定时间内没有达到一定水位，会显示故障代码。

洗衣机在程控器和水位开关的控制下，自动打开进水电磁阀进行注水。当水量达到额定水位时，自动关闭进水阀停止进水，进入洗涤程序。如果接通电源后不进水，说明进水系统存在故障，大致由以下几种原因造成。

① 自来水水压过低。滚筒洗衣机要求的水压为 $0.05\text{MPa} < P < 1\text{MPa}$，如小于此范围则会造成进水电磁阀打不开，不进水或进水缓慢。可以从水流的速度判断出来，一般水流速度过小，往往水压不足。待水压正常后即可工作。若水压一直很低，可接一个增压泵。若水压一直很高，可调小水龙头或加装减压阀。

② 进水电磁阀塑料过滤网被堵塞，不能进水。拧下与电磁阀相接的进水管一端，检查过滤网，并将污物清理干净，重新装好即可恢复正常。

③ 进水阀损坏。用万用表的电阻挡测量电磁阀线圈的直流电阻。如果测得电阻值为无穷大或较小（正常直流电阻为 4kΩ 左右），则说明电磁阀已损坏，如图 14-4（a）所示。也可用电压法测量，打开洗衣机上盖，将洗衣机程序控制器调至进水程序上，测量进水阀两端子的电压。如果接线端子有电压，电压在 180V 以上，而进水电磁阀不工作，则说明进水电磁阀已损坏，如图 14-4（b）所示。也可将程序控制器调至进水程序上，将洗衣机接通电源，用手去触摸洗衣机外箱体上的电磁阀进水口。如果手有颤动感，则说明进水电磁阀电路完好，否则为损坏，应更换。其方法是将安装在洗衣机后上方电磁阀的紧固螺钉卸下，取下与阀连接的内橡胶进水管，便可取出电磁阀进行更换。

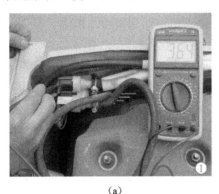
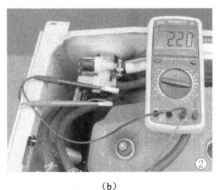

（a）　　　　　　　　　　　　　　　（b）

图 14-4　进水阀检查方法

④ 电脑板（或机械式程控器触点）与进水电磁阀相接的导线断开或接触不良、程控器插错线、排水泵导线脱落、进水电磁阀导线接头接触不良等都会造成洗衣机不进水。这时可将洗衣机设置到脱水程序上，启动电源。如果洗衣机不脱水，可能回路中有断路现象。首先检查水位开关上的插片是否接通，然后检查排水泵等有关导线是否脱落或断路（有部分滚筒洗衣机的排水泵与进水阀串联在一起，故应对排水泵进行检查）。如果洗衣机能高速脱水，则要检查排水泵线圈是否断线。可用万用表电阻挡测量排水泵线圈的直流电阻。如果直流电阻无穷大，则排水泵已损坏，更换排水泵或修复断路线圈；如果排水泵电阻为 28Ω 左右（单相罩极式排水泵）或 200Ω 左右（永磁排水泵），则故障一定在进水电磁阀和程序控制器，分别检修或更换进水阀、程控器。

⑤ 对洗衣干衣机来讲，因其使用的是双头或三头进水阀，如果烘干进水管与洗涤进水管接反，可能造成洗衣机不从洗涤剂盒进水，而是从冷凝器处进水。将进水管从进水阀上拆下来，正确安装即可。

3）洗衣机进水不止

滚筒洗衣机进水量的控制是由水位传感器（水位开关）控制的，出现此类故障多是水位传感器及连接水位传感器的导气软管、集气阀等故障引起的。

① 排水管放置过低，洗衣机进水不停。首先应检查排水管是否已挂起来。全自动滚筒洗衣机的排水是靠排水泵来实现的，属上排水方式。如果排水管放置在地面上或放置过低，洗衣机进水时，流入内筒的水便会顺排水管自动流出机外，机内水位达不到设定高度，水位

传感器不动作，洗衣机将一直进水。只要将排水管按照说明书的要求挂起来，便会正常工作。

② 连接外筒至泵软管的集气阀（又称贮气室，为塑料制品），由于振动或其他原因，造成集气阀与连接水位传感器的导气软管脱落，或接口处被胶堵塞，使水位传感器不受内桶水位高低的影响，因此进水不止，也不洗涤。此时应将集气阀与导气软管重新装好，用管夹固定或将堵塞的集气阀与导气软管接口清理畅通，重新装好，并排掉盛水桶内的洗涤液，重新启动洗衣机，便可恢复正常，如图 14-5 所示。

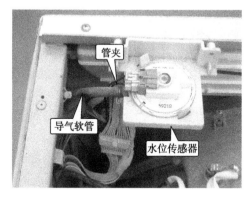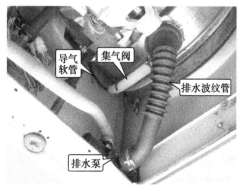

图 14-5 滚筒洗衣机进水不止故障的检查部位

③ 水位传感器漏气或水位传感器常开和常闭触点接触不良，不能控制进水，其结果和导气软管脱落一样。可用万用表的电阻挡测量水位传感器上的常闭触点是否断开。如果水位已到，两触片仍处于接通状态，则说明水位传感器失控，应更换或调整水位传感器。对于电子式水位传感器，采用替换法检查。

④ 水位传感器的触点调节螺钉松动，造成动、静触点发生变化，使洗衣机进水失控。这时可逆时针调节水位开关触点螺钉，使动、静触点距离合适，然后用蜡封住螺孔。不能调节时，可更换水位传感器。

⑤ 连通器内有污物堵塞，当盛水桶内的水达到水位时，致使盛水桶内水位压力不能通过连通器控制水位传感器动作，造成洗衣机进水不停。此时应拔下与水位传感器连接的导气软管，然后向盛水桶吹气，使污物排到盛水桶，排水时一同排出机外。这样处理后若仍不能解决问题，则须将导气软管和连通器全部拆下，用水清洗后重新安装。

如果此故障不是出在程序的开始阶段，而是洗衣机已工作一段时间的漂洗阶段，那么，应检查程序控制器及其连接导线。因为这时的过进水是受程序控制器控制的。若过进水电路各导线连接正确且插头无松脱现象，则是程控器故障。对于机械式程控器，检查时打开洗衣机上盖，观察程序控制器是否在运转。若正在运转，先切断电源，测量程控器的触点是否接通。若已接通，再重新接上电源、2min 后，若程控器不跳格，说明程控器卡住停走，应修理或更换程控器。

⑥ 若洗衣机断电后仍进水，说明进水阀出现故障。一般有两种情况：一是自来水经进水电磁阀过滤网没有滤除的脏物堵塞了进水电磁阀的内部针孔所致，只要打开进水电磁阀，用针打通针孔，故障即可排除；二是进水阀弹簧弹性差，断电后，阀芯不能复位，修理或更换即可。

4）洗衣机进水时，水从洗涤剂盒抽屉外溢

第一种情况，是开始进水时，水就从洗涤剂盒抽屉外溢，这是有异物从洗涤剂盒中流入回旋橡胶进水管中，堵塞了进水口，或是所用洗衣粉吸水性强，洗衣粉没有溶解而板结成块，堵塞了回旋进水管的进水口所致。此时可将洗涤剂盘抽出，打开洗衣机上盖，拆开洗涤剂盒，清理回旋橡胶进水管，取出异物或洗衣粉积块，故障即可排除。

第二种情况，是在洗涤将要结束时，水从洗涤剂盒外溢。这是用户所选用的洗涤剂不当所造成的，只要选用低泡或无泡洗涤剂，就不会出现这种现象。若出现此现象，应将程序控制器顺时针旋到排水位置，使之排水，然后再将程序控制器旋转到所需要的程序上，洗衣机便会按程序继续正常工作。

5）进水程序结束后，洗衣机不洗涤

滚筒式洗衣机具有加热功能，如果选用加热洗涤方式，控制器处在加热状态时，进水完毕洗衣机进行加热，不进入洗涤程序。当水温达到设定温度以后，洗衣机才进入洗涤状态。如果不进行洗涤，则属于故障。

如果选用的是冷洗方式，进水完毕，洗衣机应进入洗涤程序，若不进行洗涤则属于故障。

造成不洗涤的原因有以下几种。

① 调温器无零点（特别是在寒冷的冬天，调温器易产生此类故障），开机即为加热状态。可轻轻扭动旋钮，听调温器不加热点附近有无触点动作的响声，若没有证明调温器无零电（无冷洗点），调节和更换调温器即可。

② 温度控制器故障，不能转入洗涤程序。如果洗涤液水温超过设定温度（如40℃），洗衣机仍不运转，应检查温控器的40℃触点是否闭合。打开洗衣机后盖，取下温控器插脚上的连线，用万用表测量40℃插脚之间是否接通，若没有接通，可判定为温度控制器存在故障，应更换温度控制器。若40℃常开触点已闭合，则属于连接导线有问题，应检查温度控制器各种连接导线及插头，使之连接正确，插头应插紧。

③ 不加热开关或连接导线存在问题，可用万用表电阻挡测量不加热开关的导线插片，判定不加热开关的好坏。若不加热键有故障，应更换不加热键，并按原接线颜色重新接好，同时检查不加热开关与程序控制器之间的连接线是否有断头和插头松脱现象，若有应连接断线，插紧插头。

④ 电动机的连接导线断路，接线端子脱落，造成洗涤电路不通，洗衣机不洗涤。可打开洗衣机后盖，检查安装在电动机上的接线盒子是否松脱。如有松脱，应重新插接好，导线若有断路点，应进行修复。

⑤ 如果电动机导线端子接触良好，将程控器设为脱水程序。若洗衣机排完水后，不脱水，则可能是电容器故障（对双速电动机而言）。若用万用表检查其容量很小或断路，应更换电容器。

⑥ 水位开关的常开触点没有闭合，洗涤电路不通，洗衣机不能洗涤。可打开上盖，拔下水位开关上的常开触点插片上的导线，用万用表电阻挡检测水位开关的常开触点是否接通。若不通，则是水位开关故障，应更换或修复水位开关。

⑦ 串激电动机调速板（或驱动板）损坏，调速板（或驱动板）接插件接触不良，造成洗衣机不洗涤。打开后盖，拆下调速板盒，取出调速板（或驱动板），检查其上是否有烧坏的现象，如果有，应更换，否则可能是调速板接插件接触不良的原因。重新可靠插接即可。串激电动机和调速板（或者驱动板）如图14-6所示。

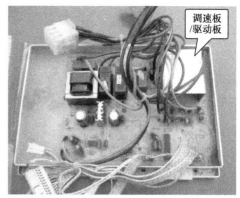

图 14-6　串激电动机和调速板（或驱动板）

⑧ 程控器/电脑板故障。对于图 12-8 所示的电路，程控器的触点 5-25 应接通，这可用万用表的电阻挡进行测量。若程控器损坏，应进行调换，调换后按原接线方法接好导线。

对于图 12-12 和图 12-13 所示的电路，继电器 RY1、RY2 触点烧蚀、晶闸管 T6、倒相放大管 Q2 等发生故障都会导致电动机不转。检修或更换电脑板、电动机驱动电路。

⑨ 若以上元件完好，则故障出在电动机或其连接导线上。先用万用表检测其连接导线，找出断路点。若连接导线无问题，则可能是电动机发生故障。检查时，打开洗衣机后盖，用手转动传动皮带，电动机应灵活转动，无阻滞现象，否则应先修复机械故障，然后用万用表的电阻挡测量电动机的电阻是否在正常范围内，如果断路或短路，则须调换电动机，调换后按原接线方法接好导线。

6）洗衣机在加热洗涤时不加热

如果洗衣机在加热洗涤时不加热，可能有以下五种原因。

① 温控器损坏。洗涤液加热温度是通过温度控制器来实现的。对于采用双温温控器的洗衣机来说，洗涤液温度达到 40℃时，洗衣机开始洗涤，并一边洗涤一边对洗涤液继续加热，待达到 60℃时，停止加热，进入热洗程序。当洗涤温度达到 40℃时，温度控制器 40℃常开触点闭合，洗衣机进行洗涤。加热器继续加热，当达到 60℃时，温控器 60℃常闭触点断开，停止对洗涤液加热。如果温控器损坏，常开触点或常闭触点不动作，加热器将失去控制，造成洗衣机不加热或加热不停故障。

电脑控制式滚筒洗衣机，大多采用负温度系数热敏电阻的温度传感器，它损坏同样会出现不加热或加热不停故障，可检查温度传感器的电参数是否正常。先测在常温下的阻值，然后用电吹风对其加热，看阻值是否减小，如图 14-7（a）所示，必要时可做替换检查。并注意检查微处理器温度检测引脚外围电路中的其他元件是否损坏。

② 调温器损坏。达到设定温度时，洗衣机不停止加热。故障原因一般为调温器铜管破损，内部液体泄漏。此时应更换调温器。

③ 加热器损坏。切断电源，打开洗衣机后盖，取下装在外筒底部的加热器的一根导线，用万用表电阻挡测量加热器两个接线端子的直流电阻值，如图 14-7（b）所示。根据加热器功率计算出直流电阻（一般为几十欧）并与测量值进行比较。如果测得的直流电阻无穷大或很小，则该加热器损坏。也可测量加热器两端电压，若电压不正常，说明加热器损坏，应更换加热器。

（a）温度传感器的检测　　　　　　　　　（b）加热器的检测

图 14-7　温度传感器、加热器的检测

④ 如果以上元件都完好，则故障可能出现在内外导线上。如连接导线接错或断线，插头松脱等，可对照接线表检查连接导线和插头，并用万用表检查导线是否断线，程控器/电脑板、加热器、温度控制器、调温器是否与对应插片接通，找出故障并加以排除，洗衣机便可恢复正常。

⑤ 程控器/电脑板故障。对于图 12-6 所示电路，可根据逻辑图按照不同的程序，对相应的程控器触点的通断进行检查，例如在低水温加热洗涤（调温器选择的温度低于 42℃）时，程控器的触点 9-29 应导通。这可用万用表的电阻挡进行测量，若程控器损坏，则进行调换，调换后按原接线方法接好导线。对于图 12-12、图 12-13 所示电路，如果测量 X3-1、X3-2 之间无正常工作电压，则检查继电器 RY3、驱动管 Q15、微处理器 IC6⑯脚有无加热控制信号输出。

7）洗衣机加热不停

对于图 12-6 所示电路，当洗涤液温度加热至设定温度后，调温器 THV 的触点 1 应断开。洗衣机加热不停是调温器故障造成的。若水温达到 60℃后，加热器仍继续加热，此故障是温度控制器的 60℃常闭触点没有断开所造成的。检查时可用万用表的电阻挡测量触点的通断情况。如果调温器、温控器损坏，则进行调换。

对于图 12-12 所示电路，当洗涤液温度加热至设定温度后，加热不停止，通常为温度传感器（SENSOR）性能不良导致电脑板控制紊乱，应更换温度传感器。更换时应注意恢复其良好的密封性能。

8）洗衣机排水速度慢或不排水

出现洗衣机不排水或排水速度慢故障，首先应检查排水系统是否堵塞，然后检查电器系统。

① 检查洗衣机右下方的排水过滤器是否被绒毛及污物堵塞，如有堵塞，应进行清理。打开过滤器门，将过滤器按逆时针方向旋转后轻轻拉出，清除绒毛污物后用清水洗净，再放入原位旋紧。排水过滤器的拆卸方法如图 14-8 所示。

（a）　　　　　　　　　（b）　　　　　　　　　（c）

图 14-8　排水过滤器的拆卸

② 检查并清理波纹管与排水过滤器连接管。过滤器与排水泵连接管及排水管路中的污物应清除，保证排水管路畅通。使用罩极式排水泵的洗衣机应检查排水泵冷却风扇是否被阻挡，由于运输或其他原因，排水泵的塑料冷却风扇有可能被杂物缠绕或阻挡，使风扇不能转动从而阻止了排水泵的转动。

③ 由于使用不当，硬币、纽扣等物掉入排水泵腔体内，阻挡了排水泵叶轮的转动，使之不能排水。可打开排水泵叶轮室盖，取出异物，即可排除故障。

④ 内外筒之间进入了小件衣物并压在外筒的下排水口处，堵塞了排水口。此时，应打开洗衣机后盖，取下加热器或波纹管，用镊子将衣物取出。

⑤ 排水泵受潮生锈，造成转子不能转动，致使排水泵不能排水。将排水泵拆下，清除锈斑，添加润滑剂，即可消除故障。

⑥ 检查排水泵两根导线是否脱落，如果与排水泵相接的导线完好，则要用万用表测量排水泵的直流电阻。如果测得电阻为无穷大或为零，则排水泵线圈断路或短路，如图 14-9 所示。也可用万用表的电压挡测量排水泵两接线端子的电压。如果电压为 220V，则排水泵损坏，此时应更换排水泵。

⑦ 程控器/电脑板故障。对于图 12-9 所示电路，排水时程控器的触点 2-22、10-30 接通。可用万用表的电阻挡对触点的通断进行检查，若程控器损坏，则进行调换，调换后按原接线方法接好导线。对于

单相罩极式排水泵的线圈正常阻值为28Ω左右，永磁排水泵为170Ω左右

图 14-9 排水泵的检测

图 12-12、图 12-13 所示电路，如果排水时 X2-1、X4-4 之间无正常工作电压，则检查熔断器 FUSE、双向晶闸管 T5、倒相放大管 Q6 是否损坏，以及微处理器 IC6㉖脚是否有排水驱动信号输出。

⑧ 供电电压太低，排水泵不能启动，或运转无力，造成不排水或排水慢。拔下洗衣机插头，用万用表测量供电电压，若电压低于 187V，则排水泵无法正常工作。

9）整个洗涤过程中，洗涤剂未按程序依次冲入洗涤内筒

预洗洗涤剂、主洗洗涤剂、软化剂、漂白粉和香料，是根据程序设计依次放置在洗涤剂盒不同格内的。在整个洗涤过程中，根据选定的程序，洗涤剂盒中的洗涤剂被依次冲入洗涤内筒。对于采用机械式分水机构的洗衣机，如果整个洗涤过程洗涤剂未被依次冲入洗涤内筒，这是洗涤剂盒上的给水分配器误动作所致。可打开洗衣机上盖，将程序控制器旋钮旋到 2.1 格上，用十字螺丝刀松动分水器的螺钉，如图 14-10（a）所示，然后调整大小扇形塑料齿轮上的两个箭头使其如图 14-10（b）所示重叠在一条直线上，然后将螺钉拧紧即可。

若以上两个箭头重叠在同一直线上，洗涤剂仍未按程序冲入内筒，则可能是洗涤剂盒给水控制杆上弯钩的角度过小，不能与程控器旋钮上的给水控制凸轮配合所致。可用螺丝刀将程控器旋钮从其中一侧顶出，取下旋钮就可看到杠杆臂控制杆端的弯钩，如图 14-10（c）所示。用小刀或锉刀将程序控制器旋钮安装孔中的黑色弯钩平面磨去 0.5mm，使弯钩的角度增大即可。

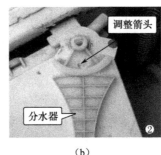

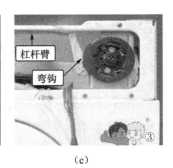

| (a) | (b) | (c) |

图 14-10　进水连杆机构调整示意图

电脑式滚筒洗衣机实现分水功能有两种方法：一种是由分水电动机带动分水拉杆来实现，如小鸭 XQG50-801 电脑式滚筒洗衣机；另一种是采用电子分配，由微处理器控制实现分水功能，如海尔（太阳钻）XQG50-HDB1000。对于小鸭 XQG50-801 洗衣机，分水电动机、微动开关有故障都会造成分水错误。打开上盖，按下洗衣机电源开关，观察分水电动机是否运转。若不运转，则电动机坏，应更换。拆下微动开关连线，用万用表测量微动开关在按下触头时，是否接通，若不通，则微动开关坏，更换即可。对于海尔（太阳钻）XQG50-HDB1000洗衣机，电脑板出现故障造成分水错误的情况较少见，如果在维修后出现分水错误，则是把三头进水阀连接线接错，或者进水阀与洗涤剂盒之间以及与烘干系统冷凝器之间的内进水管接连连接错误，只要调换后即可排除故障，如图 14-11 所示。

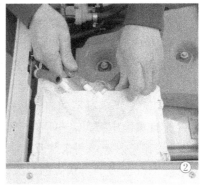

| (a) | (b) |

图 14-11　采用电子分配水方式的滚筒洗衣机分水错误故障检查

10）洗衣机不脱水或脱水转速过低

在正常情况下，排水完毕，水位压力开关复位，洗衣机自动进入脱水程序。如果不能脱水，应从以下几方面找原因。

① 排水系统堵塞。盛水筒内的洗涤液不能排出，或者盛水筒内泡沫过多，筒内的洗涤液一时难以排净，水位开关不能复位，洗衣机不能进入脱水程序。

② 水位开关不能复位。洗衣机脱水程序是在洗涤液排净后，水位开关复位的条件下开始的。如果水位开关不能复位，脱水电路不接通，洗衣机不脱水。检查时，打开洗衣机上盖，用万用表电阻挡测量水位开关的常闭触点是否接通，若触点不通，则水位开关不复位。也可以直接用电压表测量水位开关 22 号与 18 号插片间是否有 220V 电压。若无电压，说明水位

开关没有复位。或将程序控制器调到进水程序上，看洗衣机是否进水。若不进水，则水位开关没复位，应更换水位开关。

③ 对于图12-10所示的电路，程控器的触点8-28、12-32未接通，或电动机损坏。先检查8-28、12-32是否接通，若触点接触良好，洗衣机应高速旋转，否则为电动机或电容器有故障。对于图12-12和图12-13所示的电路，继电器RY2、Q15或电动机损坏。

打开洗衣机后盖，用手转动皮带轮，应无卡滞现象。接通电源后，电动机有嗡嗡声响而不转动，则是电动机匝间短路或损坏，或电容器没接入电动机回路。此时应切断电源，卸下电动机皮带重新启动。如果电动机仍然不转或转速低，则是电动机故障，应修理或更换电动机。

④ 电动机插头松脱。由于滚筒洗衣机连接导线都采用接插件，因此在运输过程中，由于振动等原因常造成电动机插头松脱或插片在安装时被顶出的现象。若插头松脱，应重新插紧并用捆扎线绑紧，以防再次脱落。

⑤ 电动机热保护器动作。由于过载、堵转等原因，使电动机发热，电动机热保护器动作，洗衣机不脱水。此时只要待热保护器复位后即可使用。

⑥ 部分机型设有不脱水键，洗衣机不脱水。首先应检查不脱水键是否按下。若按下此键，洗衣机具有防皱功能，不对洗涤物进行脱水。只要弹起不脱水键，洗衣机即可进行脱水。

⑦ 使用串激电动机的洗衣机，调速板坏或调速器未打开，造成不脱水。更换调速板或将调速器旋钮置于开的位置，即可进行脱水。

11）洗衣机空载运行正常，加入负载后只有嗡嗡声，转动困难

这种故障应从工作电压、电动机和传动系统几个方面找原因。

① 电源电压过低。如果电源电压低于187V，洗衣机不能正常工作，应停止使用或使用稳压电源。

② 传动皮带过松。洗衣机经长期使用以后，会由于电动机的安装螺钉松动，致使电动机移动，大小皮带轮之间距离缩小，传动皮带松弛打滑而运转无力，甚至不能转动。可打开洗衣机后盖，将皮带卸下，松动紧固电动机的螺栓，调整电动机位置（将电动机向下移动），使皮带拉紧，然后试机运转，如果仍出现皮带打滑现象，可再进行调整，直至调适合为止。如果电动机无调整余地，皮带仍打滑，说明皮带已松弛，应更换皮带。

③ 电容器容量减小（采用双速电动机的洗衣机）。由于电容器质量问题或电容器损耗过大，使电容器的容量减少或层间击穿等原因，造成电动机转矩下降，启动困难，应更换电容器。

④ 电动机匝间短路。由于洗衣机漏水等原因造成电动机匝间短路，检查时，可用钳形表测量电动机空载时的启动运转电流。若电流很大或变化不定，则电动机有匝间短路现象，应更换或修理电动机。

⑤ 不同机型的调速板用错造成。因不同串激电动机的启动电流不同，必须使用与之配套的调速板，否则，易引起上述故障。

12）洗衣机工作时振动较大

滚筒式洗衣机的洗涤内筒、盛水筒及电动机等部件采用整体吊装结构安装在外箱体内。减振性能良好，在洗涤和脱水时，稳定性好，正常工作时振动是很轻微的。如果产生较大的振动，则故障原因和维修方法如下。

① 使用不当。主要有这几种情况：一是在第一次使用洗衣机前，用户未按要求拆除运输杆和运输固定板，如果是这种情况，可按说明书要求进行拆除；二是拆除运输板时，上配

重块的紧固螺母没有重新紧固，或者误将上配重块拆除掉；三是洗衣机的四个底脚调整螺钉未调整平稳。

② 减振器故障。检查洗衣机底部支承外筒的减振器的螺母是否拧紧，减振器如果从孔中脱落出来，应放入孔内后，用自锁螺母紧固。另外要检查减振器的弹簧和阻尼片的特性是否相同，如不相同就会出现不平衡，洗衣机工作时会引起较大的振动。检查时打开上盖，用力向下压外筒，比较外筒左右两方向的压缩回弹力大小是否均衡，如果差别很大，应更换减振器。

③ 外筒的上配重块和前配重块的安装螺母松动。若检查发现配重块的安装螺母松动，只要重新紧固即可排除故障。

④ 吊簧故障。悬吊外筒的两根（或四根）弹簧有的脱落或弹性相差较大，造成外筒不平衡。如果脱落则重新安装好，如果弹性相差较大，则应调换吊簧。

13）洗衣机工作时有异常噪声

洗衣机工作时的运转部件有三个：电动机、内筒、排水泵。因此，当洗衣机出现工作时有异常噪声故障时，应检查这三个部件。

① 电动机的轴承和内筒主轴的轴承缺少润滑油或已损坏，洗衣机工作时的噪声会明显增大。洗衣机高速脱水时会发出刺耳的噪声。打开洗衣机的后盖，拆下三角皮带，再启动洗衣机，若仍有噪声，则说明噪声由电动机产生；若噪声消失，说明噪声由内筒主轴产生。这时可向电动机或内筒主轴内加注润滑油，若效果不明显，则更换电动机或内筒主轴的轴承。

② 排水泵故障。排水泵带水工作时声音较小，无水空排时，噪声较大，这是正常情况。如果排水泵工作时有异常噪声，则要检查排水泵风扇叶片是否发生碰擦或排水泵本身损坏，这时应修理风扇叶片或更换排水泵。

③ 异常噪声也可能是零部件损坏或有异物与运转部件相碰擦而产生的。如排水泵风扇叶片变形后与外壳碰擦会发出刺耳的噪声，外筒中的加热器未安装好而与内筒相碰，或内筒变形，与外筒相碰擦而产生噪声。当出现异常噪声时，应立即停机，仔细分析和判断噪声来源和原因。打开洗衣机后盖，取下传动皮带，转动大皮带轮，若噪声出现在内筒与外筒之间，说明其间有异物，应将加热器拆下进行检查，取出异物。

④ 洗衣机的大小皮带轮不在同一平面上或大小皮带轮轮槽不平、变形及皮带的原因，在洗衣机工作时也会产生噪声，这时应对大小皮带轮、皮带进行检查并调换。另外在安装皮带时要调节电动机固定架，使大小皮带轮在同一平面上。

14）洗衣机不工作，或长时间重复某一工作状态

采用机械式程控器的滚筒洗衣机易出现这类故障。洗衣机处于加热或进水状态，当加热温度不够，过进水时间不到，或程序控制器处于浸泡过程中，程控器不应转动，不属于故障。如果不是这种情况，则是程序控制器不转或出现停走所造成的。故障的可能原因和相应的解决措施如下。

① 安装程序控制器的螺钉过长，顶住了程序控制器的凸轮片。将程序控制器旋钮卸下，将安装程序控制器的螺钉卸下，用锉刀锉短 1mm 或加垫圈即可解决。

② 程序控制器凸轮群组与棘爪的精度不够，使棘爪落不下，棘爪不能按动凸轮规律旋转，致使程控器停走。有时由于运输或其他原因，程控器也会出现停走现象。这种情况下顺时针将程控器旋钮转动几圈便可解决。若故障仍未消除，应更换程序控制器。

③ 程控器电动机损坏，或程控器电动机从程控器上脱开，造成程控器停走。打开上盖，用万用表电压挡测量程序控制器后面的同步电动机两根引线上的电压。若电压正常，说明程控器电动机损坏，可更换电动机。更换同步电动机时，应注意不要将电动机内的小齿轮和小塑料件装错位置或丢失。若更换电动机后故障仍存在，应更换程序控制器。否则，应检查程控器电动机是否牢固地卡在程控器上。由于运输或使用过程中的振动，易导致程控器电动机从程控器上脱开。重新安装，并用卡钩卡住电动机即可。

④ 程控器触点打火烧结，造成重复执行某一动作。可拆下程控器，对照时限图，用万用表测量对应触点在各个程序上的通断情况。若一直不断开，可判定为该故障，应更换程控器。

15）洗衣机工作时出现异味

洗衣机工作时，如果出现异味或焦糊味，应注意观察和停机检查。较多的情况是电动机、排水泵、电磁阀的温升过高，或传动皮带摩擦太严重。新购买的洗衣机，因电动机及排水泵等使用过程中产生热，使绝缘漆挥发产生异味，这种情况也较多。

① 新电动机在洗涤物放置过多，洗涤时间过长的情况下，电动机温度升高，因电动机绝缘漆未干透，会出现绝缘漆味，这是正常现象。

② 电动机受阻不能转动，使电动机发生堵转，电动机温度迅速升高，出现异味。应停机检查，防止电动机烧坏。

③ 电压过低，电动机不能正常工作，使电动机电流增大，而使电动机温度升高。应暂停，或使用稳压器。

④ 洗衣机传动皮带过松，容易造成皮带打滑，磨损皮带出现橡胶异味；皮带过紧，则要压入皮带轮槽底，皮带由于过度摩擦而出现橡胶异味，此时，应调整皮带，使之松紧适度。

⑤ 电动机或排水泵的质量问题，受潮、线圈匝间短路或温度保护器损坏等原因，造成电动机或排水泵升温而烧坏。此时，可看到有冒烟现象，应立即停机查找原因，更换损坏的元件。

⑥ 调速器短路或电动机负载过重，造成调速板烧坏，产生异味。应先查明原因，并加以排除后，再更换调速板。

⑦ 洗衣机工作电路短路，造成门开关、程控器、定时器、琴键开关等电气元件烧坏，产生异味。应立即停机查找原因，更换损坏的元件。

16）洗衣机漏水

洗衣机漏水主要有以下几种情况。

（1）排水泵漏水

检查排水管与排水泵连接处和排水泵本身的密封性能，检查泵连接管与卡环的松紧程度。如果卡环松动，则应加以紧固，如果排水泵或泵的连接管漏水，则进行调换。

（2）门密封圈漏水

门密封圈的里端用装有紧固螺栓的钢丝卡圈固定在外筒前盖的孔上，外端用装有松紧弹簧的钢丝卡圈固定在前面板的孔上。洗衣机由于长期使用，外筒频繁振动，使钢丝卡圈上的紧固螺母松脱，钢丝卡圈松动，造成密封不严而漏水；另一种可能是门密封圈损坏而漏水。前一种情况，可以重新紧固钢丝卡圈上的螺栓，后一种情况则须更换门密封圈。

（3）外筒前盖漏水

洗衣机由于长期使用，外筒频繁振动，会造成固定外筒前盖的大卡环螺栓松动或橡胶密封圈损坏，密封不严而漏水。排除这种故障的方法是：将外筒整体结构提出后再进行，若是外筒扣紧环松动，应拆下前配重块，重新紧固外筒，拧紧卡环的螺栓。并在紧固卡环螺栓过程中，用木锤敲击卡环周边。安装卡环时，应使螺栓的开口方位在前盖的标记"△"处。若是橡胶密封圈漏水，应更换橡胶密封圈。

（4）过滤器漏水

检查过滤器的各连接管和接口，紧固卡环和过滤器塞子，如果过滤器或波纹管损坏，则进行调换。

（5）外筒底部漏水

如果外筒底部的波纹管没有压平，就会漏水，这时应将波纹管与外筒充分接触并压紧。如果是外筒存在裂缝而漏水，则应调换外筒。

（6）进水管接头处漏水

进水管与进水阀连接不好或进水管损坏也会漏水，这时须重新安装进水管，并再次检查。如果进水管损坏，则进行调换。如果进水管与水龙头连接处漏水是由于安装不好或水龙头底部端口不平而造成的，则需要重新安装，并将水龙头底部端口用锉刀修平。

（7）洗涤剂盒及其他连接管漏水

洗涤剂盒及其他连接管有裂缝，或连接处钢丝卡圈松动也会漏水，这时需要调换相应的部件或紧固钢丝卡圈。

（8）其他部位漏水

外筒叉形架密封圈、加热器、温控器处漏水，这时针对不同的情况进行检查，并重新装配，使之密封或调换新的部件。

17）脱水后不烘干或烘干效果差

具有烘干功能的滚筒洗衣机，出现烘干效果差的现象，即烘干时间虽长但衣服却烘不干，主要原因是在烘干时用户未打开水龙头所致。烘干时，转动的筒内进热风，将筒内的湿衣物中的水转化成水蒸气，水蒸气在冷凝器中冷凝成水通过排水泵排出，从而实现干衣的功能。其中冷凝作用是靠进水阀进水，通过水流调节器的作用向冷凝器内喷洒雾状的水降温，进而使烘出的水蒸气凝结。因此若在烘干时关闭了该水阀，烘干效果就差。如果滚筒运转，且热风正常，则应检查烘干进水阀是否损坏。

对于不烘干故障，一般为烘干加热器或鼓风泵损坏，无热风进入内筒所致。此时应检查烘干加热器、鼓风泵。另外，还有因电路问题而造成的不烘干故障。带烘干功能洗衣机的烘干温度靠恒温器来控制，通过装在烘干加热室上的恒温器感知温度，温度超过一定值，洗衣机停止烘干，同时烘干程序结束，以避免用户误操作造成衣物损坏。检修时，首先用万用表电阻挡检测恒温器，若恒温器的常闭触点电阻值不是零（而有一定阻值），须更换恒温器。

▶任务二 滚筒式全自动洗衣机的故障检修实训

▶1. 实训目的

① 学会分析滚筒式全自动洗衣机常见故障产生的原因。

② 熟练掌握使用常用仪表和工具检测滚筒式全自动洗衣机的方法。

③ 通过故障模拟掌握全自动滚筒式洗衣机的维修，提高维修技能。

2. 主要器材

全班视人数分为若干组。每组的器材：滚筒式全自动洗衣机一台（全班所用的多台滚筒式全自动洗衣机中，最好是有机械控制式的，也有电脑控制式的），万用表一只，兆欧表一只，电烙铁一把，螺丝刀、尖嘴钳、各种扳手和套筒等电工工具一套。

全班所用的多台滚筒式全自动洗衣机中，可能故障：

① 不进水（断开进水电磁阀的某一接线端）；

② 进水不停（拔下水位传感器的导气软管）；

③ 不加热（断开加热器的一端）。

一组检修完一台洗衣机故障后，与其他组交换故障洗衣机进行维修。

3. 实训内容和步骤

① 通过观察、操作检查等方法，确定实验用洗衣机的故障。

② 根据故障现象，讨论造成故障的各种可能原因。

③ 根据故障产生原因及所在部位，确定修理方案。

④ 检修并更换损坏的器件。

⑤ 修理完毕后进行试用，检测自己的维修结果。

⑥ 完成任务后恢复故障。

⑦ 与其他组交换故障洗衣机再次进行维修。

4. 实训报告

根据实训操作过程，填写实训报告，见表 14-2。

表 14-2 滚筒式全自动洗衣机故障检修实训报告表

实训人		班级及学号		日期	
机型和故障现象		故障分析		维修过程（检测方法、故障器件、部位、处理方法等）	

续表

实训指导教师评语 及成绩评定		

思考练习 14

1. 滚筒式全自动洗衣机运转时振动大的故障原因主要有哪些?

2. 滚筒式全自动洗衣机进水程序结束后不洗涤,应如何检修?

3. 滚筒式全自动洗衣机烘干效果差,应如何检修?

4. 滚筒式全自动洗衣机机门密封圈漏水,应如何检修?

反侵权盗版声明

　　电子工业出版社依法对本作品享有专有出版权。任何未经权利人书面许可，复制、销售或通过信息网络传播本作品的行为，歪曲、篡改、剽窃本作品的行为，均违反《中华人民共和国著作权法》，其行为人应承担相应的民事责任和行政责任，构成犯罪的，将被依法追究刑事责任。

　　为了维护市场秩序，保护权利人的合法权益，我社将依法查处和打击侵权盗版的单位和个人。欢迎社会各界人士积极举报侵权盗版行为，本社将奖励举报有功人员，并保证举报人的信息不被泄露。

举报电话：（010）88254396；（010）88258888

传　　真：（010）88254397

E-mail：　dbqq@phei.com.cn

通信地址：北京市万寿路 173 信箱

　　　　　电子工业出版社总编办公室

邮　　编：100036